通用智能与大模型丛书

语音识别

原理与应用

第3版

洪青阳　李琳　著

U0216447

电子工业出版社
Publishing House of Electronics Industry
北京·BEIJING

内 容 简 介

本书系统地介绍了语音识别的原理与应用。全书共 16 章，原理部分涵盖声学特征、隐马尔可夫模型（HMM）、高斯混合模型（GMM）、深度神经网络（DNN）、语言模型、加权有限状态转换器（WFST）和语音大模型，重点描述了 GMM-HMM、DNN-HMM 和端到端（E2E）三种语音识别框架；应用部分包含 Kaldi、WeNet、FunASR 和 sherpa-onnx 等工业应用实践介绍，内容主要来自工程经验，极具实用性。

本书可以作为普通高等学校人工智能、计算机科学与技术、电子信息工程、自动化等专业的本科生及研究生的教材，也适合作为从事智能语音系统的科研人员和工程技术人员的参考书。

图书在版编目（CIP）数据

语音识别 ：原理与应用 / 洪青阳，李琳著.
3 版. -- 北京 ：电子工业出版社，2025. 4. --（通用智能与大模型丛书）. -- ISBN 978-7-121-49932-6

Ⅰ. TN912.34

中国国家版本馆 CIP 数据核字第 2025E3A561 号

责任编辑：郑柳洁
印　　刷：中国电影出版社印刷厂
装　　订：中国电影出版社印刷厂
出版发行：电子工业出版社
　　　　　北京市海淀区万寿路 173 信箱　　邮编：100036
开　　本：720×1000　1/16　印张：18.5　字数：383 千字
版　　次：2020 年 6 月第 1 版
　　　　　2025 年 4 月第 3 版
印　　次：2025 年 4 月第 1 次印刷
定　　价：119.00 元

凡所购买电子工业出版社图书有缺损问题，请向购买书店调换。若书店售缺，请与本社发行部联系，联系及邮购电话：（010）88254888，88258888。

质量投诉请发邮件至 zlts@phei.com.cn，盗版侵权举报请发邮件至 dbqq@phei.com.cn。

本书咨询联系方式：（010）88254360，zhenglj@phei.com.cn。

名家热评

　　洪青阳老师是国内语音信息处理领域的著名学者。本书从语音信号处理的知识讲起，覆盖了概率模型和神经网络时代语音识别领域的代表性算法，兼顾了历史沉积和技术前沿。书中既包括理论知识，也包括算法原理，同时给出了动手实践的案例，集理论性与实操性于一体，可见作者用心细致。通过本书的学习，读者将获得语音识别的基础知识和前沿视野，为进一步研究打下坚实的基础。

清华大学副研究员/语音语言研究中心副主任　王东

　　洪老师的《语音识别：原理与应用》是一本优秀的人工智能领域教材。它既有语音技术基本原理和语音识别基础框架的讲解，又有最新前沿技术的阐述，娓娓道来，润物无声，使读者从入门循序渐进地深入技术前沿。同时，本书还详细介绍了语音识别的工程实践方法，帮助读者迅速掌握语音识别的落地技术。这两方面是本书区别于现有教材的显著特色。

中国科学院声学研究所研究员/博士生导师　赵庆卫

　　《语音识别：原理与应用》是语音识别领域不可多得的优秀专著，在兼顾基础理论和技术前沿的同时，特别注重实战，已经成为高校学生和相关从业者必备的教材与参考书。本书中基于当前流行的语音识别工具包 WeNet 的实践内容，进一步降低了入门语音识别的门槛。

西北工业大学教授/ASLP 实验室负责人　谢磊

　　我从九几年毕业到现在一直从事电信行业的语音应用开发工作。电信行业语音识别第一次大规模应用应该是 21 世纪初的语音电话本和彩铃搜索。然而，由于受到环境、信道和口音的影响，语音识别基本只是受限的应用，特别是在 8kHz 电话信道下，要提高识别率还需要不断地进行科研和实践。国内兼顾理论研究和工程应用的语音识别类书籍还很少，本书是介绍语音识别各个方面较为全面的一本书。对 Kaldi、WeNet 工具的使用和封装，以及云服务的开发实践，使得本书不仅仅是理论性的，对于那些希望将理论转换成实际投产的生产系统的研究人员极具实用性，对于从事语音识别应用集成开发的工程师也具有参考价值。

资深 CTI 专家/《百问 FreeSwitch》作者　余洪涌

在人工智能技术飞速发展的今天，语音识别技术作为人机交互的重要桥梁，正受到越来越多的关注，《语音识别：原理与应用》一书，正是在这样的背景下应运而生。本书首先详细阐述了特征提取、声学模型、语言模型以及解码器等技术，使读者能够系统地了解传统语音识别技术的全貌。同时，介绍了以 Transformer 和 Conformer 为代表的端到端建模技术，并结合 Whisper 和 WeNet 等开源项目，理论联系实际，帮助读者快速地理解和上手。总之，本书是一本集学术性、实用性和前瞻性于一体的优秀著作，它不仅适合从事语音识别技术的工程师，而且适合对人工智能感兴趣的广大读者。通过阅读这本书，大家不仅能够学习到语音识别的相关技术，而且能够激发对人工智能的无限遐想和探索热情。

资深语音工程师　何金来

本书既适合零基础的同学入门语音识别，也适合有一定语音识别基础的同学进阶。书中不仅介绍了传统的语音识别原理，而且介绍了现在常用的基于深度神经网络模型的三种端到端的语音识别架构。本书紧密联系实际，在介绍原理的同时，还介绍了在实际应用中如何部署。本书新增了对新一代 Kaldi 部署框架 sherpa-onnx 的介绍，为大家在实际部署中增加了一种选择。

新一代 Kaldi 团队成员　匡方军

证券行业人工智能特别是智能语音技术得到空前发展，这得益于大数据的积累，源自开源社区的深度学习算法，以及 GPU 等硬件加速技术的算力加持。洪青阳和李琳老师带领厦门大学智能语音实验室团队，在语音识别技术方面进行系统深入及全面的研究，终得以成本书。拜读后深深感受到，书中所提及的有关技术，正在被金融证券智能化语音场景（如智能外呼、智能审核、智能质检、智能双录、智能客服等）所广泛使用，具有极强的实用性。书中所述的对声学模型与语言模型的调优方法，也有独到的见解与实践。推荐致力于从事智能语音技术和对算法研究感兴趣的人士阅读。

上海掌数科技有限公司总经理　刘建

上海掌数科技有限公司技术总监　高星

前言

自然界的声音有很多种，包括风声、雨声、鸟叫声等，而语音特指人类发出的声音。语音是语言的声学表现，是人类交流信息最自然、最有效、最方便的手段。语音的产生和感知过程，代表的就是人与人之间交互的双向过程。

随着物联网技术和智能设备技术的快速发展，人与机器的交互，不再仅依赖鼠标和键盘，更有可能的是直接采用语音，其中的关键技术就是自动语音识别（Automatic Speech Recognition，ASR）。语音识别所要完成的工作，简单地说，就是在与机器进行语音交流时，能够让机器听懂你在说什么。自 20 世纪 50 年代以来，对语音识别的研究已有近 70 年的历史，取得了多方面的突破，如今已在产业界有较多的应用，如语音输入法、语音搜索、智能音箱等软硬件产品。这些产业应用带动了更多的企业和科研机构参与进来，因此需要了解和掌握语音识别技术的学生和工程师也越来越多，这时很需要一本合适的教材和参考书。目前已出版的相关技术书包括《语音信号处理》《解析深度学习：语音识别实践》《Kaldi语音识别实战》《语音识别基本法：Kaldi 实践与探索》等，这些书介绍的知识各有侧重，有力地促进了语音产业界的发展。但语音识别技术的发展日新月异，新的理论和方案不断出现，读者除了掌握基本原理，也亟须了解语音识别最新的前沿技术，例如端到端（E2E）语音识别、语音大模型等。

本书作者承担过大量的语音识别项目研究和开发工作，有丰富的工业应用经验。同时，作者从事本科生、研究生的语音识别教学近二十年，从最早的动态时间规整（DTW）、隐马尔可夫模型（HMM）到最新的 E2E 语音识别框架，积累了丰富的教学经验，深感理论知识讲解的困难，特别是语音识别原理比较复杂，从声学特征提取到 HMM 建模和解码过程，涉及信号处理、概率模型和神经网络等多个领域知识，要做到浅显易懂尤为不易。因此，作者希望能编写一本符合学生掌握能力和教学进度的教材，弥补高校人工智能等专业语音教材的匮乏，同时也为产业界工程师的语音识别入门提供参考。本书与时俱进，已更新到第 3 版。

本书围绕语音识别的原理和应用进行讲解，理论结合实际，采用大量插图，辅以实例，力求深入浅出，让读者能较快地理解语音识别的基础理论和关键技术。为了帮助读者动手操作，提高实战技能，本书还结合 Kaldi、WeNet、FunASR、sherpa-onnx 等开源工具，以及 Whisper 等大模型，介绍了具体的工程实践方法。本书包含以下章节：

第 1 章　语音识别概论，介绍人类语音的产生和感知过程，语音识别的关键技术、发展历史等。

第 2 章　语音信号基础，介绍声音的采集和量化过程，以及编码和存储格式。

第 3 章　语音特征提取，介绍语音信号的频域分析、倒谱分析、声学特征提取过程等。

第 4 章　HMM，介绍双重随机过程，以及 HMM 的三大问题。

第 5 章　GMM-HMM，介绍高斯混合模型的定义和重估计公式，并结合例子讲解 GMM 如何与 HMM 结合，以及对应的具体参数形式。

第 6 章　基于 HMM 的语音识别，介绍单音子声学模型和 Viterbi 解码过程，以及音素的上下文建模，包括双音子和三音子模型。

第 7 章　DNN-HMM，介绍深度学习在语音识别中的应用，包括 CNN、LSTM、TDNN 等网络。

第 8 章　语言模型，介绍语言模型的训练过程及其在语音识别中的作用。

第 9 章　WFST 解码器，介绍动态和静态的解码网络，以及 WFST、HCLG 等关键技术。

第 10 章　Kaldi 训练实例，首先介绍 Kaldi 的下载与安装步骤，然后以 aishell-1 中文数据库为例，介绍如何训练和测试模型。

第 11 章　端到端语音识别，介绍 CTC、RNN-T、Attention 等端到端语音识别系统。

第 12 章　Transformer 结构，详细介绍 Transformer 的模型结构，包括卷积下采样、位置编码、自注意力机制等关键模块。

第 13 章　Conformer 流识别，介绍 Conformer 的模型细节，包括卷积模块、相对位置编码等，以及基于 Conformer 的流识别过程。

第 14 章　语音大模型，介绍大语言模型（LLM）、音频离散化、语音文本对齐、流式打断、对话大模型等内容。

第 15 章　WeNet 实践，介绍使用 WeNet 进行 CTC/Attention 模型的训练和解码过程。

第 16 章　工业应用实践，介绍如何封装语音识别动态库，如何调用和调优，以及嵌入式移植和端侧部署过程。

本书由洪青阳完成主要章节的编写，李琳负责第 3 章的编写，洪青阳和李琳对全书进行了审校。特别感谢赵淼、李松、张宁、夏仕鹏、刘凯、胡文轩、李涛、余洪涌、王峰、廖德欣、黄胡恺、王恺迪、吴炜杰对本书的贡献，其中赵淼、胡文轩和黄胡恺分别对 Kaldi、WeNet 和 icefall 的实践过程等内容做了深入细致的整理，他们的协助使得本书顺利完成。

感谢厦门大学智能语音实验室的童峰老师、许彬彬老师和同学们，为本书的创作提供了良好的学术氛围和精益求精的驱动力。

感谢赵庆卫、王东、余洪涌、李明、张超、谢磊、张卫强、张鹏远、何金来、匡方军等专家和学者，他们的指导和启发令本书增色不少。

感谢电子工业出版社的郑柳洁等老师的大力支持，她们认真细致的工作保证了本书的质量。

为读者写一本精品书是作者的初衷，但由于作者水平有限，书中难免有疏漏和不足之处，恳请读者批评指正！

作　者

读者服务

微信扫码回复：49932

- 获取配套 PPT、部分视频，以及课后作业答案
- 加入本书读者群，与更多同道中人互动
- 获取【百场业界大咖直播合集】（持续更新），仅需 1 元

目录

第1章
语音识别概论

语音识别是一门综合性学科，涉及的领域非常广泛，包括声学、语音学、语言学、信号处理、概率统计、信息论、模式识别和深度学习等。

本书内容十分丰富，包括基础理论、关键技术和实际应用介绍。通过本书的讲解，希望读者能够掌握与语音识别相关的概念、原理、方法与应用，以及该研究领域的最新进展，为日后从事相关的科学研究以及工程应用打下坚实的基础。

语音识别的基础理论包括语音的产生和感知过程、语音信号基础知识、语音特征提取等，关键技术包括高斯混合模型（Gaussian Mixture Model，GMM）、隐马尔可夫模型（Hidden Markov Model，HMM）、深度神经网络（Deep Neural Network，DNN），以及基于这些模型形成的 GMM-HMM、DNN-HMM 和端到端（End-to-End，E2E）系统。语言模型和解码器也非常关键，直接影响语音识别实际应用的效果。

为了让读者更好地理解语音信号的特性，下面我们首先介绍语音的产生和感知机制。

1.1 语音的产生和感知

如图 1-1 所示，人的发音器官包括：肺、气管、声带、喉、咽、鼻腔、口腔和唇。肺部产生的气流冲击声带，产生振动。声带每开启和闭合一次的时间是一个基音周期（pitch period）T，其倒数为基音频率（$F_0=1/T$，基频），范围为 70Hz~450Hz。基频越高，声音越尖细，如小孩的声音比大人的声音尖，就是因为其基频更高。基频随时间的变化，也反映声调的变化。

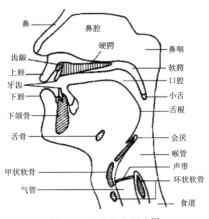

图 1-1　人的发音器官[1]

声道主要由口腔和鼻腔组成，它是对发音起重要作用的器官，气流在声道会产生共振。前五个共振峰频率（F_1、F_2、F_3、F_4 和 F_5）反映了声道的主要特征。共振峰的位置、带宽和幅度决定元音音色，改变声道形状可改变共振峰，改变音色。

语音可分为浊音和清音，其中浊音是由声带振动并激励声道而得到的语音，清音是由气流高速冲击某处收缩的声道所产生的语音。

语音的产生过程可进一步抽象成如图 1-2 所示的激励模型，包含激励源和声道两部分。在激励源部分，冲击序列发生器以基音周期产生周期性信号，经过声带振动，相当于经过声门波模型，肺部气流大小相当于振幅；随机噪声发生器产生非周期性信号。在声道部分，声道模型模拟口腔、鼻腔等发音器官，最后产生语音信号。我们要发浊音时，声带振动形成准周期的冲击序列。要发清音时，声带松弛，相当于发出一个随机噪声。

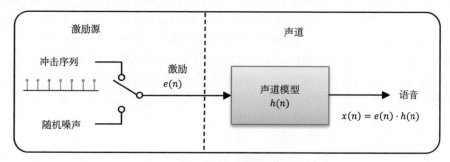

图 1-2　产生语音的激励模型

如图 1-3 所示，人耳是声音的感知器官，分为外耳、中耳和内耳三部分。

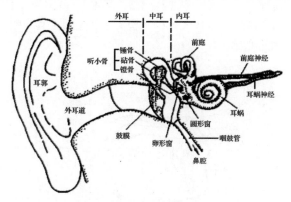

图 1-3　声音的感知器官[1]

外耳的作用包括声源的定位和声音的放大。外耳包含耳郭和外耳道。耳郭的作用是保护耳孔，并具有定向作用。外耳道同其他管道一样也有共振频率，大约是 3400Hz。鼓膜位于外耳道内端，声音的振动通过鼓膜传到内耳。中耳由三块听小骨组成，其作用包括放大声压和保护内耳。中耳通过咽鼓管与鼻腔相通，其作用是调节中耳压力。内耳的耳蜗实现声振动到神经冲动的转换，并传递到大脑。

正常人耳能感知的频率范围为 20Hz~20kHz，强度范围为 0dB~120dB。人耳对不同频率的感知程度是不同的。音调是人耳对不同频率声音的一种主观感觉，单位为 mel。mel 频率与 1kHz 以下的频率近似呈线性正比关系，与 1kHz 以上的频率呈对数正比关系。

1.2 语音识别过程

人耳接收到声音后，经过神经传导到大脑分析，判断声音类型，并进一步分辨可能的发音内容。人的大脑从婴儿出生开始，就不断在学习外界的声音，经过长时间的潜移默化，最终才听懂人类的语言。机器跟人一样，也需要学习语言的共性和发音的规律，才能进行语音识别。

音素（phone）是构成语音的最小单位。英语中有 48 个音素（20 个元音和 28 个辅音）。采用元音和辅音来分类，普通话有 32 个音素，包括元音 10 个，辅音 22 个。

但普通话的韵母很多是复韵母，不是简单的元音，因此拼音一般分为声母（initial）和韵母（final）。普通话中原来有 21 个声母和 36 个韵母，经过扩充（增加 a o e y w v）和调整后，包含 27 个声母和 38 个韵母（不带声调），如表 1-1 所示。

表 1-1 普通话的声母和韵母（不带声调）分类表

声母（27 个）	b p m f d t n l g k h j q x zh ch sh r z c s _a _o _e _y _w _v
韵母（38 个）	a o e i -i（前）-i（后）u v er ai ei ao ou ia ie ua uo ve（üe）iao iou uai uei an ian uan van（üan）en in uen vn（ün）ang iang uang eng ing ueng ong iong

音节（syllable）是听觉能感受到的最自然的语音单位，由一个或多个音素按一定的规律组合而成。英语音节可单独由一个元音构成，也可由一个元音和一个或多个辅音构成。普通话的音节由声母、韵母和音调构成，其中音调信息包含在韵母中。所以，普通话音节结构可以简化为：声母+韵母。

普通话中有 409 个无调音节，约 1300 个有调音节。

汉字与普通话音节并不是一一对应的。一个汉字可以对应多个音节，一个音节可以对应多个汉字。例如：

和 —— hé hè huó huò hú

tián —— 填 甜

语音识别是一个复杂的过程，但其最终任务归结为，找到对应观察值序列 O 的最

可能的词序列 $\hat{W}$。按贝叶斯准则转化为

$$\hat{W} = \arg \max P(W|O) = \arg \max (P(O|W)P(W))/(P(O)) \qquad (1\text{-}1)$$

$$\hat{W} \approx \arg \max_{W} P(O|W)P(W) \qquad (1\text{-}2)$$

其中，$P(O)$ 与 $P(W)$ 没有关系，可认为是常量，因此 $P(W|O)$ 的最大值可被转换为 $P(O|W)$ 和 $P(W)$ 两项乘积的最大值，第一项 $P(O|W)$ 由声学模型决定，第二项 $P(W)$ 由语言模型决定。

如图 1-4 所示是典型的语音识别过程。为了让机器识别语音，首先提取声学特征，然后通过解码器得到状态序列，并转换为对应的识别单元。一般通过词典将音素序列（如普通话的声母和韵母）转换为词序列，然后用语言模型规整约束，最后得到句子识别结果。

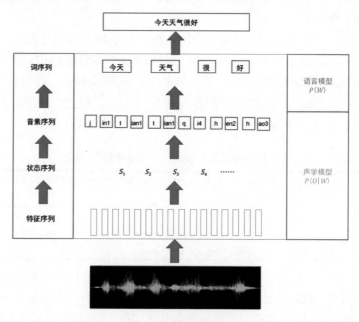

图 1-4   语音识别过程

例如，对"今天天气很好"进行词序列、音素序列、状态序列的分解，并与观察值序列对应，如图 1-5 所示。其中每个音素对应一个 HMM，并且其发射状态（深色）对应多帧观察值。

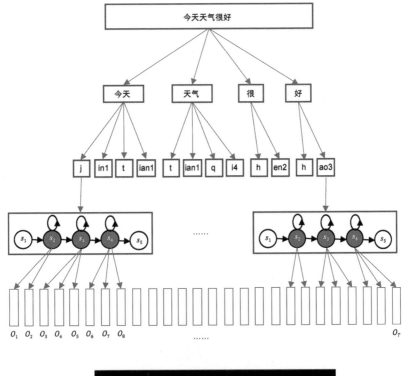

图 1-5　从句子到状态序列的分解过程

从图 1-5 中可以看出，人的发音包含双重随机过程，即说什么不确定，怎么说也不确定，很难用简单的模板匹配技术来识别。更合适的方法是用 HMM 这种统计模型来刻画双重随机过程。

我们来看一个简单的例子。假设词典包含：

今天　j in1 t ian1

则"今天"的词 HMM 由"j"、"in1"、"t"和"ian1"四个音素 HMM 串接而成，形成一个完整的模型以进行解码识别。在这个解码过程中可以找出每个音素的边界信息，即每个音素（包括状态）对应哪些观察值（特征向量）均可以匹配出来。音素状态与观察值之间的匹配关系用概率值衡量，可以用高斯分布或 DNN 来描述。

语音识别任务有简单的孤立词识别，也有复杂的连续语音识别，工业应用普遍要求大词汇量连续语音识别（LVCSR）。如图 1-6 所示是主流的语音识别系统框架。对输入的语音提取声学特征后，得到一系列的观察值向量，再将它们送到解码器识别，最后得到识别结果。解码器一般是基于声学模型、语言模型和发音词典等知识源来识别的，这些知识源可以在识别过程中动态加载，也可以预先编译成统一的静态网络，在识别前一次性加载。发音词典要事先设计好，而声学模型需要由大批量的语音数据（涉及各地口音、不同年龄、性别、语速等方面）训练而成，语言模型则由各种文本语料训练而成。为了保证识别效果，每个部分都需要精细的调优，因此对系统研发人员的专业背景有较高的要求。

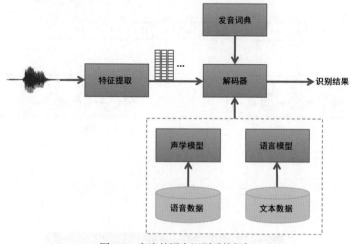

图 1-6   主流的语音识别系统框架

1.3   语音识别发展历史

罗马城不是一天建成的。近些年，语音识别的技术爆发也并非一朝一夕可以做到的，而是经过了一段漫长的发展历程。从最初的语音识别雏形，到高达 90%以上准确率的现在，经过了大约 100 年的时间。在电子计算机被发明之前的 20 世纪 20 年代，生产的一种叫作"Radio Rex"的玩具狗被认为是世界上最早的语音识别器。每当有人喊出"Rex"这个词时，这只狗就从底座上弹出来，以此回应人类的"呼唤"。但是实际上，它使用的技术并不是真正意义上的语音识别技术，而是使用了一个特殊的弹簧，每当该弹簧接收到频率为 500Hz 的声音时，它就会被自动释放，而 500Hz 恰好就是人们喊出"Rex"时的第一个共振峰的频率。"Radio Rex"玩具狗被视为语音识别的雏形。

真正意义上的语音识别研究起源于 20 世纪 50 年代。先是美国的 AT&T Bell 实验室的 Davis 等人成功开发出了世界上第一个孤立词语音识别系统——Audry 系统，该系统能够识别 10 个英文数字的发音[2]，正确率高达 98%。1956 年，美国普林斯顿大学的实验室使用模拟滤波器组提取出元音的频谱后，通过模板匹配，建立了针对特定说话人的包括 10 个单音节词的语音识别系统。1959 年，英国伦敦大学的科学家 Fry

和 Denes 等人第一次利用统计学的原理构建出了一个可以识别 4 个元音和 9 个辅音的音素识别器。在同一年，美国麻省理工学院林肯实验室的研究人员首次实现了可以针对非特定人的可识别 10 个元音音素的识别器[3]。

图 1-7 给出了语音识别技术的发展历史，主要包括模板匹配、统计模型和深度学习三个阶段。

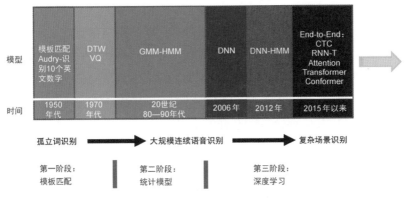

图 1-7　语音识别技术的发展历史

第一阶段：模板匹配（DTW）

20 世纪 60 年代，一些重要的语音识别的经典理论先后被提出和发表出来。1964 年，Martin 为了解决语音时长不一致的问题，提出了一种时间归一化的方法，该方法可以可靠地检测出语音的端点，这可以有效地降低语音时长对识别结果的影响，使语音识别结果的可变性减小了。1966 年，卡耐基梅隆大学的 Reddy 利用动态跟踪音素的方法进行了连续语音识别，这是一项开创性的工作。1968 年，苏联科学家 Vintsyuk 首次提出将动态规划算法应用于语音信号的时间规整。虽然在他的工作中，动态时间规整的概念和算法原型都有体现，但在当时并没有引起足够的重视。这三项研究工作，为此后几十年语音识别的技术发展奠定了坚实的基础。虽然在这 10 年中语音识别理论取得了明显的进步，但是距离实现真正实用且可靠的语音识别系统的目标依旧十分遥远。

20 世纪 70 年代，语音识别技术飞速发展，又取得了几个突破性的进展。1970 年，来自苏联的 Velichko 和 Zagoruyko 将模式识别的概念引入语音识别中。同年，Itakura 提出了线性预测编码（Linear Predictive Coding，LPC）技术，并将该技术应用于语音识别。1978 年，日本人 Sakoe 和 Chiba 在苏联科学家 Vintsyuk 的工作基础上，成功地使用动态规划算法将两段不同长度的语音在时间轴上进行了对齐，这就是我们现在经常提到的动态时间规整（Dynamic Time Warping，DTW）[4-5]。该算法把时间规整和距离的计算有机地结合起来，解决了不同时长语音的匹配问题。在一些要求资源占用率低、识别人比较特定的环境下，DTW 是一种很经典、很常用的模板匹配算法。这些技术的提出完善了语音识别的理论研究，并且使孤立词语音识别系统达到了一定的实用性。此后，以 IBM 公司和 Bell 实验室为代表的语音研究团队开始将研究重点放在大词汇量连续语音识别（Large Vocabulary Continuous Speech Recognition，LVCSR）系统上，因为这在当时看来是更有挑战性和更有价值的研究方向。20 世纪 70 年代末，Linda 的团队提出了矢量量化（Vector Quantization，VQ）[6]的码本生成方法，该项工作对于语音编码技术具有重大意义。美国国防部下属的一个名为美国国防高级研究计划局（Defense Advanced Research Projects Agency，DARPA）的行政机构，在 20 世纪 70 年代介入语音领域，开始资助一项旨在支持语言理解系统的研究开发工作的 10 年战略计划。在该计划的推动下，诞生了一系列不错的研究成果，如卡耐基梅隆大学推出了 Harpy 系统，其能识别 1000 多个单词且有不错的识别率。

第二阶段：统计模型（GMM-HMM）

到了 20 世纪 80 年代，更多的研究人员开始从对孤立词识别系统的研究转向对大词汇量连续语音识别系统的研究，并且大量的连续语音识别算法应运而生，例如分层构造（Level Building）算法等。同时，20 世纪 80 年代的语音识别研究相较于 20 世纪 70 年代，另一个变化是基于统计模型的技术逐渐替代了基于模板匹配的技术。统计模型两项很重要的成果是声学模型和语言模型。语言模型以 n 元语言模型（n-gram）为代表，声学模型以 HMM 为代表。HMM 的理论基础在 1970 年前后由 Baum 等人建立[7]，随后由卡耐基梅隆大学的 Baker 和 IBM 的 Jelinek 等人应用到语音识别中。在 20 世纪 80 年代中期，Bell 实验室的 Rabiner 等人对 HMM 进行了深入浅出的介绍[8]，并出版了语音识别专著 *Fundamentals of Speech Recognition*[9]，有力地推动了 HMM 在语音识别中的应用。Mark Gales 和 Steve Young 在 2007 年对 HMM 在语音识别中的应用做了详细阐述[10]。随着统计模型的成功应用，HMM 开始了对语音识别数十年的统治，直到现今，其仍被看作领域内的主流技术。在 DARPA 的语音研究计划的资助下，又诞生了一批著名的语音识别系统，其中包括李开复在卡耐基梅隆大学攻读博士学位时开发的 SPHINX 系统。该系统也是基于统计模型的非特定说话人连续语音识别系统，其采用了如下技术：

- 用 HMM 对语音状态的转移概率建模。
- 用高斯混合模型（Gaussian Mixture Model，GMM）对语音状态的观察值概率建模。

这种把上述二者相结合的方法，称为高斯混合模型－隐马尔可夫模型（GMM-HMM）[10-11]。在深度学习热潮出现之前，GMM-HMM 一直是语音识别最主流、最核心的技术。值得注意的是，在 20 世纪 80 年代末，随着分布式知识表达和反向传播（Back Propagation，BP）算法的提出，解决了非线性学习问题。于是，关于神经网络的研究兴起，人工神经网络（Artificial Neural Network，ANN）[12]被应用到语音领域，并且掀起了一股热潮。这是具有里程碑意义的事件，它为若干年后深度学习在语音识别中的崛起奠定了一定的基础。但是，由于人工神经网络其自身的缺陷还未得到完全解决，它相对于 GMM-HMM 系统并没有什么优势可言，研究人员还是更倾向于基于统计模型的方法。在 20 世纪 80 年代，还有一个值得一提的事件，美国国家标准技术署（NIST）在 1987 年第一次举办了 NIST 评测，这项评测后来成为全球最权威的语音评测。

20 世纪 90 年代，语音识别进入了一个技术相对成熟的时期，主流的 GMM-HMM 框架得到了更广泛的应用，其在领域中的地位越发稳固。声学模型的说话人自适应（Speaker Adaptation）方法和区分性训练（Discriminative Training）准则的提出，进一步提升了语音识别系统的性能。1994 年提出的最大后验概率估计（Maximum A Posteriori Estimation，MAP）[13]和 1995 年提出的最大似然线性回归（Maximum Likelihood Linear Regression，MLLR）[14]，帮助 HMM 实现了说话人自适应。最大互信息量（Maximum Mutual Information，MMI）[15]和最小分类错误（Minimum Classification Error，MCE）[16]等声学模型的区分性训练准则相继被提出，使用这些区分性准则去更新 GMM-HMM 的模型参数，可以让模型的性能得到显著提升。此外，人们开始使用以音素为代表的字词单元作为基本单元，一些支持大词汇量的语音识别系统被陆续开发出来，这些系统不但可以做到支持大词汇量非特定人连续语音识别，而且有的产品在可用性方面达到了很好的性能，例如微软公司的 Whisper、贝尔实验室的 PLATO、麻省理工学院的 SUMMIT 系统、IBM 的 ViaVioce 系统。英国剑桥大学的 Steve Young 等人开发的语音识别工具包 HTK（Hidden Markov Tool Kit）[11]，是一套开源的基于 HMM 的语音识别软件工具包，它采用模块化设计，而且配套了非常详细的 HTKBook 文档，这既方便了初学者的学习和实验，也为语音识别的研究人员提供了专业且便于搭建的开发平台。HTK 自 1995 年发布以来，被广泛采用。即便如今，大部分人在接受语音专业启蒙教育时，依然还是要通过 HTK 辅助将理论知识串联到工程实践中。可以说，HTK 对语音识别行业的发展意义重大。

进入 21 世纪头几年，基于 GMM-HMM 的框架日臻成熟完善，人们对语音识别的要求已经不再满足于简单的朗读和对话，开始着眼于生活中的普通场景，因此研究的重点转向了具有一定识别难度的日常流利对话、电话通话、会议对话、新闻广播等一些贴近人类实际应用需求的场景。但是在这些任务上，基于 GMM-HMM 框架的语音识别系统的表现并不能令人满意，识别率达到 80%左右后，就无法再取得突破。人们发现一直占据主流的 GMM-HMM 框架也不是万能的，它在某些实际场景下的识别率无法达到人们对实际应用的要求和期望，这个阶段语音识别的研究陷入了瓶颈期。

第三阶段: 深度学习 (DNN-HMM、E2E)

2006 年，变革到来。Hinton 在全世界最权威的学术期刊 *Science* 上发表了论文，第一次提出了 "深度置信网络" 的概念[17-18]。深度置信网络与传统训练方式的不同之处在于，它有一个被称为 "预训练" (pre-training) 的过程，其作用是，为了让神经网络的权值取到一个近似最优解的值，之后使用反向传播算法或者其他算法进行 "微调" (fine-tuning)，使整个网络得到训练优化。Hinton 给这种多层神经网络的相关学习方法赋予了一个全新的名字——"深度学习" (Deep Learning, DL)[19]。深度学习不仅使深层的神经网络训练变得更加容易，缩短了网络的训练时间，而且还大幅度提升了模型的性能。以这篇划时代的论文的发表为转折点，从此，全世界再次掀起了对神经网络的研究热潮，揭开了属于深度学习的时代序幕。

2009 年，Hinton 和他的学生 Mohamed 将深层神经网络 (DNN) 应用于声学建模，他们的尝试在 TIMIT 音素识别任务上取得了成功。然而，TIMIT 数据库包含的词汇量较小，在面对连续语音识别任务时还往往达不到人们期望的识别词和句子的正确率。2012 年，微软研究院的俞栋和邓力等人将深度学习与 HMM 相结合，提出了上下文相关的深度神经网络 (Context Dependent Deep Neural Network, CD-DNN) 与 HMM 融合的声学模型 (CD-DNN-HMM)[20]，在大词汇量的连续语音识别任务上取得了显著的进步，相比于传统的 GMM-HMM 系统，获得超过 20%的相对性能提升。这是深度学习在语音识别上具有重大意义的成果。从此，自动语音识别 (ASR) 的准确率得到了快速提升，深度学习彻底打破了 GMM-HMM 传统框架对语音识别技术多年的垄断，使得人工智能获得了突破性的进展。由 Daniel Povey 领衔开发的 Kaldi[21]于 2011 年发布，它是 DNN-HMM 系统的基石，在工业界得到了广泛应用。大多数主流的语音识别解码器都基于加权有限状态转换器 (WFST)[22]，把发音词典、声学模型和语言模型编译成静态解码网络，这样可大大加快解码速度，为语音识别的实时应用奠定基础。

近几年，随着机器学习算法的持续发展，各种神经网络模型结构层出不穷。循环神经网络 (Recurrent Neural Network, RNN) 可以更有效、更充分地利用语音中的上下文信息[23]，卷积神经网络 (Convolutional Neural Network, CNN) 可以通过共享权值来减少计算的复杂度，并且 CNN 被证明在挖掘语音局部信息的能力上更为突出。引入了长短时记忆 (Long Short-Term Memory, LSTM) 网络的循环神经网络，能够通过遗忘门和输出门忘记部分信息来解决梯度消失的问题[24]。由 LSTM 也衍生出了许多变体，较为常用的是门控循环单元 (Gated Recurrent Unit, GRU)，在训练数据很大的情况下，GRU 相比 LSTM 参数更少，因此更容易收敛，从而能节省很多时间。LSTM 及其变体使得识别效果再次得到提升，尤其是在近场的语音识别任务上达到了可以满足人们日常生活的标准。另外，时延神经网络 (Time Delay Neural Network, TDNN)[25]

也获得了不错的识别效果，它可以适应语音的动态时域变化，能够学习到特征之间的时序依赖。

在近十几年中，深度学习技术一直保持着飞速发展的状态，它也推动语音识别技术不断取得突破。尤其是最近几年，基于端到端的语音识别方案逐渐成了行业中的关注重点，CTC（Connectionist Temporal Classification）[26]算法就是其中一个较为经典的算法。在 LSTM-CTC 的框架中，最后一层往往会连接一个 CTC 模型，用它来替换HMM。CTC 的作用是将 Softmax 层的输出向量直接输出成序列标签，这样就实现了输入语音和输出结果的直接映射，也实现了对整个语音的序列建模，而不仅仅是针对状态的静态分类。2012 年，Graves 等人又提出了循环神经网络变换器（RNN Transducer，RNN-T）[27]，它是 CTC 的一个扩展，能够整合声学模型与语言模型，同时进行优化。自 2015 年以来，谷歌、亚马逊、百度等公司陆续开始了对 CTC 模型的研发和使用，并且都获得了不错的性能提升。

2014 年，基于 Attention（注意力机制）的端到端技术在机器翻译领域中得到了广泛应用并取得了较好的实验结果[28]，之后很快被大规模商用。于是，Jan Chorowski 在 2015 年将 Attention 的应用扩展到语音识别领域[29]，结果大放异彩。随后，一种称为 Seq2Seq（Sequence to Sequence）的基于 Attention 的语音识别模型[30]在学术界引起了极大的关注，相关的研究取得了较大的进展。在加拿大召开的国际智能语音领域的顶级会议 ICASSP2018 上，谷歌公司发表的研究成果显示，在英语语音识别任务上，基于 Attention 的 Seq2Seq 模型表现强劲，它的识别结果已经超越其他语音识别模型[31]。但 Attention 模型的对齐关系没有先后顺序的限制，完全靠数据驱动得到，对齐的盲目性会导致训练和解码的时间过长。而 CTC 的前向—后向算法可以引导输出序列与输入序列按时间顺序对齐。因此，CTC 模型和 Attention 模型各有优势，可以把两者结合起来，构建 Hybrid CTC/Attention 模型[32]，并采用多任务学习，以取得更好的效果。

2017 年，谷歌公司和多伦多大学提出一种称为 Transformer[33]的全新架构，这种架构在 Decoder 和 Encoder 中均采用 Attention 机制。特别是在 Encoder 层，将传统的RNN 完全用 Attention 替代，从而在机器翻译任务上取得了更优的结果，引起了极大的关注。随后，研究人员把 Transformer 应用到端到端语音识别系统[34-35,38]中，也取得了非常明显的改进效果。

2020 年，谷歌公司又提出了 Transformer 的改进版——Conformer[36]，主要在Encoder 部分加入 Convolution Module，通过 Convolution Module 捕捉局部特征，同时保留 Transformer 的全局刻画能力。Conformer 使端到端语音识别的性能得到进一步提升。

从一个更高的角度来看待语音识别的研究历程，从 HMM 到 GMM，到 DNN，再到 CTC 和 Attention，这个演进过程的主线是，如何利用一个网络模型实现对声学模型层面更精准的刻画。换言之，就是不断尝试更好的建模方式，以取代基于统计的建模方式。

在 2010 年以前，语音识别行业水平普遍还停留在 80%的准确率以下。在接下来的几年里，机器学习相关模型算法的应用和计算机性能的增强，带来了语音识别准确率的大幅提升。到 2015 年，识别准确率就达到了 90%以上。谷歌公司在 2013 年时，识别准确率还只有 77%，然而到 2017 年 5 月时，基于谷歌深度学习的英语语音识别错误率已经降低到 4.9%，即识别准确率为 95.1%，相较于 2013 年时的准确率提升了接近 20 个百分点。这种水平的准确率已经接近正常人类。2016 年 10 月 18 日，微软语音团队在 Switchboard 语音识别测试中打破了自己的最好成绩，将词错误率降低至 5.9%。次年，微软语音团队研究人员通过改进语音识别系统中基于神经网络的声学模型和语言模型，在之前的基础上引入了 CNN-BLSTM（Convolutional Neural Network Combined with Bidirectional Long Short-Term Memory，带有双向 LSTM 的卷积神经网络）模型，用于提升语音建模的效果。2017 年 8 月 20 日，微软语音团队再次将这一纪录刷新，在 Switchboard 测试中将词错误率从 5.9%降低到 5.1%，即识别准确率达到 94.9%，与谷歌公司一起成为行业新的标杆。另外，亚马逊（Amazon）公司在语音行业可谓后发制人，其在 2014 年年底正式推出了 Echo 智能音箱，并通过该音箱搭载的 Alexa 语音助理，为使用者提供种种应用服务。Echo 智能音箱一经推出，在消费市场上就取得了巨大的成功，如今已成为美国使用最广的智能家居产品。投资机构摩根士丹利分析师称，智能音箱是继 iPad 之后"最成功的消费电子产品"。

2022 年，OpenAI 公司开源了大规模数据多任务训练的端到端 Transformer 模型——Whisper[38]，其训练使用 68 万小时网络采集的音频数据和对应文本，采用多任务学习，支持 99 种语言，具有很好的鲁棒性，并且无须微调就可在多个测试集上有良好的性能。其缺点是模型太大，需要 GPU 运行，另外，在低资源语种上识别效果仍较差。2024 年，OpenAI 推出多模态大模型 GPT-4o，采用端到端建模，支持低延迟的语音模式交互，其效果非常惊艳，引起业界的极大关注，并带动新的研究热潮。

1.4　国内语音识别现状

中国国内最早的语音识别研究开始于 1958 年，中国科学院声学研究所研究出一种电子管电路，该电子管可以识别 10 个元音。1973 年，中国科学院声学研究所成为国内首个开始研究计算机语音识别的机构。受限于当时的研究条件，我国的语音识别研究在这个阶段一直进展缓慢。

改革开放以后，随着计算机应用技术和信号处理技术在我国的普及，越来越多的国内单位和机构具备了语音研究的成熟条件。而就在此时，国外的语音识别研究取得了较大的突破性进展，语音识别成为科技浪潮的前沿，得到了迅猛的发展，这推动了包括中国科学院声学研究所、中国科学院自动化研究所、清华大学、中国科学技术大学、哈尔滨工业大学、上海交通大学、西北工业大学、厦门大学等许多国内科研机构和高等院校投身到语音识别的相关研究当中。大多数研究者都将研究重点聚焦在语音识别基础理论和模型、算法的改进上。

1986 年 3 月，我国的"863"计划正式启动。"863"计划即国家高技术研究发展计划，是我国的一项高科技发展计划。作为计算机系统和智能科学领域的一个重要分支，语音识别在该计划中被列为一个专项研究课题。随后，我国展开了系统性的针对语音识别技术的研究。因此，对于我国的语音识别行业来说，"863"计划是一个里程碑，它标志着我国的语音识别技术进入了一个崭新的发展阶段。但是由于研究起步晚、基础薄弱、硬件条件和计算能力有限，我国的语音识别研究在整个 20 世纪 80 年代都没有取得显著的学术成果，也没有开发出具有优良性能的识别系统。20 世纪 90 年代，我国的语音识别研究持续发展，开始逐渐地紧追国际领先水平。在"863"计划、国家科技攻关计划、国家自然科学基金的支持下，我国在中文语音识别技术方面取得了一系列研究成果。

21 世纪初期，包括科大讯飞、中科信利、捷通华声等一批致力于语音应用的公司陆续成立。语音识别龙头企业科大讯飞，早在 2010 年就推出了业界首个中文语音输入法，引领了移动互联网的语音应用。百度、腾讯、阿里巴巴、华为、小米、京东、抖音、美团、贝壳找房等国内各大互联网公司和工业巨头相继组建语音研发团队，推出了各自的语音识别服务和产品。在此之后，国内语音识别的研究水平在之前建立的坚实基础上，取得了突飞猛进的进步。如今，基于云端深度学习算法和大数据的在线语音识别系统的识别准确率可以达到95%以上，科大讯飞、百度、阿里巴巴、腾讯等公司都提供了达到商业标准的语音识别服务，如语音输入法、语音搜索等应用，语音云用户达到了亿级规模。

人工智能和物联网的迅猛发展，使得人机交互方式发生了重大变革，语音交互产品也越来越多。国内消费者接受语音产品也有一个过程，最开始的认知大部分是从苹果 Siri 开始的。在亚马逊公司的 Echo 智能音箱刚开始推出的两三年，国内的智能音箱市场还不温不火，不为消费者所接受，因此销量非常有限。但自 2017 年以来，智能家居逐渐普及，音箱市场开始火热，为了抢占语音入口，阿里巴巴、百度、小米、华为等大公司纷纷推出了各自的智能音箱。据 Canalys 报告，2019 年第 1 季度，中国市场智能音箱出货量的全球占比为 51%，首次超过美国，成为全球最大的智能音箱市场。IDC《中国智能音箱设备市场月度销量跟踪报告》显示，2022 年上半年，中国智能音箱市场销量为 1483 万台。

随着语音市场的扩大，国内涌现出一批具有较强竞争力的语音公司，包括云知声、思必驰、出门问问、声智科技、北科瑞声、天聪智能等。它们推出的语音产品和解决方案主要针对特定场景，如车载导航、智能家居、医院的病历输入、智能客服、会议系统、证券柜台业务等，因为采用深度定制，识别效果和产品体验更佳，在市场上获得了不错的反响。针对智能硬件的离线识别，云知声、思必驰、启英泰伦等公司还研发出专门的语音芯片，进一步降低了功耗，提高了产品的性价比。

在国内语音应用突飞猛进的同时，各大公司和研究团队纷纷在国际学术会议和期刊上发表研究成果。2015 年，张仕良等人提出了前馈型序列记忆网络（Feed-forward Sequential Memory Network，FSMN），在 DNN 的隐藏层旁增加了一个"记忆模块"，这个记忆模块用来存储对判断当前语音帧有用的语音信号的历史信息和未来信息，并且只需要等待有限长度的未来语音帧。随后，科大讯飞进一步提出了深度全序列卷积神经网络（DFCNN）。2018 年，阿里巴巴改良并开源了语音识别模型 DFSMN（Deep FSMN）。同年，中国科学院自动化研究所率先把 Transformer 应用到语音识别任务上[34]，并进一步拓展到中文语音识别。

2021 年，出门问问团队联合西北工业大学语音实验室开源了 WeNet[37]，该工具包使用 Conformer 网络结构和 CTC/Attention 联合优化方案，模型训练部分完全基于 PyTorch 生态，不再依赖 Kaldi 等安装复杂的工具。由于落地方便，WeNet 颇受工业界欢迎，迅速得到普及。

2022 年，阿里巴巴达摩院发布了非自回归的端到端模型 Paraformer[39]，支持并行推理，具有高识别率，同时还实现了 10 倍以上的加速，非常适合用于一句话识别，即整句识别场景。为了方便 Paraformer 等模型的部署，阿里巴巴还开源了大型端到端语音识别工具包 FunASR。2024 年 7 月，阿里云通义开源了 SenseVoice-Small，其支持中文、粤语、英语、日语和韩语，采用多任务学习和 CTC 推理，具有较高的识别率和极低的延迟。

2024 年，小米语音团队（新一代 Kaldi 团队）正式发表了 Zipformer[40]论文，提出了一种新的编码器结构，结合剪枝的 Transducer[41]框架，取得很好的识别效果，尤其适用于流式识别。为了加快工业落地，小米语音团队还发布了 sherpa-onnx 开源工具，支持 icefall 训练的 Zipformer-Transducer 等 k2 模型，以及 Whisper、Paraformer、SenseVoice 等第三方模型的部署。sherpa-onnx 同时支持语音合成、说话人识别、说话人日志、VAD 等任务，越来越受工业界欢迎。

尽管语音识别技术已取得突飞猛进的进展，但是当前语音识别系统依然面临着不少应用挑战，其中包括以下主要问题：

（1）鲁棒性。目前语音识别准确率超过人类水平主要还是在受限的场景下，比如在安静的环境下，而一旦加入干扰信号，尤其是环境噪声和人声干扰，性能往往会明显下降。因此，如何在复杂的场景（包括非平稳噪声、混响、远场）下提高语音识别的鲁棒性，研发"能用→好用"的语音识别产品，提升用户体验，仍然是要重点解决的问题。

（2）口语化。每个说话人的口音、语速和发声习惯都是不一样的，尤其是一些地区的口音（如南方口音、山东重口音）会导致识别准确率急剧下降。还有电话场景和会议场景的语音识别，其中包含很多口语化表达，如闲聊式的对话，在这种情况下，识别效果也很不理想。因此，语音识别系统需要提升自适应能力，以便更好地匹配个性化、口语化的表达，排除这些因素对识别结果的影响，达到准确、稳定的识别效果。

（3）低资源。电话场景、特定场景、方言识别还存在低资源问题。手机 App 或 PC 采集的是 16kHz 宽带语音，有大量的开源数据或商用数据可以训练，因此识别效果很好。但电话场景是 8kHz 窄带录音，这种开源数据几乎没有，商用数据很多是模拟场景而不是真实场景的录音，因此存在不匹配情况，导致识别效果不理想，准确率难以超过 90%。特定场景如银行/证券柜台很多采用专门设备采集语音，保存的采样格式压缩比很高，跟一般的 16kHz 或 8kHz 语音不同，而相关的训练数据又很缺乏，因此识别效果会变得更差。低资源问题同样存在于方言识别中，中国有七大方言区，包括官话方言（又称北方方言）、吴语、湘语、赣语、客家话、粤语、闽语（闽南语），还有晋语、湘语等分支，要搜集各地数据（包括文本语料）相当困难。因此，如何从高资源的声学模型和语言模型迁移到低资源的场景，减少数据搜集的代价，是很值得研究的方向。

（4）多语种。根据世界人口数据库 Ethnologue 第 26 版，目前世界上现存 7168 种语言，142 个语系。多语种识别主要针对海外语种，如日语、韩语、印尼语、哈萨克语、阿拉伯语等，也可能有少数民族语种，如维语、藏语等，其技术难点涉及建模框架、建模单元、低资源等问题，还有如何基于大模型如 Whisper 进行微调的问题。另外，如何基于已有的语音识别模型，产生伪标签，经过多重筛选处理，进行半监督学习，也有越来越多的研究。在日常交流中，还可能存在语种混杂（code-switch）现象，如中英文混杂、普通话与方言混杂，但商业机构在这方面的投入还不多，对于中英文混杂的语音，一般仅能识别简单的英文词汇（如"你家 Wi-Fi 密码是多少"）。比较理想的是一个模型能兼容双语识别，甚至三语识别（如中、英、闽）。因此，如何有效提升多语种混杂场景的整体效果，也是当前语音识别技术面临的挑战之一。

1.5 语音识别建模方法

语音识别建模方法主要分为模板匹配、统计模型和深度模型几种，下面分别介绍 DTW、GMM-HMM、DNN-HMM 和 E2E 模型。

1.5.1 DTW

当同一个人说同一个词时，往往会因为语速、语调等差异导致这个词的发音特征和时间长短各不相同，这样就造成了通过采样得到的语音数据在时间轴上无法对齐的情况。如果时间序列无法对齐，那么传统的欧氏距离是无法有效地衡量出两个序列之间真实的相似性的。而 DTW（动态时间规整）的提出就是为了解决这一问题，它是一种将两个不等长的时间序列进行对齐并衡量出这两个序列之间相似性的有效方法。如图 1-8 所示，DTW 采用动态规划的算法思想，通过时间弯折，实现 P 和 Q 两条语音的不等长匹配，将语音匹配相似度问题转换为最优路径问题。具体做法是计算特征向量之间的欧式距离，然后比较向右、向上、对角线（可乘 2 惩罚）到当前节点的最短距离，并记录下来，这样循环累计，一直到最后终点，即图中 p8 和 q9 的交汇点，最后回溯最短距离对应的路径。

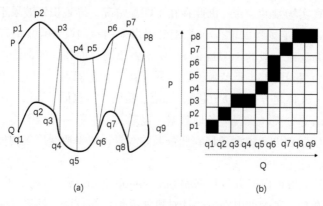

图 1-8　DTW

DTW 是模板匹配法中的典型方法，适合用于小词汇量孤立词语音识别系统。但 DTW 过分依赖端点检测，不适合用于连续语音识别，只对特定人的识别效果较好。

1.5.2　GMM-HMM

HMM 是一种统计分析模型，它是在马尔可夫链的基础上发展起来的，用来描述双重随机过程。HMM 有算法成熟、效率高、易于训练等优点，被广泛应用于语音识别、手写字识别和天气预报等多个领域，目前其仍然是语音识别中的主流技术。

如图 1-9 所示，HMM 包含 s_1、s_2、s_3、s_4、s_5 共 5 个状态，其中 s_2、s_3、s_4 为发射状态，每个发射状态都对应多帧观察值，这些观察值是特征序列（$o_1, o_2, o_3, o_4, \cdots, o_T$），沿时刻 t 递增，每帧不同且不局限于取值范围，因此其概率分布不是离散的，而是连续的。

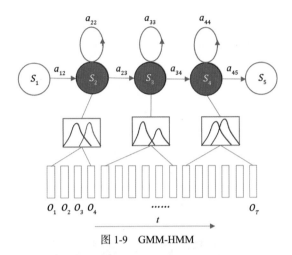

图 1-9　GMM-HMM

　　自然界中的很多信号都可用高斯分布表示，包括语音信号。由于不同的人发音会存在较大的差异，具体表现是，每个状态对应的观察值序列都呈现多样化，单纯用一个高斯函数来刻画其分布往往不够，因此更多的是采用多高斯组合的 GMM 来表征更复杂的分布。这种用 GMM 作为 HMM 状态产生观察值的概率密度函数（PDF）的模型就是 GMM-HMM，每个状态对应的 GMM 可由多个高斯函数组合而成（如图 1-9 所示有两个）。

1.5.3　DNN-HMM

　　DNN 拥有更强的表征能力，其能够对复杂的语音变化情况进行建模。把 GMM-HMM 的 GMM 用 DNN 替代，如图 1-10 所示，HMM 的转移概率和初始状态概率保持不变。

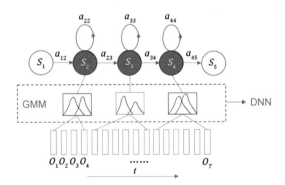

图 1-10　把 GMM-HMM 的 GMM 用 DNN 替代

　　DNN 的输出节点与所有 HMM（包括"a""o"等音素）的发射状态一一对应（如图 1-11 所示），因此可以通过 DNN 的输出得到每个状态的观察值概率。

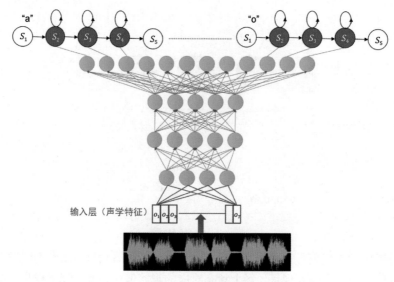

图 1-11　DNN-HMM

1.5.4　E2E 模型

2015 年，E2E（端到端）模型开始流行，并被应用于语音识别领域。如图 1-12 所示，传统语音识别系统的发音词典、声学模型和语言模型三大组件被融合为一个 E2E 模型，直接实现输入语音到输出文本的转换，得到最终的识别结果。

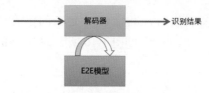

图 1-12　E2E 模型

1.6　语音识别开源工具

HTK（HMM Toolkit）是一个专门用于建立和处理 HMM 的实验工具包[11]，由英国剑桥大学的 Steve Young 等人开发，非常适合 GMM-HMM 系统的搭建。2015 年 DNN-HMM 推出，该新版本主要由张超博士开发。

Kaldi 是一个开源的语音识别工具包[21]，它是基于 C++编写的，可以在 Linux 和 Windows 平台上编译，主要由 Daniel Povey 博士维护。Kaldi 适合 DNN-HMM 系统（包括 Chain 模型）的搭建，支持 TDNN/TDNN-F 等模型，基于有限状态转换器（FST）进行解码，它也可用于 x-vector 等声纹识别系统的搭建。Kaldi 的下一代版本（Next-gen Kaldi）结合 Kaldi 和 PyTorch 的优点，包含了三个子项目（k2、lhotse、icefall），其中

k2 是核心算法库，除了支持端到端模型，还特别实现了可微分的 FST，其目标是在端到端模型上进行 LF-MMI 区分性训练。

ESPnet 是一个端到端语音处理工具集[36]，它将 PyTorch 作为主要的深度学习引擎，兼容 Kaldi 风格的数据处理方式，为语音识别、语音合成和其他语音处理实验提供完整的设置，包括 CTC/Attention、RNN-T 等模型。

WeNet 是面向产品和工业界的端到端语音识别开源工具[37]，最早由出门问问联合西北工业大学音频语音与语言处理研究组推出，后续也有不少工业公司参与完善。WeNet 致力于消除从端到端模型研究到产品落地之间的鸿沟，探索更适合工业级产品的端到端解决方案。

1.7 常用语音识别数据库

TIMIT——经典的英文语音识别库，其中包含来自美国 8 个主要口音地区的 630 人的语音，每人 10 句，并包括词和音素级的标注。图 1-13 给出了一条语音的波形图、语谱图和标注。这个库主要用来测试音素识别任务。

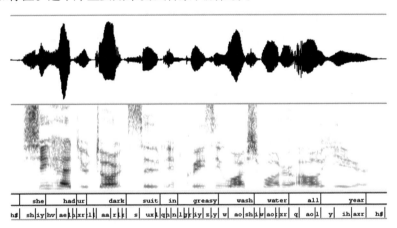

图 1-13　语音文件 "/timit/test/dr5/fnlp0/sa1.wav" 的波形图、语谱图和标注

Switchboard——对话式电话语音库，采样率为 8kHz，包含来自美国各个地区 543 人的 2400 条通话录音。

LibriSpeech——免费的英文语音识别数据库，总共 1000 小时，采样率为 16kHz，包含朗读式语音和对应的文本。

THCHS-30——清华大学提供的一个中文示例，并配套完整的发音词典，其数据集有 30 小时，采样率为 16kHz。

aishell-1——希尔贝壳开源的 178 小时中文普通话数据，采样率为 16kHz，包含 400 位来自中国不同口音地区的发音人的语音，语料内容涵盖财经、科技、体育、娱乐、时事新闻等。

WenetSpeech——由西北工业大学音频语音与语言处理研究组、出门问问、希尔贝壳联合发布，包含超过 10000 小时的高质量标注数据、2400 多小时的弱标注数据，以及约 10000 小时的无标注数据，覆盖各种互联网音视频、噪声背景条件、讲话方式，来源领域包括有声书、解说、纪录片、电视剧、访谈、新闻、朗读、演讲、综艺和其他十大场景。

语音识别数据库还有很多，包括 16kHz 和 8kHz 的数据。海天瑞声、数据堂、希尔贝壳等数据库公司提供了大量的商用数据库，可用于工业产品的开发。

1.8　语音识别评价指标

假设"我们明天去动物园"的语音识别结果如下：

原句：我们　　　　　明天　　　　　　去　　　　　动物园
识别：我 ×　　　　　明后天　　　　　去　　　　　公园 ×
删除错误 Deletion　　插入错误 Insertion　　　　替换错误 Substitution

识别结果包含了删除错误、插入错误和替换错误。

评价语音识别性能的指标有许多，通常使用测试集上的词错误率（Word Error Rate，WER）来判断整个系统的性能，其公式定义如下：

$$WER = \frac{N_{Del} + N_{Sub} + N_{Ins}}{N_{Ref}} \qquad (1-3)$$

其中，N_{Ref} 表示测试集所有的词数量，N_{Del} 表示识别结果相对于实际标注发生删除错误的词数量，N_{Sub} 表示发生替换错误的词数量，N_{Ins} 表示发生插入错误的词数量。

针对中文普通话，评价指标也经常采用字错误率（Character Error Rate，CER），即用单字而不是词来计算错误率。

参考文献

[1] 韩纪庆，张磊，郑铁然. 语音信号处理[M]. 2 版. 北京：清华大学出版社，2013.

[2] DAVIS K H, BIDDULPH R, BALASHEK S. Automatic Recognition of Spoken Digits[J]. The Journal of the Acoustical Society of America, 1952, 24(6): 637-642.

[3] FRY D B, DENES P. The Design and Operation of the Mechanical Speech Recognizer at University College London[J]. Journal of the British Institution of Radio Engineers, 1959, 19(4):219-229.

[4] SAKOE H, CHIBA S. Dynamic Programming Algorithm Optimization for Spoken Word Recognition[J]. IEEE Transactions on Acoustics, Speech, and Signal Processing, 1978, 26(1):43-49.

[5] Dynamic Time Warping. Information Retrieval for Music and Motion[M]. Springer Berlin Heidelberg, 2007: 69-84.

[6]   NASRABADI N M, FENG Y. Vector Quantization of Images Based upon the Kohonen Self-organizing Feature Maps[C]. Proc. IEEE Int. Conf. Neural Networks, 1988, 1:101-105.

[7]   BAUM L E. An Inequality and Associated Maximization Technique in Statistical Estimation of Probabilistic Functions of Markov Processes[J]. Inequalities 1972, 3: 1-8.

[8]   RABINER L R. A Tutorial on Hidden Markov Models and Selected Applications in Speech Recognition[J]. Proc. of the IEEE, 1989, 77(2): 257-286.

[9]   RABINER L R, JUANG B H. Fundamentals of Speech Recognition[M]. Prentice-Hall, Englewood Cliffs, 1993.

[10] GALES M, YOUNG S. The Application of Hidden Markov Models in Speech Recognition[J]. Foundations and Trends in Signal Processing, 2007, 1(3): 195-304.

[11] YOUNG S, EVERMANN G, GALES M, et al. The HTK Book (for HTK Version 3.5)[Z]. 2015.

[12] SCHALKOFF R J. Artificial Neural Networks[M]. New York: McGraw-Hill, 1997.

[13] GAUVAIN J L, LEE C H. Maximum A Posteriori Estimation for Multivariate Gaussian Mixture Observations of Markov Chains[J]. IEEE Transactions. Speech and Audio Processing, 1994, 2: 291-298.

[14] LEGGETTER C J, WOODLAND P C. Maximum Likelihood Linear Regression for Speaker Adaptation of Continuous Density Hidden Markov Models[J]. Computer Speech and Language, 1995, 9: 171-185.

[15] BAHL L, BROWN P, SOUZA P D, et al. Maximum Mutual Information Estimation of Hidden Markov Model Parameters for Speech Recognition[C]. IEEE International Conference on Acoustics, Speech, and Signal Processing (ICASSP), 1986.

[16] JUANG B H, CHOU W, LEE C H. Minimum Classification Error Rate Methods for Speech Recognition[J]. IEEE Transactions. on Speech and Audio Processing, 1997, 5(3): 257-265.

[17] HINTON G E, SALAKHUTDINOV R R. Reducing the Dimensionality of Data with Neural Networks[J]. Science, 2006, 313(5786): 504-507.

[18] HINTON G E, OSINDERO S, TEH Y W. A Fast Learning Algorithm for Deep Belief Nets[J]. Neural Computation, 2006, 18(7):1527-1554.

[19] BENGIO Y. Learning Deep Architectures for AI[J]. Foundations and Trends in Machine Learning, 2009, 2(1):1-127.

[20] DAHL G, YU D, DENG L, et al. Context-dependent Pretrained Deep Neural Networks for Large-vocabulary Speech Recognition[J]. IEEE Transactions on Audio, Speech, and Language Processing, 2012, 20(1): 30-42.

[21] POVEY D, GHOSHAL A, BOULIANNE G, et al. The Kaldi Speech Recognition Toolkit[C]. IEEE 2011 Workshop on Automatic Speech Recognition and Understanding, 2011.

[22] MOHRI M, PEREIRA F, Riley M. Speech Recognition with Weighted Finite-state Transducers[M]. Springer, Berlin Heidelberg, 2008.

[23] GRAVES A, MOHAMED A, HINTON G. Speech Recognition with Deep Recurrent Neural Networks[C]. IEEE International Conference on Acoustics, Speech, and Signal Processing (ICASSP), 2013.

[24] SAK H, SENIOR A, BEAUFAYS F. Long Short-term Memory Recurrent Neural Network Architectures for Large Scale Acoustic Modeling[C]. Conference of the International Speech Communication Association (INTERSPEECH), 2014.

[25] WAIBEL A, HANAZAWA T, Hinton G, et al. Phoneme Recognition Using Time-delay Neural Networks[J]. Readings in Speech Recognition. 1990: 393-404.

[26] GRAVES A, FERNÁNDEZ S, GOMEZ F, et al. Connectionist Temporal Classification: Labelling Unsegmented Sequence Data with Recurrent Neural Networks[C]. Proceedings of the 23rd International Conference on Machine Learning. ACM, 2006: 369-376.

[27] GRAVES A. Supervised Sequence Labelling with Recurrent Neural Networks[J]. Studies in Computational Intelligence, Springer, 2012.

[28] CHO K, MERRIËNBOER B V, GULCEHRE C, et al. Learning Phrase Representations Using RNN Encoder-decoder for Statistical Machine Translation[J]. arXiv preprint arXiv:1406.1078, 2014.

[29] CHOROWSKI J K, BAHDANAU D, SERDYUK D, et al. Attention-based Models for Speech Recognition[J]. Advances in Neural Information Processing Systems, 2015: 577-585.

[30] BAHDANAU D, CHOROWSKI J, SERDYUK D, et al. End-to-end Attention-based Large Vocabulary Speech Recognition[C]. IEEE International Conference on Acoustics, Speech, and Signal Processing (ICASSP), 2016.

[31] CHIU C C, SAINATH T, WU Y, et al. State-of-the-art Speech Recognition with Sequence-to-Sequence Models[C]. IEEE International Conference on Acoustics, Speech, and Signal Processing (ICASSP), 2018.

[32] WATANABE S, HORI T, KIM S, et al. Hybrid CTC/Attention Architecture for End-to-End Speech Recognition[J]. IEEE Journal of Selected Topics in Signal Processing, 2017, 11(8): 1240-1253.

[33] VASWANI A, SHAZEER N, PARMAR N, et al. Attention Is All You Need[C]. Proceedings of the 31st International Conference on Neural Information Processing Systems, 2017.

[34] DONG L, XU S, XU B. Speech-transformer: a No-recurrence Sequence- to-sequence Model for Speech Recognition[C]. IEEE International Conference on Acoustics, Speech, and Signal Processing (ICASSP), 2018.

[35] ZHOU S, DONG L, XU S, et al. Syllable-based Sequence-to-sequence Speech Recognition with the Transformer in Mandarin Chinese[C]. IEEE International Conference on Acoustics, Speech, and Signal Processing (ICASSP), 2018.

[36] GULATI A, QIN J, CHIU C C, et al. Conformer: Convolution-augmented Transformer for Speech Recognition[C]. Conference of the International Speech Communication Association (INTERSPEECH), 2020.

[37] YAO Z, WU D, WANG X, et al. WeNet: Production Oriented Streaming and Non-streaming End-to-End Speech Recognition Toolkit[C]. Conference of the International Speech Communication Association (INTERSPEECH), 2021.

[38] RAFORD A. KIM J-W, XU T, et al. Robust Speech Recognition via Large-Scale Weak Supervision[C]. Proceedings of the 40th International Conference on Machine Learning, 2023.

[39] GUO Z, ZHANG S, MCLOUGHLIN I, et al. Paraformer: Fast and Accurate Parallel Transformer for

Non-autoregressive End-to-End Speech Recognition[C]. Conference of the International Speech Communication Association (INTERSPEECH), 2022.

[40] YAO Z, GUO L, YANG X, et al. Zipformer: a Faster and Better Encoder for Automatic Speech Recognition[C], ICLR, 2024.

[41] KUANG F, GUO L, KANG W, et al. Pruned RNN-T for Fast, Memory-efficient ASR Training[C]. Conference of the International Speech Communication Association (INTERSPEECH), 2022.

第 2 章
语音信号基础

声波通过空气传播，被麦克风接收，再被转换成模拟的语音信号，如图 2-1 所示。这些信号经过采样，变成离散的时间信号，再进一步经过量化，被保存为数字信号，即波形文件。

图 2-1　声音的采集过程

本章根据图 2-1 所示的声音采集过程，分别对声波的特性、声音的接收装置（即麦克风）、声音的采样和量化加以介绍，最后介绍语音文件的格式和分析。

2.1　声波的特性

声波在空气中是一种纵波，它的振动方向和传播方向是一致的。声音在空气中的振动形成压力波动，产生压强，再经过传感器接收转换，变成时变的电压信号。

声波的特性主要包括频率和声强。频率是指在单位时间内声波的周期数。因为直接测量声强较为困难，故常用声压来衡量声音的强弱。某一瞬间介质中的压强相对于无声波时压强的改变量称为声压，记为$p(t)$，单位是 Pa。

由于人耳感知的声压动态范围太大，加之人耳对声音大小的感觉近似地与声压、声强呈对数关系，所以通常常用**对数值**来度量声音。一般把很小的声压$p_0 = 2 \times 10^{-5}$ Pa 作为参考声压，把所要测量的声压p与参考声压p_0的比值取常用对数后，乘以 20，得到的数值称为**声压级**（Sound Pressure Level，SPL），其单位为分贝（dB）。

$$\mathrm{SPL} = 20\lg\left(\frac{p}{p_0}\right)\mathrm{dB} \tag{2-1}$$

国家城市区域环境噪声标准（分 5 类）规定，居民住宅区（按 1 类标准）的噪声大小，白天不能超过 55dB，夜间应低于 45dB。

注意，衡量声音的信噪比（Signal to Noise Ratio，SNR）的单位也用分贝，其数值越高，表示声音越干净，噪声比例越小。

2.2　声音的接收装置

麦克风包括动圈式和电容式两种。其中动圈式麦克风的精度、灵敏度较低，体积大，其突出特点是输出阻抗小，所以连接较长的电缆也不会降低其灵敏度，且温度和湿度的变化对其灵敏度也无大的影响，适用于语音广播、扩声系统。电容式麦克风的音质好，灵敏度较高，但常需要电源，适用于舞台、录音室等。

驻极体麦克风是电容式麦克风的一种，无须外加电源，其体积小，使用较广泛。驻极体麦克风包含以下两种类型。

（1）振膜式：带电体是驻极体振膜本身，话筒拾声的音质效果相对差些，多用在对音质效果要求不高的场合，如普通电话机、玩具等。

（2）背极式：带电体是涂敷在背极板上的驻极体膜层，与振膜分离设计，手机、语音识别等高端传声录音产品多采用背极式驻极体。

随着现代生产工艺的发展，现在工业上广泛采用 MEMS 麦克风（如图 2-2 所示）。从原理上看，MEMS 麦克风依然属于电容式麦克风，其中一个电容器被集成在微硅晶片上，可以采用表贴工艺进行制造。MEMS 麦克风的优点是一致性比较好，特别适合用在中高端手机中，也适合用于进行远场语音交互的麦克风阵列。

图 2-2　MEMS 麦克风

2.2.1　麦克风的性能指标

麦克风主要包括以下性能指标。

1. 指向性

麦克风对于不同方向的声音灵敏度，称为麦克风的指向性。指向性用麦克风正面（0°方向）和背面（180°方向）的灵敏度的差值来表示，差值大于 15dB 的称为强方向性麦克风。

（1）全指向性麦克风从各个方向拾取声音的性能一致。当说话的人来回走动时，采用此类麦克风较为合适，但在环境噪声大的条件下不宜采用。

（2）心形指向性麦克风的灵敏度在水平方向呈心形，正面灵敏度最大，侧面稍小，背面最小。这种麦克风在多种扩音系统中都有优秀的表现。

（3）单指向性麦克风又被称为超心形指向性麦克风，它的指向性比心形指向性麦克风更尖锐，正面灵敏度极高，其他方向灵敏度急剧衰减，特别适用于高噪声的环境。

2. 频率响应

频率响应表示麦克风拾音的频率范围，以及在此范围内对声音各频率的灵敏度。一般来说，频率范围越宽、频响曲线越平直越好。

3. 灵敏度

在单位声压激励下输出电压与输入声压的比值，称为灵敏度，单位为 mV/Pa。实际衡量采用相对值，以分贝表示，并规定 1V/Pa 为 0dB。因为话筒输出一般为毫伏级，所以其灵敏度的分贝值始终为负值。

4. 输出阻抗

目前常见的麦克风有高阻抗与低阻抗之分。高阻抗一般为 2kΩ~3kΩ，低阻抗一般在 1kΩ 以下。高阻抗麦克风的灵敏度高；低阻抗麦克风适合长距离采集传输，连接线即使拉得长一些，也不会改变其特性，音质几乎没有变化，也很少受外界信号干扰。

2.2.2　麦克风阵列

对于远距离识别（又称远场识别），用一个麦克风采集语音是不够的，无法判断方位和语音增强，需要采用麦克风阵列。麦克风阵列采用两个或两个以上的麦克风，如亚马逊 Echo 智能音箱采用了 6+1 麦克风阵列（如图 2-3 所示）。

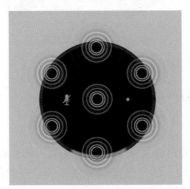

图 2-3　麦克风阵列（6+1 圆阵）

麦克风阵列有线形、圆形等多种排列方式，主要实现以下功能：

- 语音增强（speech enhancement）。
- 声源定位（source localization）。

- 去混响（dereverberation）。
- 声源信号提取（分离）。

麦克风阵列最后将两个或两个以上麦克风的信号耦合为一个信号，即在多个麦克风的正前方形成一个接收区域，来削减麦克风侧向的收音效果，最大限度地将环境背景声音过滤掉，抑制噪声，并增强正前方传来的声音，从而保留所需要的语音信号。如图 2-4 所示，麦克风阵列通过波束形成（beamforming），实现空间指向性，这可有效地抑制主瓣以外的声音干扰，包括旁边其他人声。

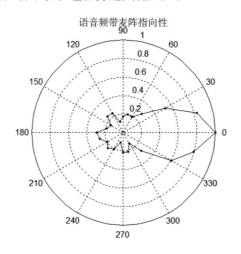

图 2-4　麦克风阵列波束形成

2.3　声音的采样

声音的采样过程是指把模拟信号转换为离散信号。采样的标准是能够重现声音，与原始语音尽量保持一致。采样率表示每秒采样点数，单位是赫兹（Hz）。如图 2-5 所示，原始的信号波形经过采样后，变成离散的数字信号。

图 2-5　声音的采样

声音的采样需要满足采样定理：当采样率大于信号最高频率的两倍时，采样数字信号能够完整保留原始信号中的信息。该采样定理又称奈奎斯特（Nyquist）定理。如图 2-6 所示，如果采样率（F_s）小于信号最高频率的两倍（$2f_{max}$），则采样信号会产生折叠失真。

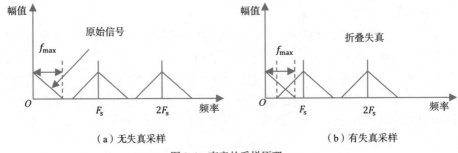

（a）无失真采样   （b）有失真采样

图 2-6   声音的采样原理

人耳能听到声音的频率是 20Hz~20kHz，发声的基音频率为 70Hz~450Hz，而经过口腔、鼻腔产生的谐波（周期性信号）频率一般在 4kHz 以下，但也有部分为 4kHz~8kHz。

一般来说，电话与嵌入式设备的存储空间或带宽有限，采样率较低，为 8kHz；手机与 PC 的采样率则为 16kHz，是现在主流的采样率；而 CD 的采样率则达到了无损的程度，为 44.1kHz。采样率越高，采集的间隔就越短，对应的音频损失也就越小。

2.4 声音的量化

声音被采样后，模拟的电压信号变成离散的采样值。声音的量化过程是指将每个采样值在幅度上进行离散化处理，变成整型数值。如表 2-1 所示，电压范围为 0.5V~0.7V 的采样点被量化为十进制数 3，用两位二进制数编码为 11；0.3V~0.5V 的采样点被量化为十进制数 2；0.1V~0.3V 的采样点被量化为 1；–0.1V~0.1V 的采样点被量化为 0。总共 4 个量化值，只用两位二进制数表示，取值范围为 $0~2^2-1$。

表 2-1 声音的量化（两位）

模拟电压、量化和编码		
电压范围（V）	量化（十进制数）	编码（二进制数）
0.5~0.7	3	11
0.3~0.5	2	10
0.1~0.3	1	01
–0.1~0.1	0	00

如图 2-7 所示，右边是量化后的波形，可以看出与左边原始的波形差别很大。量化位数代表每次取样的信息量，量化会引入失真，并且量化失真是不可逆的。量化位数可以是 4 位、8 位、16 位、32 位，量化位数越多，失真越小，但占用存储空间越多，一般采用 16 位量化。

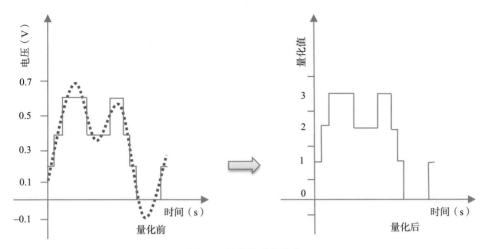

图 2-7　量化前后的波形

　　如图 2-8 所示，量化方法包括均匀量化和非均匀量化，其中均匀量化采用相等的量化间隔，而非均匀量化针对大的输入信号采用大的量化间隔，针对小的输入信号采用小的量化间隔，这样就可以在精度损失不大的情况下用较少的位数来表示信号，以减小存储空间。

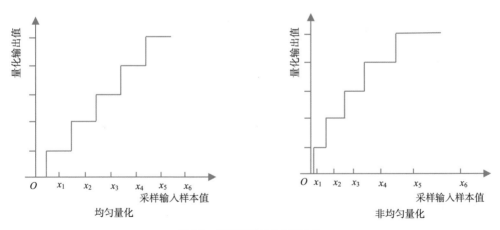

图 2-8　均匀量化和非均匀量化

　　将声音的采样率和量化位数相乘得到比特率（bit per second，bps），其代表每个音频样本每秒量化的比特位数。比如一段音频的采样率是 16kHz，量化位数是 16 位，那么该音频的比特率是 16×16 = 256kb/s。

2.5　语音的编码

语音编码最早被应用于通信领域。1975年1月，美国实现了使用LPC声码器的分组语音电话会议；1988年，美国公布了一个4.8kb/s的CELP（码激励线性预测编码）语音编码标准算法；进入20世纪90年代后，随着Internet的兴起和语音编码技术的发展，IP分组语音通信技术获得了突破性的进展，比如在网络游戏中，语音聊天就采用了IP电话技术；20世纪90年代中期，还出现了很多使用广泛的语音编码国际标准，比如数码率为5.3kb/s / 6.4kb/s的G.723.1、数码率为8kb/s的G.729等。

在语音的存储过程中也需要编码，常用的音频编码格式包括PCM、MP3、A律等。

1. PCM编码

PCM（Pulse Code Modulation，脉冲编码调制）是对模拟信号进行采样、量化、编码的过程。它只保存编码后的数据，并不保存任何格式信息。PCM编码的最大优点是音质好，最大缺点是占用存储空间大。

PCM编码是PC麦克风常用的编码格式（宽带录音，16kHz,16bit）。PCM编码可被保存为PCM raw data（.raw文件，无头部）或Microsoft PCM格式（.wav文件）。

还有一种编码是ADPCM（自适应差分PCM），其利用样本与样本之间的高度相关性，通过已知数据预测下一个数据，然后计算出预测值与实际值之间的差值，再根据不同的差值调整比例因子，进行自适应编码，达到较高的压缩比。ADPCM编码被保存为Microsoft ADPCM格式（.wav文件）。

2. MP3编码

MP3编码对音频信号采用的是有损压缩方式，压缩率高达10∶1~12∶1。MP3编码模拟人耳听觉机制，采用感知编码技术，使压缩后的文件回放时能够达到比较接近原始音频数据的声音效果。

3. A律编码

A律（A-law）编码是ITU-T（国际电信联盟电信标准部）定义的关于脉冲编码的一种压缩/解压缩算法，是固话录音（300Hz~3300Hz）常用的格式（窄带录音，8kHz, 8bit）。欧洲和中国大陆等地区采用A律压缩算法，北美地区和日本则采用μ律算法进行脉冲编码。

A律编码按下式确定输入信号值与量化输出值的关系：

$$F_A(x) = \begin{cases} \mathrm{sgn}(x)\dfrac{A|x|}{1+\ln(A)}, 0 \leqslant |x| \leqslant 1/A \\ \mathrm{sgn}(x)\dfrac{1+\ln(A|x|)}{1+\ln(A)}, 1/A < |x| \leqslant 1 \end{cases} \tag{2-2}$$

其中，x 为输入信号值，规整为 $-1 \leqslant x \leqslant 1$，$\mathrm{sgn}(x)$ 为 x 的符号。A 为确定压缩量的参数，反映最大量化间隔和最小量化间隔之比。

μ 律按下式确定输入信号值与量化输出值的关系：

$$F_\mu(x) = \mathrm{sgn}(x)\frac{\ln(1+\mu|x|)}{\ln(1+\mu)} \tag{2-3}$$

其中，μ 为确定压缩量的参数，反映最大量化间隔和最小量化间隔之比，取值范围为 $100 \leqslant \mu \leqslant 500$。

其他常见编码格式如下。

- **AMR**（Adaptive Multi-Rate）：每秒钟的 AMR 音频大小可控制在 1KB 左右，常用于彩信、微信语音，但失真比较严重。
- **WMA**（Windows Media Audio）：为了抗衡 MP3，微软公司推出了 WMA 这种新的音频格式，其在压缩比和音质方面都超过了 MP3。
- **AAC**（Advanced Audio Coding）：相对于 MP3，AAC 格式的音质更佳，文件更小。
- **M4A**：MPEG-4 音频标准的文件扩展名，最常用的.m4a 文件使用 AAC 格式。
- **FLAC**（Free Lossless Audio Codec，自由音频压缩编码）：2012 年以来，它被很多软硬件产品支持，其特点是无损压缩，不会破坏任何音频信息。MFLAC 是 FLAC 的变种，可进一步缩小文件大小。
- **OGG**：由 Xiph.Org 基金会开发的可自由使用并开源的音频格式，使用有损压缩技术，可输出较小的文件和高质量的声音。
- **MGG**：QQ 音乐专属格式，对 OGG 等音乐格式做了加密。
- **OPUS**：有损声音编码格式，也是由 Xiph.Org 基金会开发的，具有非常低的算法延迟，适合用于语音通话编码。
- **Speex**：一种音频编解码的开源库。如表 2-2 所示，它的比特率和压缩率的变化范围较大，常用于网络状况复杂多变的移动终端应用。

表 2-2　Speex 编解码算法

编解码算法	比特率（kb/s）	压缩率（%）
Speex	2.15~24.6	5.08~45.71
Speex-wb	3.95~42.2	5.98~58.18

基于 PCM 编码的 WAV 格式常作为不同编码相互转换时的一种中介格式，以便于后续处理，如图 2-9 所示。

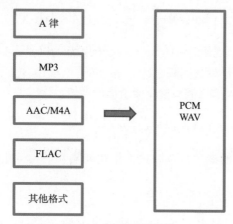

图 2-9　音频格式的转换

比如要把 A 律格式（8kHz, 8bit）的音频转换为 PCM WAV 格式（8kHz, 16bit），则采用如下转换函数：

```
#define SIGN_BIT       (0x80)/* Sign bit for a A-law byte. */
#define QUANT_MASK     (0xf)  /* Quantization field mask. */
#define NSEGS          (8)    /* Number of A-law segments. */
#define SEG_SHIFT      (4)    /* Left shift for segment number. */
#define SEG_MASK       (0x70)/* Segment field mask. */

short  alaw2linear2(unsigned char a_val) {
    short t;
    short seg;

    a_val ^= 0x55;
    t = (a_val & QUANT_MASK) << 4;
    seg = ((unsigned short)a_val & SEG_MASK) >> SEG_SHIFT;
    switch (seg) {
    case 0:
        t += 8;
        break;
    case 1:
        t += 0x108;
        break;
    default:
        t += 0x108;
        t <<= seg - 1;
    }
    return ((a_val & SIGN_BIT) ? t : -t);
}
```

如果要实现更多音频格式的转换，则可使用 FFmpeg 工具。FFmpeg 是一个强大的专门用于处理音视频的开源库，可实现不同批量数据的快速转换，包括转成指定采样率的 WAV 格式。

在音频信息处理中，经常需要读取转换为不同格式的音频数据，但前面介绍的音频格式多数不公开源码，因此详解它们不太可能，这里只介绍 WAV 格式的技术构成。计算机中最常见的声音存储格式就是 PCM WAV 格式，其文件扩展名为.wav。

2.6　WAV 文件格式

WAV 文件以 RIFF（Resource Interchange File Format）的档案格式存储，如图 2-10 所示，包含文件头（header）和数据（data）。

图 2-10　WAV 文件存储格式

WAV 文件头由若干个 Chunk 组成，按照它们在文件中出现的位置，有 WAVECHUNK、FMTCHUNK、FACTCHUNK（可选）和 DATACHUNK。具体包括如下结构体：

```
// WaveForm struct
typedef struct {
    char riff[4];  // RIFF file identification (4 bytes)
    int length;  // length field (4 bytes)
    char wave[4];  // WAVE chunk identification (4 bytes)
}WAVECHUNK;

typedef struct{
    char fmt[4];  // format sub-chunk identification  (4 bytes)
    int flength;  // length of format sub-chunk (4 byte integer)
    short format;  // format specifier (2 byte integer)
    short chans;  // number of channels (2 byte integer)
    int sampsRate;  // sample rate in Hz (4 byte integer)
    int bpsec;  // bytes per second (4 byte integer)
    short bpsample;  // bytes per sample (2 byte integer)
    short bpchan;  // bits per channel (2 byte integer)
}FMTCHUNK;

typedef struct{
    char szFactID[4];  // 'f','a','c','t'
    int dwFactSize;  // the value is 4
}FACTCHUNK;

typedef struct{
```

```
    char data[4];  // data sub-chunk identification  (4 bytes)
    int dlength;   // length of data sub-chunk (4 byte integer)
}DATACHUNK;
```

其中，FACTCHUNK 是可选的，如果不包含它，则整个头部占用 44 字节。使用 Microsoft PCM 格式保存的 WAV 文件，会带 FACTCHUNK 头部，因此其头部有 44+8=52 字节。DATACHUNK 的成员变量 dlength 表示数据的长度，如果是 16 位编码文件，将每个采样点表示成一个短整型（short）数据，则数据长度即为短整型数据的个数。

2.7 WAV 文件分析

在对 WAV 文件进行处理之前，我们要先了解其格式是否符合规范，比如电话录音往往是 8kHz，8bit 格式的，对应的比特率为 64kb/s；PC 麦克风录音一般是 16kHz,16bit 格式的，对应的比特率为 256kb/s。如果不是所要求的格式，则要先进行转换，然后才能做后续处理或识别。

在 Windows 环境中，一种查看比特率的简便方法是选中 WAV 文件，单击鼠标右键，选择"属性"选项来观察，如图 2-11 所示。

图 2-11　查看语音文件的属性（比特率）

根据生成波形的数量，WAV 文件还可被分成单声道语音文件和立体声道语音文件。单声道生成一个波形，立体声道一般是双声道，包含两个波形（如图 2-12 所示）。

如果要进行语音识别，应先将立体声道语音转换为单声道语音。

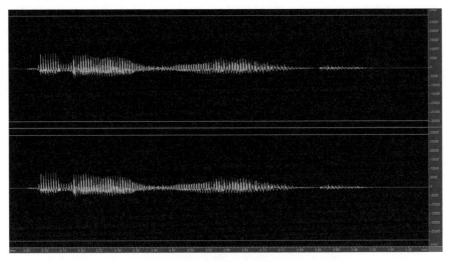

图 2-12　立体声道（双声道）语音

如果要更详细地观察和分析语音信号，推荐采用 CoolEdit（Adobe Audition）、Visual Code（带 audio-preview 插件）等专业音频处理工具。如图 2-13 所示是使用 CoolEdit 显示的"Hello World"语音文件的时域图和语谱图，其中上面的时域图显示了语音信号的时间-幅度关系，而下面的语谱图是一种三维图，显示了语音信号的时间-频率-幅度关系，颜色越深，表示幅度（能量）越大。

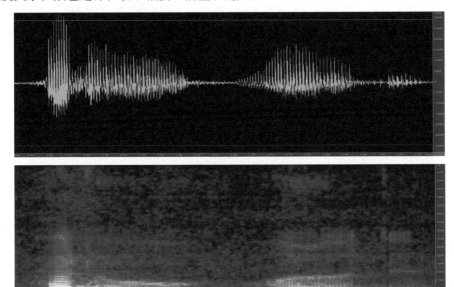

图 2-13　使用 CoolEdit 显示的时域图和语谱图

使用 CoolEdit 也可以非常方便地对音频文件进行剪辑和转换，比如删除中间部分的音频，或者将采样率从 16kHz 降到 8kHz。

Praat 是另一个常用的音频工具，其在语音标注领域应用非常广泛，可用来同时显示原始声音的时域图和语谱图，并进行局部分析，如图 2-14 所示。Praat 工具还可用于显示共振峰、基频等音频信息。

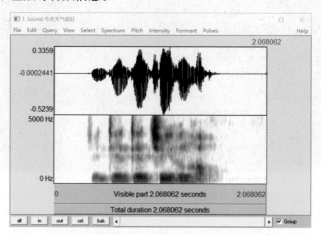

图 2-14 使用 Praat 工具显示的时域图和语谱图

2.8 本章小结

本章详细介绍了语音信号的基础知识，包括麦克风的类型、采样原理、量化过程、编码类型、WAV 文件格式，以及常用的音频处理工具。声音经过采样后，模拟的电压信号变成离散的采样值，采样率要大于信号最高频率的两倍，采样信号才不会失真。常用的采样率有 8kHz 和 16kHz。声音的量化过程是指将每个采样值在幅度上进行离散化处理，使其变成整型数值。量化位数代表每次取样的信息量，量化会引入失真，因此要采用足够的位数，一般是 16 位。将声音的采样率和量化位数相乘得到比特率，其代表每个音频样本每秒量化的比特位数。常用的语音编码包括 PCM、WAV、MP3、A 律、Speex 等类型，不同的语音编码有不同的比特率范围。

思考练习题

1. 采用标准的 WAV 文件头，用代码实现 PCM WAV 文件的读/写，要求输出采样率、量化位数、通道数等信息。

2. 安装 CoolEdit 或类似的音频处理工具，录制 PCM 格式的语音文件，观察立体声道与单声道的差异，并实现采样率、量化位数的转换，对比不同格式（如 8kHz,16bit 和 16kHz,16bit）的比特率大小。

第 3 章
语音特征提取

原始语音是不定长的时序信号，不适合直接作为传统机器学习算法的输入，一般需要转换成特定的特征向量表示，这个过程被称为语音特征提取。随着深度神经网络技术的发展，虽然原始语音信号的采样点也可直接作为网络输入，但由于其在时域上具有较大的冗余度，对深度神经网络的资源提出了较高的要求，且难以保证效果，因此，语音特征提取仍是语音信号处理技术的关键环节之一。

3.1 预处理

首先对原始语音时域信号进行预处理，主要包括预加重、分帧和加窗。

1. 预加重

语音经发声者的口唇辐射发出，受到唇端辐射抑制，高频能量明显降低。一般而言，当语音信号的频率提高两倍时，其功率谱的幅度下降约 6dB，即语音信号的高频部分受到的抑制影响较大。在进行语音信号的分析和处理时，可采用预加重（pre-emphasis）的方法补偿语音信号高频部分的振幅。假设输入信号第 n 个采样点为 $x[n]$，则预加重公式如下：

$$x'[n] = x[n] - ax[n-1] \tag{3-1}$$

其中，a 为预加重系数，可取 1 或比 1 稍小的数值，一般取 $a = 0.97$。

2. 分帧

从整体上观察，语音信号是一个非平稳信号，但考虑到发浊音时声带有规律的振动，即基音频率在短时范围内是相对固定的，因此可认为语音信号具有短时平稳性特性。一般认为 10ms~30ms 的语音信号片段是一个准稳态过程。短时分析主要采用分帧方式，一般每帧帧长为 20ms 或 25ms。假设采样率是 16kHz，帧长为 25ms，则一帧有 $16000 \times 0.025 = 400$ 个采样点，如图 3-1 所示。

相邻两帧之间的基音可能发生变化，如正好在两个音节之间或者声母向韵母过渡等。为了确保声学特征参数的平滑性，一般采用重叠取帧的方式，即相邻两帧之间存在重叠部分（帧移一般为 10ms，重叠 50%~60%），如图 3-2 所示。

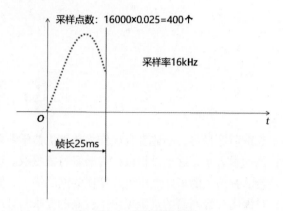

图 3-1　每帧采样点数

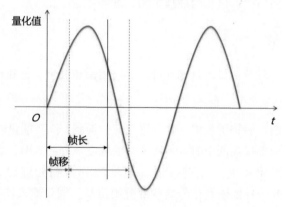

图 3-2　帧长和帧移

3. 加窗

分帧方式相当于对语音信号进行了加矩形窗的处理。如图 3-3（a）和（b）所示，矩形窗在时域上对信号进行有限截断，对应频域的通带较窄，边界处存在多个旁瓣，发生严重的频谱泄漏。

矩形窗的窗函数为

$$w_{\text{reg}}[n] = \begin{cases} 1, & 0 \leqslant n \leqslant N-1 \\ 0, & n < 0, n > N-1 \end{cases} \tag{3-2}$$

其中，N 是窗的长度。如图 3-3（a）和（b）所示为窗长为 400 个采样点的矩形窗的时域波形图和频谱函数。

为了减少频谱泄漏，通常对每帧的信号进行其他形式的加窗处理。常用的窗函数有：汉明（Hamming）窗、汉宁（Hanning）窗、布莱克曼（Blackman）窗等。

汉明窗的窗函数为

$$w_{\text{ham}}[n] = 0.54 - 0.46 \cos(\frac{2\pi n}{N-1})$$ （3-3）

其中，$0 \leqslant n \leqslant N-1$，$N$ 是窗的长度。如图 3-3（c）和（d）所示为窗长为 400 个采样点的汉明窗的时域波形图和频谱函数。

汉宁窗的窗函数为

$$w_{\text{han}}[n] = 0.5[1 - \cos\left(\frac{2\pi n}{N-1}\right)]$$ （3-4）

其中，$0 \leqslant n \leqslant N-1$，$N$ 是窗的长度。如图 3-3（e）和（f）所示为窗长为 400 个采样点的汉宁窗的时域波形图和频谱函数。

布莱克曼窗的窗函数为

$$w_{\text{bm}}[n] = 0.42 - 0.5 \cos\left(\frac{2\pi n}{N-1}\right) + 0.08 \cos\left(\frac{4\pi n}{N-1}\right)$$ （3-5）

其中，$0 \leqslant n \leqslant N-1$，$N$ 是窗的长度。如图 3-3（g）和（h）所示为窗长为 400 个采样点的布莱克曼窗的时域波形图和频谱函数。

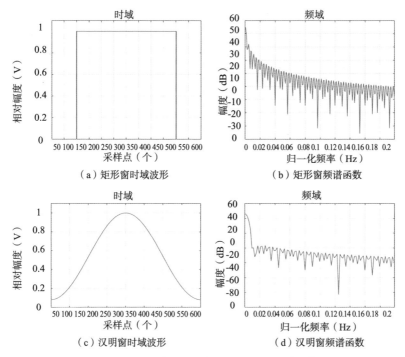

图 3-3 常见窗函数的时域波形和频谱函数

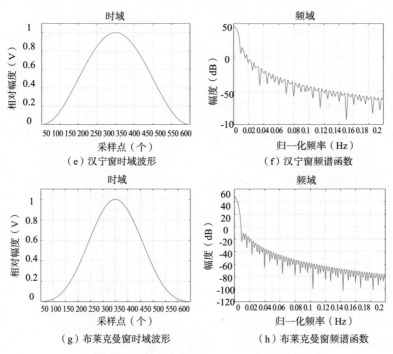

图 3-3 常见窗函数的时域波形和频谱函数（续）

考虑语音信号的短时平稳性，对每帧语音信号进行加窗处理，得到短时加窗的语音信号 $x_l[n]$，其公式如下：

$$x_l[n] = w[n]x[n + lL], \ 0 \leqslant n \leqslant N - 1 \qquad （3-6）$$

其中，$w[n]$ 是窗函数，N 是窗长，l 是帧索引，L 是帧移。

3.2   短时傅里叶变换

人类语音的感知过程与听觉系统具有频谱分析功能紧密相关。因此，对语音信号进行频谱分析，是认识和处理语音信号的重要方法。声音从频率上可以分为纯音和复合音。纯音是只含一个频率的声音（基音），而没有倍音。复合音是除基音外，还包含多种倍音的声音。大部分声音（包括语音）都是复合音，涉及多个频率段。

每个频率的信号都可以用正弦波表示，采用正弦函数建模。基于欧拉公式，可以将正弦函数对应到统一的指数形式。

$$e^{j\omega n} = \cos(\omega n) + j\sin(\omega n) \qquad （3-7）$$

正弦函数具有正交性，即任意两个不同频率的正弦波的乘积，在两者的公共周期内积分等于 0。正交性用复指数运算表示如下：

$$\int_{-\infty}^{+\infty} e^{j\alpha t} e^{-j\beta t} dt = 0, \ \text{如果} \ \alpha \neq \beta \tag{3-8}$$

任何连续周期信号都可以由一组适当的正弦曲线组合而成。基于正弦函数的正交性，通过相关处理可以从语音信号分离出对应不同频率的正弦信号。

对于离散采样的语音信号，可以采用离散傅里叶变换（DFT）。离散傅里叶变换的第k个点计算如下：

$$X[k] = \sum_{n=0}^{N-1} x[n] e^{-\frac{j2\pi kn}{K}}, k = 0,1,\cdots,K-1 \tag{3-9}$$

其中，$x[n]$是时域波形第n个采样点值，$X[k]$是第k个点的傅里叶频谱值，N是采样点序列的点数，K是频谱系数的点数，且$K \geqslant N$。

DFT 系数通常是复数形式，因为

$$e^{-\frac{j2\pi kn}{K}} = \cos\left(\frac{2\pi kn}{K}\right) - j\sin\left(\frac{2\pi kn}{K}\right) \tag{3-10}$$

所以

$$X[k] = X_{\text{real}}[k] - j\,X_{\text{imag}}[k] \tag{3-11}$$

其中

$$X_{\text{real}}[k] = \sum_{n=0}^{N-1} x[n]\cos\left(\frac{2\pi kn}{K}\right) \tag{3-12}$$

$$X_{\text{imag}}[k] = \sum_{n=0}^{N-1} x[n]\sin\left(\frac{2\pi kn}{K}\right) \tag{3-13}$$

假设N个采样点的时域信号经过离散傅里叶变换后，对应K个频率点，如图 3-4 所示。序号为 0 的点对应 0Hz 的频率点，序号为$K-1$的点对应$(K-1)/K \times F_s/2$Hz 的频率点。K个频率点在频率轴上平均分布。

经过离散傅里叶变换得到信号的频谱表示，其频谱幅值和相位随着频率的变化而变化。在语音信号处理中主要关注信号的频谱幅值（也称为振幅频谱），其表示如下：

$$X_{\text{magnitude}}[k] = \text{sqrt}(X_{\text{real}}[k]^2 + X_{\text{imag}}[k]^2) \tag{3-14}$$

能量频谱用振幅频谱的平方表示：

$$X_{\text{power}}[k] = X_{\text{real}}[k]^2 + X_{\text{imag}}[k]^2 \tag{3-15}$$

各种声源发出的声音大多是由许多不同强度、不同频率的声音组成的复合音。在复合音中，不同频率成分的声波具有不同的能量，这种频率成分与能量分布的关系被称为声音的频谱（frequency spectrum）。频谱图用来表示各频率成分与能量分布之间的关系，如图 3-5 所示。

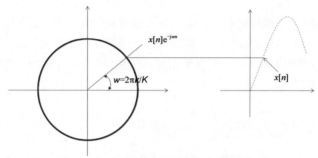

第k个点频谱$X[k]=\sum_{n=0}^{N-1} x[n]\mathrm{e}^{-jwn}$

图 3-4　离散傅里叶变换的时频对应图

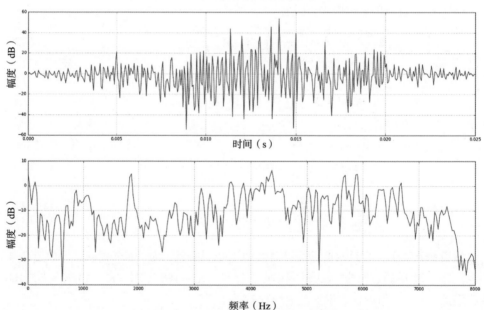

图 3-5　一帧语音的时域波形与频谱图

通过对频域信号进行离散傅里叶逆变换（IDFT），可以恢复时域信号：

$$x[n] = \frac{1}{K} \sum_{k=0}^{K-1} X[k]\mathrm{e}^{\frac{j2\pi kn}{N}}, \ n = 0,1,\cdots,N-1 \tag{3-16}$$

离散傅里叶变换的计算复杂度是$O(N^2)$。根据复数的奇、偶、虚、实关系，采用快速傅里叶变换（FFT），可以简化计算复杂度，在$O(N\log_2 N)$的时间内计算出离散傅里叶变换。

在实际应用中，对语音信号进行分帧加窗处理，将其分割成一帧帧的离散序列，可视此为短时傅里叶变换（STFT）：

$$X[k, l] = \sum_{n=0}^{N-1} x_l[n] \mathrm{e}^{-\frac{\mathrm{j}2\pi nk}{K}} = \sum_{n=0}^{N-1} w[n] x[n + lL] \mathrm{e}^{-\frac{\mathrm{j}2\pi nk}{K}} \tag{3-17}$$

其中，K 是离散傅里叶变换后的频率点个数，k 是频率索引，$0 \leqslant k < K$。$X[k, l]$ 建立起索引为 lL 的时域信号与索引为 k 的频域信号的关系。对于采样率 F_s，相应的索引为时间 lL/F_s 和频率 $kF_s/(2K)$。

3.3　听觉特性

人类感知声音，受频率和声强的影响。客观上，用频率表示声音的音高，频率低的声音，听起来感觉音调低，而频率高的声音，听起来感觉音调高。但是，音调和频率不呈正比关系。音调的单位是 mel，用来模拟人耳对不同频率语音的感知，1mel 相当于 1kHz 音调感知程度的 1/1000。mel 与传统频率 f 的对应关系如下：

$$\mathrm{mel}(f) = 2595 \lg(1 + f/700) \tag{3-18}$$

其中，lg 是以 10 为底的对数，即 $\log_{10}$。

人类对不同频率的语音有不同的感知能力：

- 1kHz 以下，与频率呈线性关系。
- 1kHz 以上，与频率呈对数关系。

可见，人耳对低频信号比对高频信号更敏感。研究者根据一系列心理声学实验得到了类似于耳蜗作用的一个滤波器组，用来模拟人耳对不同频段声音的感知能力，提出了由多个三角滤波器组成的 mel 滤波器组。每个滤波器带宽都不等，线性频率小于 1000Hz 的部分为线性间隔，而线性频率大于 1000Hz 的部分为对数间隔，如图 3-6 所示。

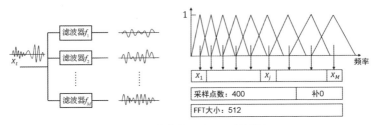

图 3-6　语音信号经过 mel 滤波器组

mel 滤波器组的第 m 个滤波函数 $H_m(k)$ 定义如下：

$$H_m(k) = \begin{cases} 0, & k < k_{b_{m-1}} \\ \dfrac{k - k_{b_{m-1}}}{k_{b_m} - k_{b_{m-1}}}, & k_{b_{m-1}} \leqslant k < k_{b_m} \\ 1, & k = k_{b_m} \\ \dfrac{k_{b_{m+1}} - k}{k_{b_{m+1}} - k_{b_m}}, & k_{b_m} < k \leqslant k_{b_{m+1}} \\ 0, & k > k_{b_{m+1}} \end{cases} \quad （3\text{-}19）$$

其中，$1 \leqslant m \leqslant M$，$M$ 是滤波器的个数，k_{b_m} 是滤波器的临界频率，k 表示 K 点离散傅里叶变换的频谱系数序号。k_{b_m} 可由下面的公式计算得到：

$$k_{b_m} = \left(\frac{K}{F_s}\right) \cdot f_{\text{mel}}^{-1}\left(f_{\text{mel}}(f_{\text{low}}) + \frac{m \cdot (f_{\text{mel}}(f_{\text{high}}) - f_{\text{mel}}(f_{\text{low}}))}{M+1}\right) \quad （3\text{-}20）$$

其中，$f_{\text{mel}}()$ 表示频率到 mel 频率的转换，见式（3-18）的定义。K 是离散傅里叶变换的点数，F_s 是采样率，f_{low} 和 f_{high} 是滤波器的上、下截止频率。函数 $f_{\text{mel}}^{-1}()$ 定义如下：

$$f_{\text{mel}}^{-1}(f_{\text{mel}}) = 700 \cdot \left(10^{\frac{f_{\text{mel}}}{2595}} - 1\right) \quad （3\text{-}21）$$

声音的响度，是反映人主观上感觉的不同频率成分的声音强弱（声强）的物理量，单位为方（phon），它可以由时变的压力（声压）P 来表示，单位为帕斯卡（Pa）。对于空气中传播的声音，通常取其与对应参考声压 20μPa 的比值的对数来衡量其压力大小，这个对数比值被称为声压级（SPL）。响度与声强、频率的关系可用等响度轮廓曲线表示，如图 3-7 所示。

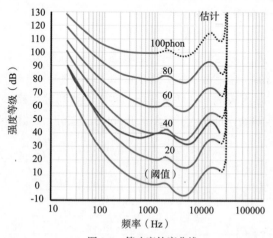

图 3-7　等响度轮廓曲线

人耳对响度的感知有一个范围，当声音信号低于某个响度时，人耳是无法感知它的，这个响度值被称为听觉阈值，或称听阈。当声音响度强到使人耳感到疼痛时，这个响度值被称为痛阈。听阈是指无噪环境下的一种纯音能被人耳感知所需的最小声压级，对于不同的频率其值不同。在实际环境中，当一个较强信号（掩蔽音）存在时，听阈就不等于安静时的阈值，而是有所提高。这意味着，邻近频率的两个声音信号，弱响度的声音信号会被强响度的声音信号所掩蔽（mask），这就是频域掩蔽。

根据听觉频域分辨力和频域掩蔽的特点，Harvey Fletcher 提出了临界频带的概念，即在某一个频率范围内，若纯音和噪声功率相等，则该纯音处于刚好能被听到的临界状态，是引起听觉主观变化的频率带宽。我们定义这样的频率范围为临界频带。

一个临界频带的宽度被称为一个 Bark，Bark 频率 $Z(f)$ 和线性频率 f 的对应关系定义如下：

$$Z(f) = 6\ln\left\{\frac{f}{600} + \left[\left(\frac{f}{600}\right)^2 + 1\right]^{\frac{1}{2}}\right\} \tag{3-22}$$

其中，线性频率 f 的单位为 Hz，临界频带 $Z(f)$ 的单位为 Bark。此公式中，f 也可改用角频率 ω（每秒转动圈数）表示，即替换为 $\omega/2\pi$。

3.4 线性预测

语音信号的产生模型主要包括发声源（source）和滤波器（filter）。人在发声时，肺部空气受到挤压形成气流，气流通过声门（声带）振动产生声门源激励信号 $e[n]$。对于浊音，激励信号 $e[n]$ 是以基音周期重复的单位冲激；对于清音，$e[n]$ 是平稳白噪声。该激励信号 $e[n]$ 经过声道（咽喉、口腔、鼻腔等）的共振与调制，特别是口腔中舌头的灵活变化，能够改变声道的容积，从而改变发音，形成不同频率的声音。气流、声门可以等效为一个激励源，声道可以等效为一个时变滤波器，语音信号 $x[n]$ 可以被看成激励信号 $e[n]$ 与时变滤波器的单位取样响应 $v[n]$ 的卷积：

$$x[n] = e[n] * v[n] \tag{3-23}$$

根据语音信号的产生模型，语音信号 $x[n]$ 可以等价为以 $e[n]$ 为激励的一个全极点（AR 模型）或者一个零极点（ARMA 模型）滤波器的响应。如果用一个 p 阶全极点系统模拟激励产生语音的过程，设这个 AR 模型的传递函数为

$$V(z) = \frac{X(z)}{E(z)} = \frac{G}{1 - \sum_{i=1}^{p} a_i z^{-i}} = \frac{G}{A(z)} \tag{3-24}$$

其中，p 是阶数，G 是增益。

因此，语音信号 $x[n]$ 和激励信号 $e[n]$ 之间的关系如下：

$$x[n] = G \cdot e[n] + \sum_{i=1}^{p} a_i x[n-i] \tag{3-25}$$

可见，语音信号的采样点之间具有相关性，可以用过去若干个语音采样点值的线

性组合来预测未来的采样点值。通过使线性预测的采样点值在最小均方误差约束下逼近实际语音采样点值，可以求取一组唯一的预测系数$\{a_i\}$，简称线性预测编码（Linear Prediction Coding，LPC）系数。

在 AR 模型参数估计过程中，定义线性预测器为

$$\hat{x}[n] = \sum_{i=1}^{p} a_i x[n-i] \qquad (3\text{-}26)$$

预测误差$\varepsilon[n]$为

$$\varepsilon[n] = x[n] - \hat{x}[n] = x[n] - \sum_{i=1}^{p} a_i x[n-i] = Ge[n] \qquad (3\text{-}27)$$

定义某一帧内短时平均预测误差为

$$E\{\varepsilon^2[n]\} = E\left\{ \left(x[n] - \sum_{i=1}^{p} a_i x[n-i] \right)^2 \right\} \qquad (3\text{-}28)$$

为了使$E\{\varepsilon^2[n]\}$最小，对a_j求偏导，并令其为 0，有

$$E\left\{ \left(x[n] - \sum_{i=1}^{p} a_i x[n-i] \right) x[n-j] \right\} = 0, \quad j = 1,2,\cdots,p \qquad (3\text{-}29)$$

从而计算出预测系数。

3.5 倒谱分析

已知语音信号$x[n]$，要求出式（3-23）中参与卷积的各个信号分量，也就是解卷积处理。除了线性预测技术，还可以采用倒谱分析实现解卷积处理。倒谱分析，又被称为同态滤波，主要采用时频变换，得到对数功率谱，再进行逆变换，分析出倒谱域的倒谱系数。

同态滤波的处理过程如下。

（1）傅里叶变换：将时域的卷积信号转换为频域的乘积信号。

$$\text{DFT}(x[n]) = X[z] = E[z]V[z] \qquad (3\text{-}30)$$

（2）对数运算：将乘积信号转换为加性信号。

$$\log X[z] = \log E[z] + \log V[z] = \hat{E}[z] + \hat{V}[z] = \hat{X}[z] \qquad (3\text{-}31)$$

（3）傅里叶逆变换：得到时域的语音信号倒谱。

$$Z^{-1}\big(\hat{X}[z]\big) = Z^{-1}\big(\hat{E}[z] + \hat{V}[z]\big) = \hat{e}[n] + \hat{v}[z] \approx \hat{x}[n] \qquad (3\text{-}32)$$

在实际应用中，考虑到离散余弦变换（DCT）具有最优的去相关性能，能够将信号能量集中到极少数的变换系数上，特别是能将大多数自然信号（包括声音和图像）的能量都集中在离散余弦变换后的低频部分。而语音信号的频谱可以被看成由低频的包络和高频的细节调制形成。因此，一般采用离散余弦逆变换（这里是相对于傅里叶逆变换来表述的，针对实数部分）代替傅里叶逆变换，直接获取低频倒谱系数。对应于包络信息，也就是声道特征，式（3-32）可以被改写为

$$\hat{c}[m] = \sum_{k=1}^{N} \log X[k] \cos(\frac{\pi(k - 0.5)m}{N}), \, m = 1,2,\cdots,M \qquad （3-33）$$

其中，$X[k]$ 是 DFT 系数，N 是 DFT 系数的个数，M 是 DCT 系数的个数。

需要注意的是，由于 DCT 的不可逆性，从倒谱信号 $\hat{c}[m]$ 不可还原出语音信号 $x[n]$。

3.6 常用的声学特征

语音信号包含丰富的信息，如音素、韵律、语种、语音内容、说话人身份、情感等。一般基于发声机制或人耳感知机制提取得到频谱空间的向量表示，即声学特征。

常用的声学特征有 mel 频率倒谱系数（Mel-Frequency Cepstral Coefficient，MFCC）、感知线性预测（Perceptual Linear Predictive，PLP）系数、滤波器组（Filter-bank，FBank）和语谱图（spectrogram）等，对应的提取流程如图 3-8 所示。其中语谱图、FBank、MFCC 和 PLP 都采用短时傅里叶变换（STFT），具有规律的线性分辨率。语谱图特征可通过对振幅谱取对数得到，而 FBank 特征需要经过模拟人耳听觉机制的梅尔滤波器组，将属于每个滤波器的振幅谱的幅度平方求和后再取对数得到。MFCC 特征可通过在 FBank 的基础上做离散余弦变换得到。PLP 特征的提取较为复杂，采用线性预测方式实现语音信号的解卷积处理，得到对应的声学特征参数，其抗噪性能比较优越。

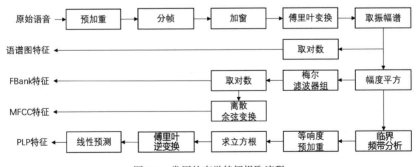

图 3-8 常用的声学特征提取流程

3.6.1 语谱图

语谱图通过二维尺度展示不同频段的语音信号强度随时间变化的情况。语音信号

经 STFT 后得到的频谱为对称谱，取正频率轴的频谱曲线，并将每一帧的频谱值按时间顺序拼接起来。语谱图的横坐标为时间，纵坐标为频率，用颜色深浅表示频谱值的大小，即颜色深的，频谱值大，颜色浅的，频谱值小，如图 3-9 所示。

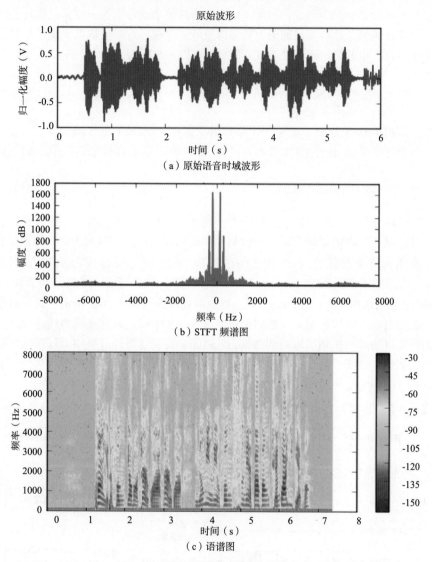

图 3-9 一段语音信号的时域与频域表示

（以上语音内容为"欢迎访问厦门大学智能语音实验室，我们将带你走进语音的世界。"）

3.6.2　FBank

FBank 特征的提取流程如下：

（1）将信号进行预加重、分帧和加汉明窗处理，然后进行短时傅里叶变换（STFT），得到其频谱。

（2）求频谱平方，即能量谱，将每个滤波频带内的能量进行叠加，第 k 个滤波器输出功率谱为 $X[k]$，如图 3-10 所示。

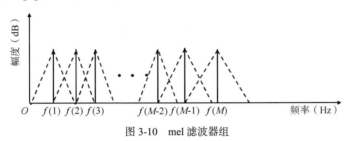

图 3-10　mel 滤波器组

（3）将每个滤波器的输出取对数，得到相应频带的对数功率谱。

$$Y_{\mathrm{FBank}}[k] = \log X[k] \qquad (3\text{-}34)$$

语音 FBank 特征图谱如图 3-11 所示。

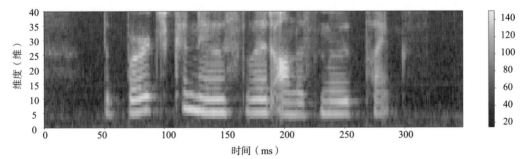

图 3-11　语音 FBank 特征图谱（颜色代表每维数值大小）

FBank 特征本质上是对数功率谱，包括低频信息和高频信息，但是相比于语谱图特征，FBank 经过了 mel 滤波器组处理，依据人耳听觉感知特性对其进行了压缩，抑制了一部分听觉无法感知的冗余信息。

3.6.3　MFCC

MFCC 特征的计算过程如下：

（1）将信号进行预加重、分帧和加汉明窗处理，然后进行短时傅里叶变换，得到其频谱。

（2）求频谱平方，即能量谱，将每个滤波频带内的能量进行叠加，第 k 个滤波器

输出功率谱为 $X[k]$。

（3）将每个滤波器的输出取对数，得到相应频带的对数功率谱，并进行离散余弦逆变换，得到 L 个 MFCC。

$$C_n = \sum_{k=1}^{M} \log X[k]\cos(\frac{\pi(k-0.5)n}{M}),\ n = 1,2,\cdots,L \tag{3-35}$$

（4）由式（3-35）计算得到 MFCC 特征，可将其作为静态特征，再对这种静态特征做一阶和二阶差分，得到相应的动态特征。

3.6.4 PLP

PLP 是一种基于 Bark 听觉模型的特征参数，其采用线性预测方式实现语音信号的解卷积处理，得到对应的声学特征参数。其主要经过以下几个步骤。

（1）频谱分析。

语音信号经过预加重、分帧、加窗和离散傅里叶变换后，取短时语音频谱的实部和虚部的平方和，得到短时功率谱 $X_{\text{power}}[k]$。

（2）临界频带分析。

根据式（3-22）转换得到 Bark 频率 Z，一共划分 17 个 Bark 频带。将这 17 个频带中每个频带内的短时功率谱与函数 $\psi(Z - Z_0(k))$ 相乘，求和后得到临界带宽听觉谱 $\theta(k)$。

$$\psi(Z - Z_0(k)) = \begin{cases} 0, & Z - Z_0(k) < -1.3 \\ 10^{2.5\times(Z-Z_0(k)+0.5)}, & -1.3 \leqslant Z - Z_0(k) \leqslant -0.5 \\ 1, & -0.5 < Z - Z_0(k) \leqslant 0.5 \\ 10^{-1.0\times(Z-Z_0(k)-0.5)}, & 0.5 < Z - Z_0(k) \leqslant 2.5 \\ 0, & 2.5 < Z - Z_0(k) \end{cases} \tag{3-36}$$

$$\theta(k) = \sum_{Z-Z_0(k)=-1.3}^{2.5} p(f(Z))\psi(Z - Z_0(k)),\ k = 1,2,\cdots,17 \tag{3-37}$$

其中，$Z_0(k)$ 表示第 k 个临界频带的中心频率。

（3）等响度预加重。

使用模拟人耳大约 40dB 的等响度曲线 $E[f_0(k)]$ 对 $\theta(k)$ 进行等响度曲线预加重，即

$$\Gamma(k) = E[f_0(k)]\theta(k),\ k = 1,2,\cdots,17 \tag{3-38}$$

其中，$f_0(k)$ 表示第 k 个临界频带的中心频率所对应的线性频率（单位为 Hz）。

$$E[f_0(k)] = \frac{(f_0(k)^2 + 56.8\times10^6)f_0(k)^4}{(f_0(k)^2 + 6.3\times10^5)^2(f_0(k)^2 + 0.38\times10^9)} \tag{3-39}$$

（4）强度–响度转换。

为了近似模拟声音的强度与人耳感受的响度之间的非线性关系，需要进行强度–响度转换（立方根压缩），公式如下：

$$\theta(k) = \Gamma(k)^{1/3} \qquad (3\text{-}40)$$

（5）离散傅里叶逆变换。

在进行强度–响度转换之后，需要进行离散傅里叶逆变换。

（6）线性预测。

经过离散傅里叶逆变换后，使用 Durbin 算法计算 12 阶全极点模型，并求出 16 阶倒谱系数，即 PLP 特征参数。PLP 特征图谱如图 3-12 所示。

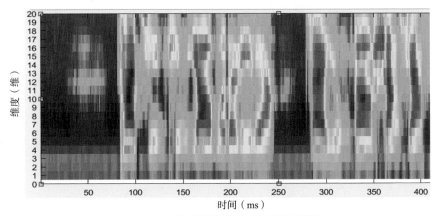

图 3-12　PLP 特征图谱（颜色代表每维数值大小）

FBank、MFCC 和 PLP 基于短时平稳的帧级别数据提取对应帧的特征参数值，这些特征相当于静态特征。但是，如果考虑帧与帧之间的信息协同效应，则可采用动态特征联结上下文信息，增强基于概率统计模型的上下文效果。一阶动态特征 $\Delta c(t)$ 和二阶动态特征 $\Delta\Delta c(t)$ 的计算公式如下：

$$\Delta c(t) = \frac{c(t+1) - c(t-1)}{2} \qquad (3\text{-}41)$$

$$\Delta\Delta c(t) = \frac{\Delta c(t+1) - \Delta c(t-1)}{2} \qquad (3\text{-}42)$$

其中，$c(t+1)$ 和 $c(t-1)$ 分别对应第 t 帧特征 $c(t)$ 的后一帧与前一帧的特征。$\Delta c(t+1)$ 和 $\Delta c(t-1)$ 的定义与之类似。

3.7　本章小结

本章详细介绍了语音特征提取的基本原理和常用的声学特征提取方法。其中，语谱图、FBank、MFCC 和 PLP 都采用短时傅里叶变换 (STFT), 具有规律的线性分辨率。FBank 和 MFCC 都采用 mel 滤波器组, 而 PLP 利用 Bark 滤波器组模拟人耳听觉特性。因此, 通过不同提取方法得到的声学特征所表征的语音特点是不同的, 比如 FBank 保留更多的原始特征, MFCC 去相关性较好, 而 PLP 抗噪性更强。

思考练习题

1. 理解短时傅里叶变换 (STFT) 原理, 画出语谱图, 描述 F_1~F_5 共振峰的分布。

2. 使用 C 或 Python 代码, 完成 FBank 和 MFCC 两种声学特征的提取, 并画出对应的图谱。

3. 针对 FBank 特征, 回答以下问题:

(1) 分析采样率、帧长、帧移与 FBank 特征向量个数之间的关系。

(2) 分析 FFT 大小与每帧采样点数的关系。

(3) 分析 mel 频率的计算过程, 包括滤波器个数。

第 4 章
HMM

前面章节介绍了语音信号基础和声学特征的提取过程，接下来开始涉及语音识别问题。要进行语音识别，首先要了解语音的特点。语音波形是一个时间信号序列，如图 4-1 所示。由于声学特征是根据语音信号提取出来的，因此它也是时间序列，广义上，可认为它是按时间顺序排列的观察值序列。

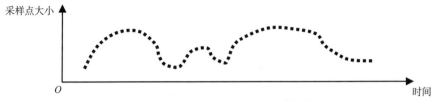

图 4-1　语音可被表示为时间信号序列

每个时刻的采样点或声学特征都可被看成一个事件。由于人的发音前后有关联，因此前后两个事件具有相关性，即它们不是条件独立的。

如果每个点都不相同，则代表不同的音，而且每个音只有一种类型的点，即发音和观察值是一一对应的，只要获取到观察值，即可知道其是什么发音，这样语音识别就变得十分简单，不用使用专门的模型来建模了。

但实际上，即使一个人说同样的词，说的时间长短也可能不同，例如，"前进"一词的正常语速和慢语速对比如图 4-2 所示。

　　（a）正常语速　　　　　　　　　　　　　　（b）慢语速

图 4-2　"前进"的两种语速对比

可以看出，两段语音信号差异较大，但它们表达的是同样的内容，应识别为同样的词。如何表示两段不同长度语音的相似性呢？这给我们带来较大的挑战。1978 年，日本研究人员 Sakoe 和 Chiba 提出采用动态时间规整（DTW）算法将两段不同长度的语音在时间轴上进行对齐。如图 4-3 所示，实线（正常语速）与虚线（慢语速）分别代表两段语音波形时序图，可以看出它们的整体波形趋势比较相似，只是在相应时序上无法完全对齐。通过 DTW 对齐，上面实线上的点 *a* 对应下面虚线上 *b* 和 *b'* 之间的点。它们之间的相似度可通过特征向量的欧氏距离进行计算，这有效解决了不同时长语音的匹配问题。

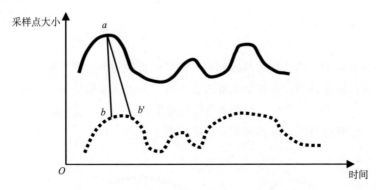

图 4-3　使用动态时间规整算法匹配不等长语音

但 DTW 本质上是一种模板匹配技术，只能进行简单的匹配，而且其参数简单，无法对语音信号的多样性建模，只适用于特定人的小词汇量的语音识别。

事实上，人说话不光是时变过程，频域分布也在变化，随机性很大。不同的人说同样的话，语音也存在较大的差异。总体上，人的发音包含双重随机过程：

- **想说什么不确定**：即说话内容具体包含哪些符号（音素或字词）。
- **怎么说不确定**：同样内容发音的观察值差异很大，说快还是说慢。其他差异还包括大声还是小声，在什么环境下说，等等。快慢不同会导致声学特征序列长短不同，大小声和环境不同也会导致声学特征分布不同。

可见，发音实际上是一个复杂的过程，要从语音信号识别出对应的文本内容，需要解决如下问题：

（1）如何描述双重随机过程？

（2）如何通过特征序列识别出符号序列？

针对这些问题，本章引入隐马尔可夫模型（Hidden Markov Model，HMM）。HMM是一种统计分析模型，在该模型中，每个发射状态可产生多个观察值，所以它能很好地描述语音信号时变过程。自 20 世纪 80 年代起，HMM 被广泛地应用于语音识别领域，并取得巨大的成功。本章首先介绍 HMM 的基本概念，然后重点介绍 HMM 的三个基本问题及对应的算法。

4.1　HMM 的基本概念

HMM 的理论基础在 1970 年前后由 Baum 等人建立，随后由 CMU 的 Baker 和 IBM

的 Jelinek 等人应用到语音识别中。Rabiner 和 Young 等人进一步推动了 HMM 的应用与发展[1-2]。

4.1.1 马尔可夫链

HMM 源于马尔可夫（Markov）链。马尔可夫链最早由俄国数学家安德雷·马尔可夫于 1907 年提出，用于描述随机过程。在一个随机过程中，如果每个事件的发生概率仅依赖上一个事件，则称该过程为马尔可夫过程。

假设随机序列在任意时刻可以处于状态 $\{s_1, s_2, \cdots, s_N\}$，且已有随机序列 $\{q_1, q_2, \cdots, q_{t-1}, q_t\}$，则产生新的事件 q_{t+1} 的概率为

$$P(q_{t+1}|q_t, q_{t-1}, \cdots, q_1) = P(q_{t+1}|q_t) \tag{4-1}$$

换句话说，马尔可夫过程只能基于当前事件，预测下一个事件，而与之前或未来的事件无关。时间和事件都是离散的马尔可夫过程，称为马尔可夫链。

图 4-4 给出了一个马尔可夫链的例子，这是一个简化的天气模型，其中"晴天"、"雨天"和"多云"各表示一个状态（也是唯一的观察值）。每个状态可以自身转移，也可以转移到其他两个状态，转移弧上有对应的概率，例如，状态"雨天"转移到状态"多云"的概率为 0.4，转移到状态"晴天"的概率为 0.2，"雨天"自身转移的概率为 0.4。所有从同一个状态转移的概率和等于 1。

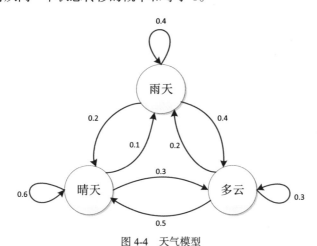

图 4-4　天气模型

根据马尔可夫链的定义，只根据当前时刻的状态，预测下一个时刻的状态。例如，已知今天是"晴天"，则未来三天出现"多云""晴天""雨天"的概率计算如下：

$$P\big(多云|晴天\big)P\big(晴天|多云\big)P\big(雨天|晴天\big) = 0.3 \times 0.5 \times 0.1 = 0.015$$

马尔可夫模型要求每个状态只有唯一的观察事件，即状态与观察事件之间不存在

随机性。上面的天气模型就是一个马尔可夫模型，观察事件序列直接对应状态之间的转移序列。

4.1.2 双重随机过程

HMM 包含隐含状态（Hidden State），隐含状态和观察事件并不是一一对应的关系，因此，它所描述的问题比马尔可夫模型更复杂。

本质上，HMM 描述了双重随机过程，包括：

- 马尔可夫链：状态转移的随机性。
- 依存于状态的观察事件的随机性。

为了更好地理解双重随机过程，图 4-5 给出了一个颜色球的例子[3]。

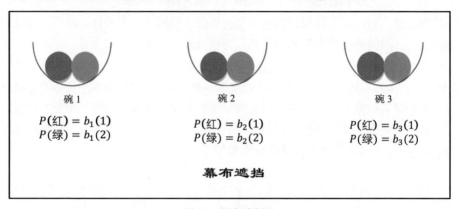

图 4-5 颜色球例子

假设有 3 个碗，用幕布遮挡，不能直接观察，这相当于隐含状态，每个碗按不同比例存放红、绿两种颜色的球（红球和绿球）。

最开始选择哪个碗有一个初始概率，根据初始概率分布，随机选择其中一个碗，并随机取出一个球，记为 O_1。把球放回原来的碗中，根据碗之间的转移概率，随机选择下一个碗，再随机取出一个球，记为 O_2。如此反复，可以得到一个描述球的颜色的序列 $O_1 O_2 \cdots$，称为观察值序列。

在颜色球的例子中，从每个碗中选中一种颜色的球，我们用观察值概率表示，例如，从碗 1 中选出红球的概率为 $P(红) = b_1(1)$。

在此过程中，选择哪个碗不确定，即碗之间的转移不确定，从碗中选球的颜色也不确定。

也就是说，在双重随机过程中，除了状态之间是随机转移的，另一个随机过程是，观察事件与状态并非一一对应的关系，而是通过一组概率分布相联系，即只能看到观察值，但不能确定观察值对应的状态。

4.1.3 HMM 的定义

图 4-6 给出了一个 HMM 的例子，其中包含 6 个状态，观察值 $O = \{o_1, o_2, \cdots, o_T\}$ 可见。状态与状态之间转移的可能性用转移概率表示，例如，状态 1 到状态 2 的转移概率为 a_{12}，状态 1 自身转移概率为 a_{11}，每个状态的所有转移概率和要等于 1。

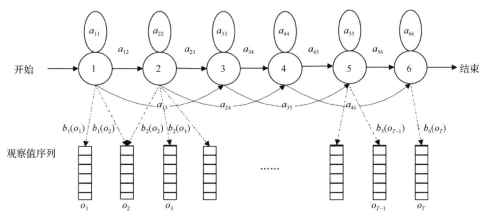

图 4-6 HMM 例子

为了描述双重随机过程，HMM 包含如下参数。

N：模型中的状态数目。

M：每个状态可能输出的观察符号的数目。

$A = \{a_{ij}\}$：状态转移概率分布。

$B = \{b_j(k)\}$：观察符号概率分布。

$\pi = \{\pi_i\}$：初始状态概率分布。

以上参数可简化表示如下：

$$\lambda = (\pi, A, B) \tag{4-2}$$

当给定模型 $\lambda = (\pi, A, B)$ 后，就可将该模型看成一个符号生成器（或称信号源），由它生成观察值序列 $O = o_1, o_2, \cdots, o_T$。生成过程（也称 HMM 过程）如下：

（1）初始状态概率分布为 π，随机选择一个初始状态 $q_1 = s_i$。

（2）令 $t = 1$。

（3）基于状态 s_i 的符号概率分布为 $b_i(k)$，随机产生一个输出符号 $o_t = V_k$。

（4）基于状态 s_i 的状态转移概率分布为 a_{ij}，随机转移至一个新的状态 $q_{t+1} = s_j$。

（5）令 $t = t + 1$，若 $t \leqslant T$，则返回步骤 3，否则结束过程。

这个生成过程会产生状态序列 $q_1, q_2, \cdots, q_T$，其与观察值序列 $o_1, o_2, \cdots, o_T$ 一一对应。状态序列记录的是 HMM 某个状态的索引，它与观察值序列不是一一对应的关系，也就是 HMM 的某个状态可能会多次出现，如$s_1, s_1, s_2, s_2, s_2, s_3, s_3 \cdots$，即代表第 1 帧和第 2 帧观察值的$q_1$和$q_2$均对应 HMM 的状态$s_1$。

4.2 HMM 的三个基本问题

在 HMM 的实际应用中，涉及如何基于已有模型计算观察值的概率、如何从观察值序列找出对应的状态序列，以及如何训练模型参数的问题。因此，HMM 需要解决以下三个基本问题。

- 模型评估问题：如何求概率$P(O|\lambda)$？
- 最佳路径问题：如何求隐含状态序列$Q = q_1, q_2, \cdots, q_T$？
- 模型训练问题：如何求模型参数π, A, B？

4.2.1 模型评估问题

针对模型评估问题，当给定模型$\lambda = (\pi, A, B)$以及观察值序列$O = o_1, o_2, \cdots, o_T$时，计算模型$\lambda$对观察值序列$O$的$P(O|\lambda)$概率。一种方法是采用穷举法，步骤如下：

（1）对长度为T的观察值序列O，找出所有可能产生该观察值序列O的状态转移序列$Q^j = q_1^j, q_2^j, q_3^j, \cdots, q_T^j (j = 1, 2, \cdots, J)$。

（2）分别计算Q^j与观察值序列O的联合概率$P(O, Q^j|\lambda)$。

（3）取各联合概率$P(O, Q^j|\lambda)$的和，即

$$P(O|\lambda) = \sum_{j=1}^{J} P(O, Q^j|\lambda) \tag{4-3}$$

将$P(O, Q^j|\lambda)$进一步表示为

$$P(O, Q^j|\lambda) = P(Q^j|\lambda)P(O|Q^j, \lambda) \tag{4-4}$$

分别计算右边两项：

$$P(Q^j|\lambda) = P(q_1^j)P(q_2^j|q_1^j)P(q_3^j|q_2^j) \cdots P(q_T^j|q_{T-1}^j) = a_{0,1}^j a_{1,2}^j \ a_{2,3}^j \cdots a_{T-1,T}^j$$

$$P(O|Q^j, \lambda) = P(o_1|q_1^j)P(o_2|q_2^j) \cdots P(o_T|q_T^j) = b_1^j(o_1)b_2^j(o_2)b_3^j(o_3) \cdots b_T^j(o_T)$$

最后得到

$$P(O, Q^j|\lambda) = a_{0,1}^j b_1^j(o_1)a_{1,2}^j b_2^j(o_2) \cdots a_{T-1,T}^j b_T^j(o_T) \tag{4-5}$$

$$P(O|\lambda) = \sum_{j=1}^{J} P(O, Q^j|\lambda) = \sum_{j=1}^{J} \prod_{t=1}^{T} a_{t-1,t}^j b_t^j(o_t) \tag{4-6}$$

前向—后向（Forward-Backward）算法用来解决高效计算$P(O|\lambda)$的问题。该算法

分为前向算法和后向算法两部分。

1．前向算法

前向算法按输出观察值序列的时间，从前向后递推计算输出概率。此算法用$\alpha_t(j)$表示已经输出的观察值$o_1,o_2,\cdots,o_t$，并且到达状态s_j的概率为

$$\alpha_t(j) = P(o_1,o_2,\cdots,o_t,q_t = s_j|\lambda) \tag{4-7}$$

具体的算法流程如下。

算法 4.1：前向算法流程

1．初始化

$$\alpha_1(i) = \pi_i b_i(o_1), 1 \leqslant i \leqslant N \tag{4-8}$$

2．迭代计算

$$\alpha_{t+1}(j) = \left[\sum_{i=1}^{N} \alpha_t(i)a_{ij}\right] b_j(o_{t+1}), 1 \leqslant t \leqslant T-1, 1 \leqslant j \leqslant N \tag{4-9}$$

3．终止计算

$$P(O|\lambda) = \sum_{i=1}^{N} \alpha_T(i) \tag{4-10}$$

假设有带离散观察值o_1和o_2的 HMM，如图 4-7 所示，其中由状态s_1产生观察值A的概率为 0.2，产生观察值B的概率为 0.8；由状态s_2产生这两个观察值的概率分别为 0.6 和 0.4；由状态s_3产生这两个观察值的概率分别为 0.4 和 0.6。

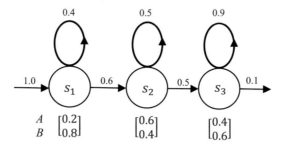

图 4-7　带离散观察值的 HMM

基于图 4-7 中的 HMM 参数，假定观察值序列为$ABBA$，则前向算法的计算过程用格型图表示为如图 4-8 所示。其中，q_1,q_2,q_3,q_4用来记录不同时刻的状态，比如$q_2 = s_2$，表示在$t=2$时刻的状态为s_2。每个框里的数值$\alpha_t(i)$是由连接到该框的路径分数累加而成的，比如 0.02496 由 0.064×0.6×0.4+0.048×0.5×0.4 计算得到。

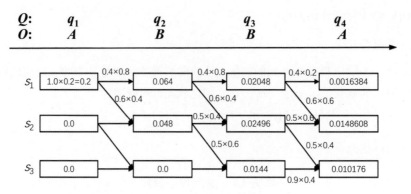

图 4-8　前向算法格型图

根据式（4-10），最后概率分数 $P(O|\lambda)$ 可由三个状态（s_1, s_2, s_3）在最后时刻的分数 $\alpha_T(i)$ 相加得到。

2. 后向算法

后向算法由后向前推算输出概率。如果输出结束时的状态为 s_N，时刻 t 的状态为 s_i，则输出观察值序列 $o_t, o_{t+1}, \cdots, o_T$ 的概率 $\beta_t(i)$ 表示为

$$\beta_t(i) = P(o_t, o_{t+1}, \cdots, o_T, q_t = s_i, q_T = s_N, \lambda) \tag{4-11}$$

后向算法流程如下。

算法 4.2：后向算法流程

1. 初始化

$$\beta_T(i) = 1, 1 \leqslant i \leqslant N \tag{4-12}$$

2. 迭代计算

$$\beta_t(i) = \sum_{j=1}^{N} a_{ij} b_j(o_{t+1}) \beta_{t+1}(j), 1 \leqslant t \leqslant T-1, 1 \leqslant j \leqslant N \tag{4-13}$$

---

3. HMM 的前向、后向概率估计

结合前向—后向算法的定义，可用 $\alpha_t(i)$ 和 $\beta_t(i)$ 组合来计算 $P(O|\lambda)$，这样计算的好处是能够把不同时刻的中间结果保存下来，避免不必要的重复计算。

$$P(O|\lambda) = \sum_{i=1}^{N} \sum_{j=1}^{N} \alpha_t(i) a_{ij} b_j(o_{t+1}) \beta_{t+1}(j), 1 \leqslant t \leqslant T-1 \tag{4-14}$$

$$P(O|\lambda) = \sum_{i=1}^{N} \alpha_t(i) \beta_t(i) = \sum_{i=1}^{N} \alpha_T(i), 1 \leqslant t \leqslant T-1 \tag{4-15}$$

4.2.2 最佳路径问题

Viterbi 算法用于解决如何寻找与给定的观察值序列对应的最佳状态序列的问题。基于图 4-7 中的 HMM 参数和已知的观察值序列$ABBA$，通过 Viterbi 算法求解最佳路径的方法如图 4-9 所示。其中，q_1, q_2, q_3, q_4用来记录不同时刻的状态。

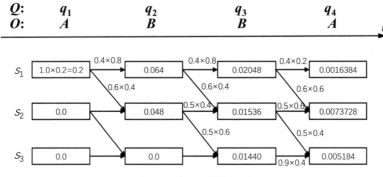

图 4-9 Viterbi 算法格型图

由于起始状态是s_1，因此一开始只有状态s_1能产生观察值，在$t = 1$时刻，其累计概率为 1.0×0.2=0.2。接着，s_1可转移到自身状态s_1或下一个状态s_2。从$t = 2$时刻起，每个框里的数值都是将连接到该框的不同路径分数对比后取的最大值，并保留对应的路径，比如 0.01536 是对比 0.064×0.6×0.4 和 0.048×0.5×0.4 后得到的。在最后$t = 4$时刻，0.0073728 是累计最高得分，通过回溯，可以得到其对应的最佳状态序列为s_1, s_1, s_1, s_2，即图 4-10 中红色加粗的路径。

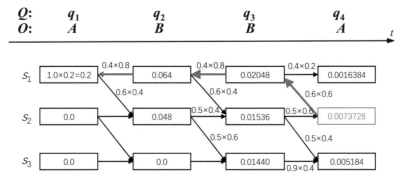

图 4-10 Viterbi 算法回溯最优路径

Viterbi 算法描述如下：

（1）定义最佳状态序列$Q^* = q_1^*, q_2^*, \cdots, q_T^*$，$\varphi_t(j)$记录局部最佳状态序列。

（2）定义$\delta_t(i)$为在截止时刻t，依照状态转移序列$q_1, q_2, \cdots, q_t$，产生观察值序列

$o_1, o_2, \cdots, o_t$ 的最大概率，且最终状态为 s_i。

$$\delta_t(i) = \max_{q_1, q_2, \cdots, q_{t-1}} P(q_1, q_2, \cdots, q_t, q_t = s_i | \lambda) \tag{4-16}$$

Viterbi 算法流程如下。

算法 4.3：Viterbi 算法流程

1. 初始化

$$\delta_0(1) = 1, \delta_0(j) = 0 \ (j \neq 1) \tag{4-17}$$

$$\varphi_1(j) = q_1 \tag{4-18}$$

2. 递推

$$\delta_t(j) = b_j(o_t) \max_{1 \leq i \leq N} \delta_{t-1}(i) a_{ij}, 1 \leq t \leq T, 1 \leq i \leq N \tag{4-19}$$

$$\varphi_t(j) = \arg\max_{1 \leq i \leq N} \delta_{t-1}(i) a_{ij} \tag{4-20}$$

3. 终止计算

$$P_{\max}(S, O | \lambda) = \max_{1 \leq i \leq N} \delta_T(i) \tag{4-21}$$

$$\varphi_T(N) = \arg\max_{1 \leq i \leq N} \delta_{T-1}(i) a_{ij} \tag{4-22}$$

算法终止时，$\delta_t()$ 记录的数据便是最佳状态序列 Q^*。

Q 的不同取值使概率值 $P(Q, O | \lambda)$ 差别很大，而 $P(Q^*, O | \lambda)$ 是 $\sum_S P_{\max}(Q, O | \lambda)$ 的各个分量中占比最大的路径概率。因此，常常等价地用 $P(Q^*, O | \lambda)$ 近似 $\sum_Q P_{\max}(Q, O | \lambda)$，那么实际上，Viterbi 算法也就能用来计算 $P(O | \lambda)$。

4.2.3 模型训练问题

模型训练问题可定义为：给定一个观察值序列 $O = o_1, o_2, \cdots, o_T$，确定 $\lambda = (\pi, A, B)$，使得 $P(O | \lambda)$ 最大，用公式表示为

$$\bar{\lambda} = \arg\max_\lambda P(O | \lambda) \tag{4-23}$$

但没有一种方法能直接估计最佳的 λ。因此要寻求替代的方法，即根据观察值序列选取初始模型 $\lambda = (\pi, A, B)$，然后求得一组新参数 $\bar{\lambda} = (\pi, \bar{A}, \bar{B})$，保证有 $P(O | \bar{\lambda}) > P(O | \lambda)$。重复这个过程，逐步改进模型参数，直到 $P(O | \bar{\lambda})$ 收敛。

基于状态序列 Q，有概率公式：

$$P(O, Q | \lambda) = \pi_{q_0} \prod_{t=1}^{T} a_{q_{t-1} q_t} b_{q_t}(o_t) \tag{4-24}$$

取对数得到

$$\log P(O, Q|\lambda) = \log \pi_{q_0} + \sum_{t=1}^{T} \log a_{q_{t-1}q_t} + \sum_{t=1}^{T} \log b_{q_t}(o_t) \qquad (4\text{-}25)$$

根据 Bayes 公式和 Jensen 不等式，经过一系列转化，可定义辅助函数：

$$
\begin{aligned}
Q(\lambda, \bar{\lambda}) &= \sum_Q P(O, Q|\lambda) \log P(O, Q|\bar{\lambda}) \\
&= \sum_{i=1}^{N} P(O, q_0 = i|\bar{\lambda}) \log \pi_i + \\
&\quad \sum_{i=1}^{N} \sum_{j=1}^{N} \sum_{t=1}^{T} P(O, q_{t-1} = i, q_t = j|\bar{\lambda}) \log a_{ij} + \\
&\quad \sum_{i=1}^{N} \sum_{t=1}^{T} P(O, q_t = i|\bar{\lambda}) \log b_i(o_t)
\end{aligned}
\qquad (4\text{-}26)
$$

模型参数 $\pi_i, a_{ij}, b_i(o_t)$ 均符合如下函数形式：

$$F(x) = \sum_i c_i \log x_i \qquad (4\text{-}27)$$

并有条件限制 $\sum_i x_i = 1$。当

$$x_i = \frac{c_i}{\sum_k c_k} \qquad (4\text{-}28)$$

时，该函数可获得全局最优值。因此，我们可以得到模型参数的重估计公式：

$$a_{ij} = \frac{\sum_{t=1}^{T-1} \alpha_t(i) a_{ij} b_j(o_{t+1}) \beta_{t+1}(j)}{\sum_{t=1}^{T-1} \alpha_t(i) \beta_t(i)} = \frac{\sum_{t=1}^{T-1} \xi_t(i,j)}{\sum_{t=1}^{T-1} \gamma_t(i)} \qquad (4\text{-}29)$$

$$b_j(k) = \frac{\sum_{\substack{t=1 \\ s.t.o_t = v_k}}^{T} \alpha_t(i) \beta_t(i)}{\sum_{t=1}^{T} \alpha_t(i) \beta_t(i)} = \frac{\sum_{\substack{t=1 \\ s.t.o_t = v_k}}^{T} \gamma_t(j)}{\sum_{t=1}^{T} \gamma_t(j)} \qquad (4\text{-}30)$$

其中，a_{ij} 是状态 i 到 j 的转移概率，$b_j(k)$ 是状态 j 产生观察值 v_k 的概率。

我们可以直观地认为，a_{ij} 的重估计公式是所有时刻从状态 s_i 转移到状态 s_j 的概率和除以所有时刻处于状态 s_i 的概率和，$b_j(k)$ 的重估计公式是所有时刻状态 s_j 产生观察值 v_k 的概率和除以所有时刻处于状态 s_j 的概率和。其中，$\xi_t(i,j)$ 为给定训练序列 O 和模型 λ 时，HMM 在 t 时刻处于状态 s_i，在 $t+1$ 时刻处于状态 s_j 的概率，即

$$\xi_t(i,j) = P(q_t = s_i, q_{t+1} = s_j|O, \lambda) \qquad (4\text{-}31)$$

根据前向—后向算法，可推导出：

$$\xi_t(i,j) = \frac{\alpha_t(i) a_{ij} b_j(o_{t+1}) \beta_{t+1}(j)}{\sum_{i=1}^{N} \sum_{j=1}^{N} \alpha_t(i) a_{ij} b_j(o_{t+1}) \beta_{t+1}(j)} = \frac{\alpha_t(i) a_{ij} b_j(o_{t+1}) \beta_{t+1}(j)}{P(O|\lambda)} \qquad (4\text{-}32)$$

进一步定义 $\gamma_t(i)$ 为在 t 时刻时处于状态 s_i 的概率：

$$\gamma_t(i) = \sum_{j=1}^{N} \xi_t(i,j) = \sum_{j=1}^{N} \frac{\alpha_t(i)a_{ij}b_j(o_{t+1})\beta_{t+1}(j)}{P(O|\lambda)} = \frac{\alpha_t(i)\beta_t(i)}{P(O|\lambda)} \qquad （4\text{-}33）$$

HMM 的经典训练方法是，基于最大似然（Maximum Likelihood，ML）准则，采用 Baum-Welch 算法，对每个模型的参数针对其所属的观察值序列进行优化训练，最大化模型对观察值的似然概率，训练过程不断迭代，直至所有模型的平均似然概率提升达到收敛。

Baum-Welch 算法的理论基础是最大期望（Expectation Maximization，EM）算法，其包含两个主要步骤：一是求期望（Expectation），用 E 来表示；二是最大化（Maximization），用 M 来表示。具体的算法流程如下。

算法 4.4：Baum-Welch 算法流程

1. 初始化

π 和 A 的初值对结果影响不大，只要满足约束条件，就可随机选取或均值选取。B 的初值对参数重估计影响较大，选取算法较复杂。

2. E-Step

基于模型参数，计算 $\gamma_t(i)$ 和 $\xi_t(i,j)$。

3. M-Step

由重估计公式重新计算 a_{ij} 和 $b_j(k)$，最大化辅助函数。

4. 迭代

重复步骤 2 的操作，直到 a_{ij} 和 $b_j(k)$ 收敛为止，即 $P(O|\lambda)$ 趋于稳定，不再明显增大。

4.3　本章小结

本章介绍了马尔可夫过程的基本概念，重点讲解了描述双重随机过程的 HMM 及其各种参数定义，以及隐含状态和观察值序列之间的对应关系。针对 HMM 应用涉及的三大问题，深入介绍了前向—后向算法、Viterbi 算法和 Baum-Welch 算法。作为一种统计模型，HMM 是传统语音识别框架的基础，因此要透彻理解本章的概念和算法，并学会灵活运用。

参考文献

[1] RABINER L R. A Tutorial on Hidden Markov Models and Selected Applications in Speech Recognition[J]. Proc. of the IEEE, 1989, 77(2): 257-286.

[2] GALES M, YOUNG S. The Application of Hidden Markov Models in Speech Recognition[J]. Foundations and Trends in Signal Processing, 2007, 1(3): 195-304.

[3] 韩纪庆，张磊，郑铁然. 语音信号处理[M]. 2 版. 北京：清华大学出版社，2013.

思考练习题

1. 什么是 HMM？试举一个例子。

2. HMM 如下。假定状态 s_1 的初始概率为 $\pi_1 = 1$，其他状态的初始概率为 0，试通过前向算法计算产生观察值序列 $O=\{ABBA\}$ 时每个时刻的 $\alpha_t(i)$ 和总概率（合并最后三个状态）。使用 Viterbi 算法求出最大可能的状态序列（结尾状态为概率最大的状态）。

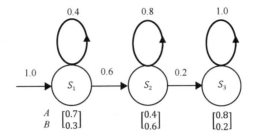

3. 使用 Python 或 C 代码实现 HMM 的定义和前向算法。

4. 使用 Python 或 C 代码实现 Viterbi 算法，求解最佳路径，回溯最优状态序列。

5. 请推导出 HMM 参数的重估计公式，并解释其含义。

第5章
GMM-HMM

自然界中的很多信号都符合高斯分布,复杂的数据分布难以用一个高斯函数来表示,更多的是采用多个高斯函数组合来表示,从而形成高斯混合模型(Gaussian Mixture Model, GMM)。

在语音识别中,HMM 的每个状态都可对应多帧观察值,这些观察值是特征序列,多样化且不限取值范围。因此,观察值概率的分布不是离散的,而是连续的,也适合用 GMM 来建模,如图 5-1 所示。

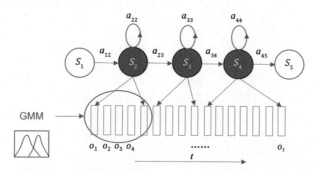

图 5-1 使用 GMM 对 HMM 状态观察值建模

本章首先介绍语音信号建模所涉及的概率统计和高斯分布基础知识,然后重点介绍 GMM-HMM。从 20 世纪 80 年代起,GMM-HMM 一直是统计语音识别的经典模型,至今仍发挥着重要作用。

5.1 概率统计

概率统计用来研究和揭示随机现象的统计规律,其应用范围很广,包括气象预报、水文预报、生物统计、保险、金融等领域。

连续变量的概率密度表示为

$$p(x) = \int p(x, y) \mathrm{d}y \qquad (5\text{-}1)$$

$$p(x, y) = p(y|x)p(x) \qquad (5\text{-}2)$$

数学期望(Expectation)包括:

- 离散变量的期望

$$E[f] = \sum_x p(x)f(x) \tag{5-3}$$

- 连续变量的期望

$$E[f] = \int p(x)f(x)\mathrm{d}x \tag{5-4}$$

- 条件期望

$$E_x[f|y] = \sum_x p(x|y)f(x) \tag{5-5}$$

方差（Covariance）包括：

- 变量x的方差

$$\mathrm{var}[x] = E[x^2] - E[x]^2 \tag{5-6}$$

- 变量x和y的方差

$$\mathrm{cov}[x, y] = E_{x,y}[\{x - E[x]\}\{y - E[y]\}] = E_{x,y}[xy] - E[x]E[y] \tag{5-7}$$

- 两个矢量$\boldsymbol{x}$和$\boldsymbol{y}$的方差

$$\mathrm{cov}[\boldsymbol{x}, \boldsymbol{y}] = E_{\boldsymbol{x},\boldsymbol{y}}[\{\boldsymbol{x} - E[\boldsymbol{x}]\}\{\boldsymbol{y}^{\mathrm{T}} - E[\boldsymbol{y}^{\mathrm{T}}]\}] = E_{\boldsymbol{x},\boldsymbol{y}}[\boldsymbol{x}\boldsymbol{y}^{\mathrm{T}}] - E[\boldsymbol{x}]E[\boldsymbol{y}^{\mathrm{T}}] \tag{5-8}$$

概率统计需要用数学分布来表示，如伯努利分布，它是一种离散分布，有两种可能的结果：1 表示成功，出现的概率为$p(0 < p < 1)$；0 表示失败，出现的概率为$q = 1 - p$。

$$P_n = \begin{cases} 1 - p, & n = 0 \\ p, & n = 1 \end{cases} \tag{5-9}$$

二项式分布即重复n次独立的伯努利试验。当试验次数n为 1 时，二项式分布就是伯努利分布。

$$P(X = x) = f(x|n, p) = \binom{n}{x} p^x (1 - p)^{n-x} \tag{5-10}$$

我们可以用二项式分布来描述多次硬币投掷试验的正/反结果。其他数学分布还包括高斯分布、几何分布、泊松分布、伽马分布等。接下来介绍高斯分布。

5.2　高斯分布

自然界中的很多信号都符合高斯分布（Gaussian Distribution），又称正态分布（Normal Distribution），其函数表示如下：

$$N(x, \mu, \sigma^2) = \frac{1}{(2\pi\sigma^2)^{1/2}} \exp\left\{-\frac{1}{2\sigma^2}(x-\mu)^2\right\}$$ （5-11）

其中，μ是均值，σ^2是方差，对应的高斯分布如图 5-2 所示。

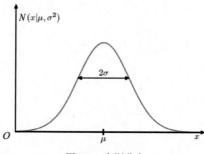

图 5-2　高斯分布

高斯分布有对应的期望和方差，其数学计算过程如下：
- 期望

$$E[x] = \int_{-\infty}^{\infty} N(x|\mu, \sigma^2) x \mathrm{d}x = \mu$$ （5-12）

$$E[x^2] = \int_{-\infty}^{\infty} N(x|\mu, \sigma^2) x^2 \mathrm{d}x = \mu^2 + \sigma^2$$ （5-13）

- 方差

$$\mathrm{var}[x] = E[x^2] - E[x]^2 = \sigma^2$$ （5-14）

针对二维向量(x_1, x_2)，其联合概率计算如下：

$$\begin{aligned}
p(x_1, x_2) &= p(x_1)p(x_2) = N(x_1|\mu_1, \sigma_1^2)N(x_2|\mu_2, \sigma_2^2) \\
&= \frac{1}{(2\pi\sigma_1^2)^{\frac{1}{2}}} \exp\left\{-\frac{1}{2\sigma_1^2}(x_1-\mu_1)^2\right\} \times \frac{1}{(2\pi\sigma_2^2)^{\frac{1}{2}}} \exp\left\{-\frac{1}{2\sigma_2^2}(x_2-\mu_2)^2\right\} \\
&= \frac{1}{2\pi(\sigma_1^2\sigma_2^2)^{1/2}} \exp\left(-\frac{1}{2}\left(\frac{(x_1-\mu_1)^2}{\sigma_1^2} + \frac{(x_2-\mu_2)^2}{\sigma_2^2}\right)\right)
\end{aligned}$$ （5-15）

进一步扩展，D维向量$\boldsymbol{x} = \{x_1, x_2, \cdots, x_D\}$的高斯分布表示如下：

$$\begin{aligned}
N(\boldsymbol{x}|\boldsymbol{\mu}, \sigma^2) &= \frac{1}{(2\pi)^{\frac{D}{2}}} \frac{1}{|\boldsymbol{\Sigma}|^{\frac{1}{2}}} \exp\left\{-\frac{1}{2}(\boldsymbol{x}-\boldsymbol{\mu})\boldsymbol{\Sigma}^{-1}(\boldsymbol{x}-\boldsymbol{\mu})^{\mathrm{T}}\right\} \\
&= \frac{1}{(2\pi)^{D/2}} \frac{1}{(\prod_{d=1}^{D}\sigma_d^2)^{1/2}} \exp\left\{-\frac{1}{2}\sum_{d=1}^{D}\frac{(x_d-\mu_d)^2}{\sigma_d^2}\right\}
\end{aligned}$$ （5-16）

其中，D维向量$\boldsymbol{\mu}$是均值，$\boldsymbol{\Sigma}$是$D \times D$协方差矩阵，$|\boldsymbol{\Sigma}|$ 是$\boldsymbol{\Sigma}$ 的行列式。

如图 5-3 所示，给定N个样本的观察值序列$\boldsymbol{x} = (x_1, x_2, \cdots, x_N)$，可以计算出所有

样本的联合概率：

$$p(\boldsymbol{x}|\boldsymbol{\mu}, \sigma^2) = \prod_{n=1}^{N} N(x_n|\boldsymbol{\mu}, \sigma^2) \tag{5-17}$$

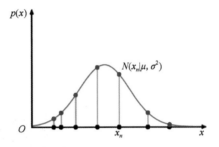

图 5-3 观察值序列的概率分布

为了简化计算，便于计算机处理（防止精度溢出），一般采用对数概率（似然率）：

$$
\begin{aligned}
\ln p(\boldsymbol{x}|\boldsymbol{\mu}, \sigma^2) &= \sum_{n=1}^{N} \ln\big(N(x_n|\boldsymbol{\mu}, \sigma^2)\big) \\
&= \sum_{n=1}^{N} \ln\left(\frac{1}{(2\pi)^{\frac{D}{2}}}\frac{1}{|\boldsymbol{\Sigma}|^{\frac{1}{2}}}\exp\left\{-\frac{1}{2}\sum_{d=1}^{D}\frac{(x_{nd}-\mu_d)^2}{\sigma_d^2}\right\}\right) \\
&= \sum_{n=1}^{N}\frac{1}{2}\left(-D\ln(2\pi)-\ln|\boldsymbol{\Sigma}|-\sum_{d=1}^{D}\frac{(x_{nd}-\mu_d)^2}{\sigma_d^2}\right)
\end{aligned}
\tag{5-18}
$$

高斯函数的均值和方差可通过最大似然算法估计得到。使用对数概率 $p(\boldsymbol{x}|\boldsymbol{\mu}, \sigma^2)$ 对参数求偏导：

$$
\begin{cases}
\dfrac{\partial \ln p(\boldsymbol{x}|\boldsymbol{\mu}, \sigma^2)}{\partial \boldsymbol{\mu}} = \dfrac{1}{\sigma^2}\displaystyle\sum_{n=1}^{N}(x_n-\mu) = 0 \\[3mm]
\dfrac{\partial \ln p(\boldsymbol{x}|\boldsymbol{\mu}, \sigma^2)}{\partial \sigma^2} = -\dfrac{N}{2\sigma^2}+\dfrac{1}{2\sigma^4}\displaystyle\sum_{n=1}^{N}(x_n-\mu)^2 = 0
\end{cases}
\tag{5-19}
$$

因此，可以得到均值和方差的最大似然估计公式：

$$\mu_{\mathrm{ML}} = \frac{1}{N}\sum_{n=1}^{N}x_n \tag{5-20}$$

$$\sigma_{\mathrm{ML}}^2 = \frac{1}{N}\sum_{n=1}^{N}(x_n-\mu_{\mathrm{ML}})^2 \tag{5-21}$$

为方便起见，σ^2 也可写为 $\boldsymbol{\Sigma}$。

5.3 GMM

复杂的数据分布难以用一个高斯函数来表示，更多的是采用多个高斯函数组合来表示，从而形成高斯混合模型（GMM）。

如图 5-4 所示为两个高斯分布，每个高斯分布都对应一个模型，其中图（a）的红色部分表示模型 1，蓝色部分表示模型 2，图（b）是对应的立体分布。

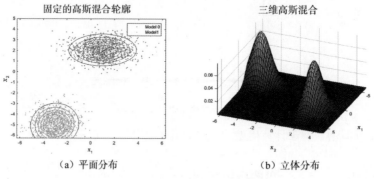

图 5-4　由两个高斯分布组合而成的 GMM

K 阶 GMM 使用 K 个单高斯分布的线性组合来描述。令 $\lambda = \{\mu, \Sigma\}$，则 K 阶 GMM 的概率密度函数为

$$p(\boldsymbol{x}|\lambda) = \sum_{k=1}^{K} p(\boldsymbol{x}, k|\lambda) = \sum_{k=1}^{K} p(k)p(\boldsymbol{x}|k, \lambda) = \sum_{k=1}^{K} c_k N(\boldsymbol{x}|\mu_k, \Sigma_k) \qquad （5-22）$$

其中，c_k 是第 k 个高斯函数的权重，$\sum_{k=1}^{K} c_k = 1$ 表示所有高斯函数的权重和为 1。第 k 个高斯函数可表示为

$$N(\boldsymbol{x}|\mu_k, \Sigma_k) = \frac{1}{(2\pi)^{D/2}|\Sigma_k|^{1/2}} \exp\left\{-\frac{(\boldsymbol{x}-\mu_k)^{\mathrm{T}} \Sigma_k^{-1}(\boldsymbol{x}-\mu_k)}{2}\right\} \qquad （5-23）$$

因此，GMM 包含三种参数，分别为混合权重 c_k、均值 μ_k 和方差 Σ_k。这些参数需要训练，训练主要分为两步：一是初始化，即构造初始模型；二是重估计，即通过 EM 迭代算法精细化初始模型。

5.3.1　初始化

训练 GMM 的参数需要大量的数据（特征向量），这些数据一般没有分类标签，即不清楚其属于哪个高斯分布，这给 GMM 的参数初始化带来了困难。构造初始模型有多种方法，常用的有 K-means、LBG 等。其中，K-means 算法根据给定的类别数，先做平均分配，计算每类中心点，再根据距离重新分配每类包含的数据样本，其具体流程如下。

算法 5.1：K-means 算法流程

1. 初始化

把训练数据（特征向量）平均分为 K 组，计算每组高斯函数的均值$\boldsymbol{\mu}_k$。

2. 最近邻分类

针对每个特征向量$\boldsymbol{x}_n$，通过计算欧氏距离，寻找与之最靠近的第k个高斯分布，并把该特征向量分配给这个高斯分布。

3. 更新中心点

通过求平均值，更新每个分布的中心点，得到对应高斯函数的均值。

4. 迭代

重复步骤 2 和步骤 3，直到整体的平均距离低于预设的阈值。

图 5-5 给出了 K-means 算法的聚类效果。它把数据集分为 4 类，通过 K-means 算法聚类后，根据聚类的结果计算均值、各维方差和混合权重系数，其中每个高斯分布的混合权重系数均由分配到该高斯分布的数据量对所有数据的占比得到。

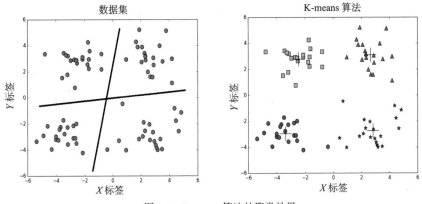

图 5-5   K-means 算法的聚类效果

5.3.2   重估计

为了得到 GMM 的最大期望（EM）重估计公式，根据权重系数c_k的限制，加入拉格朗日算子：

$$
\ln p(\boldsymbol{x}|c, \boldsymbol{\mu}, \Sigma) + \lambda(\sum_{k=1}^{K} c_k - 1)
$$

$$
= \sum_{n=1}^{N} \ln\left\{\sum_{k=1}^{K} c_k N(\boldsymbol{x}_n|\boldsymbol{\mu}_k, \Sigma_k)\right\} + \lambda\left(\sum_{k=1}^{K} c_k - 1\right) \tag{5-24}
$$

分别对$\boldsymbol{\mu}_k$、Σ_k、c_k求最大似然（ML）函数。

对$\boldsymbol{\mu}_k$求偏导并令导数为 0，得到

$$-\sum_{n=1}^{N} \frac{c_k N(\boldsymbol{x}_n|\boldsymbol{\mu}_k, \Sigma_k)}{\sum_{k=1}^{K} c_k N(\boldsymbol{x}_n|\boldsymbol{\mu}_k, \Sigma_k)} \Sigma_k (\boldsymbol{x}_n - \boldsymbol{\mu}_k) = 0 \tag{5-25}$$

两边同除以 Σ_k，重新整理，得到

$$\boldsymbol{\mu}_k = \frac{\sum_{n=1}^{N} \gamma(n, k) \boldsymbol{x}_n}{\sum_{n=1}^{N} \gamma(n, k)} \tag{5-26}$$

其中

$$\gamma(n, k) = \frac{c_k N(\boldsymbol{x}_n|\boldsymbol{\mu}_k, \Sigma_k)}{\sum_{k=1}^{K} c_k N(\boldsymbol{x}_n|\boldsymbol{\mu}_k, \Sigma_k)} \tag{5-27}$$

对 Σ_k 求偏导并令导数为 0，得到

$$\Sigma_k = \frac{\sum_{n=1}^{N} \gamma(n, k)(\boldsymbol{x}_n - \boldsymbol{\mu}_k)(\boldsymbol{x}_n - \boldsymbol{\mu}_k)^{\mathrm{T}}}{\sum_{n=1}^{N} \gamma(n, k)} \tag{5-28}$$

对 c_k 求偏导并令导数为 0，有

$$\sum_{n=1}^{N} \frac{N(\boldsymbol{x}_n|\boldsymbol{\mu}_k, \Sigma_k)}{\sum_{k=1}^{K} c_k N(\boldsymbol{x}_n|\boldsymbol{\mu}_k, \Sigma_k)} + \lambda = 0 \tag{5-29}$$

得到

$$c_k = \frac{\sum_{n=1}^{N} \gamma(n, k)}{\sum_{n=1}^{N} \sum_{k=1}^{K} \gamma(n, k)} \tag{5-30}$$

采用 EM 算法，实现 GMM 参数重估计，包括初始化、E-Step、M-Step、计算对数似然函数，并多次迭代，具体的算法流程如下。

算法 5.2：EM 算法流程

1. 初始化

定义高斯函数个数 K，采用 K-means 算法，对每个高斯函数参数 c_k、$\boldsymbol{\mu}_k$、Σ_k 进行初始化。

2. E-Step

根据当前的 c_k、$\boldsymbol{\mu}_k$、Σ_k 计算后验概率 $\gamma(n, k)$。

3. M-Step

根据 E-Step 中计算的 $\gamma(n, k)$，更新 c_k、$\boldsymbol{\mu}_k$、Σ_k。

4. 计算对数似然函数

$$\ln p(\boldsymbol{x}|c, \boldsymbol{\mu}, \boldsymbol{\Sigma}) = \sum_{n=1}^{N} \ln \left\{ \sum_{k=1}^{K} c_k N(\boldsymbol{x}_n|\boldsymbol{\mu}_k, \Sigma_k) \right\}$$

5. 迭代

检查对数似然函数是否收敛，若不收敛，则返回步骤 2。

5.4 GMM 与 HMM 的结合

HMM 是一种统计分析模型，它是在马尔可夫链的基础上发展起来的，用来描述双重随机过程。从 HMM 的状态可产生观察值，根据观察值的概率分布，HMM 分为以下三种类型。

（1）离散 HMM：输出的观察值是离散的，观察值概率也是离散的。

（2）连续 HMM：观察值为连续概率密度函数，每个状态都有不同的一组概率密度函数。

（3）半连续 HMM：观察值为连续概率密度函数，所有状态共享一组概率密度函数。

在语音识别中，HMM 的每个状态都可对应多帧观察值，这些观察值是特征序列，多样化且不限取值范围，因此其概率分布是连续的，而不是离散的。HMM 的每个状态产生每一帧特征的观察值概率都可用高斯分布表示，如图 5-6 所示。其中，起始状态 s_1 和结尾状态 s_5 没有产生观察值，中间三个状态 s_2、s_3 和 s_4 是发射状态，能够产生观察值。

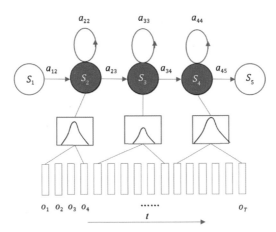

图 5-6　每个状态的观察值概率用高斯分布表示

在 GMM-HMM 中，HMM 模块负责建立状态之间的转移概率分布，GMM 模块则负责生成 HMM 的观察值概率。一个 GMM 负责表征一个状态，相邻 GMM 之间的相关性并不强，而每个 GMM 所生成的概率就是 HMM 中所需要的观察值概率。

图 5-6 中特征序列的前 4 帧用一个高斯函数分布表示，对应的观察值概率就由这个高斯函数来计算。参照 HTK[1]的写法，下面给出一个 GMM-HMM 的具体参数值。该 HMM 包含 5 个状态，其中状态 2、3、4 是发射状态，每个状态都包含一个高斯函数，它们有对应的均值<MEAN>和方差<VARIANCE>，维度均为 6。最后<TRANSP>给出了状态之间的转移概率。

```
<BEGINHMM>
```

```
<NUMSTATES> 5
<STATE> 2
<MEAN> 6
0.1 0.2 0.3 0.8 0.4 0.4
<VARIANCE> 6
1.0 2.0 0.5 1.0 3.0 0.8
<STATE> 3
<MEAN> 6
0.3 0.2 0.4 0.7 0.5 0.6
<VARIANCE> 6
2.0 3.0 4.0 1.5 1.0 2.5
<STATE> 4
<MEAN> 6
0.2 0.2 0.4 0.9 0.7 0.8
<VARIANCE> 6
0.5 3.0 2.0 3.0 2.0 0.5
<TRANSP> 5
0.0 1.0 0.0 0.0 0.0
0.0 0.6 0.4 0.0 0.0
0.0 0.0 0.5 0.5 0.0
0.0 0.0 0.6 0.4 0.0
0.0 0.0 0.0 0.0 0.0
<ENDHMM>
```

由于不同的人发音会存在较大的差异，具体表现为每个状态对应的观察值序列也会多样化，单纯用一个高斯函数来刻画其分布往往不够，因此更多的是采用由多个高斯函数组合而成的 GMM 来表征更复杂的分布。这种使用 GMM 作为 HMM 状态产生观察值的概率密度函数（PDF）的模型就是 GMM-HMM。图 5-7 所示的每个状态对应的 GMM 均由 4 个高斯函数组合而成。

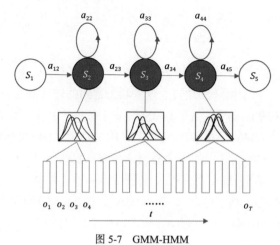

图 5-7　GMM-HMM

下面给出 4 个高斯函数组合的参数表示，其中<MIXTURE>是每个高斯函数对应的权重，4 个高斯函数的权重和要等于 1。

```
<STATE> 2
<NUMMIXES> 4
<MIXTURE> 1 0.2
<MEAN> 6
0.1 0.2 0.3 0.8 0.4 0.4
<VARIANCE> 6
1.0 2.0 0.5 1.0 3.0 0.8
<MIXTURE> 2 0.3
<MEAN> 6
0.1 0.2 0.3 0.8 0.4 0.4
<VARIANCE> 6
1.0 2.0 0.5 1.0 3.0 0.8
<MIXTURE> 3 0.3
<MEAN> 6
0.1 0.2 0.3 0.8 0.4 0.4
<VARIANCE> 6
1.0 2.0 0.5 1.0 3.0 0.8
<MIXTURE> 4 0.2
<MEAN> 6
0.1 0.2 0.3 0.8 0.4 0.4
<VARIANCE> 6
1.0 2.0 0.5 1.0 3.0 0.8
```

参照 HTK[1]的定义，下面给出 GMM-HMM 的数据结构。

```
typedef struct {
  SVector mean;          /* mean vector */
  CovKind ckind;         /* kind of covariance */
  Covariance cov;        /* covariance matrix or vector */
  float gConst;          /* Precomputed component of b(x) */
  int mIdx;              /* MixPDF index */
  int nUse;              /* usage counter */
  int stream;            /* enables multi-stream semi-tied transforms */
  SVector vFloor;        /* enables flooring for multiple semi-tied transforms */
  Ptr info;              /* hook to hang information from */
  Ptr hook;              /* general hook */
} MixPDF;

typedef struct {         /* 1 of these per mixture per stream */
  float weight;          /* mixture weight */
  MixPDF *mpdf;          /* -> mixture pdf */
} MixtureElem;

typedef union {          /* array[1..numMixtures] of Mixture */
  MixtureElem *cpdf;     /* PLAINHS or SHAREDHS */
  HTK_Vector tpdf;       /* TIEDHS */
```

```
    ShortVec dpdf;          /* DISCRETE */
} MixtureVector;

typedef struct {            /* 1 of these per stream */
    int nMix;               /* (GMMDK) num mixtures in this stream */
    MixtureVector spdf;     /* (GMMDK) Mixture Vector */
    Ptr hook;               /* (GMMDK) general hook */
} StreamElem;

typedef struct {
    SVector weights;        /* vector of stream weights */
    StreamElem *pdf;        /* array[1..numStreams] of StreamElem */
    SVector dur;            /* vector of state duration params, if any */
    int sIdx;               /* State index */
    int nUse;               /* usage counter */
    Ptr hook;               /* general hook */
    int stateCounter;       /* # of state occurrences */
} StateInfo;

typedef struct {            /* 1 of these per state */
    StateInfo *info;        /* information for this state */
} StateElem;

typedef struct {
    char *hmmId;            /* identifier for the hmm */
    short numStates;        /* includes entry and exit states */
    StateElem *svec;        /* array[2..numStates-1] of StateElem */
    SVector dur;            /* vector of model duration params, if any */
    SMatrix transP;         /* transition matrix (logs) */
    char *transId;          /* identifier for the transition matrix */
    int tIdx;               /* Transition matrix index */
    int nUse;               /* num logical hmm's sharing this def */
} HMMDef;
```

其中，HMMDef 是 HMM 整体模型结构，StateInfo 用来描述 HMM 状态信息，MixPDF 用来描述高斯参数，包括均值 mean 和方差 cov。

HMM 的第 j 个状态产生观察值 o_t 的概率表示如下：

$$b_j(o_t) = \sum_{k=1}^{K} c_{jk} N(o_t | \mu_{jk}, \Sigma_{jk}) \tag{5-31}$$

其中，K 是 GMM 的阶数，即包含的高斯函数个数。

我们可以把输入特征数值连同 GMM 的每个高斯函数 $N(o_t | \mu_{jk}, \Sigma_{jk})$ 的参数（包括权重、均值和方差）代入式（5-31）和式（5-16）中进行计算，得到观察值概率 $b_j(o_t)$ 的值。

图 5-8 给出了一个简单的 GMM 计算例子。输入特征是三维特征向量，GMM 有 4 个

高斯函数（$K = 4$），权重c_{jk}分别为 0.2、0.4、0.3 和 0.1，每个高斯函数都有对应的均值和方差，维度和输入特征一致。图中右边根据式（5-16）给出了具体的计算过程。

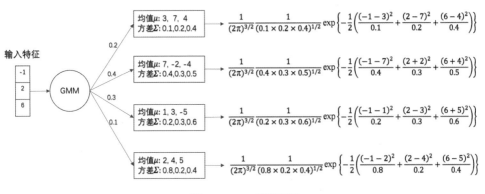

图 5-8　GMM 计算例子

因为 GMM 是统计模型，所以原则上，其参数量要与训练数据规模配套，即训练数据越多，对应的高斯函数也应该越多。大型的连续语音识别系统所用的 GMM 可达几万个，每个 GMM 都包含 16 个甚至 32 个高斯函数。

5.5　GMM-HMM 的训练

GMM-HMM 的观察值概率用 GMM 来表示，GMM 又包含多个高斯函数，即概率密度函数，因此需要重估计的参数包括：

- 起始概率。
- 转移概率。
- 各状态中不同概率密度函数的权重。
- 各状态中不同概率密度函数的均值和方差。

因为语音识别采用的是自左向右结构的 HMM，所以起始概率为$[1, 0, 0, \cdots, 0]$，即只能从第一个状态开始训练。

结合 HMM 的前向—后向算法，定义统计量如下：

$$\gamma_t^c(j, k) = \left[\frac{\alpha_t(j)\beta_t(j)}{\sum_{j=1}^{N}\alpha_t(j)\beta_t(j)}\right]\left[\frac{c_{jk}N(o_t^c, \mu_{jk}, \Sigma_{jk})}{\sum_{k=1}^{K}c_{jk}N(o_t^c, \mu_{jk}, \Sigma_{jk})}\right]$$

$$= \begin{cases} \dfrac{1}{P(O|\lambda)}\pi_j\beta_1(j)c_{jk}N(o_1^c, \mu_{jk}, U_{jk}), & t = 1 \\ \dfrac{1}{P(O|\lambda)}\sum_{i=1}^{N}\alpha_{t-1}(i)a_{ij}\beta_t(j)c_{jk}N(o_t^c, \mu_{jk}, U_{jk}), & t > 1 \end{cases} \qquad (5\text{-}32)$$

结合 HMM 和 GMM 的重估计公式，基于 ML 准则，GMM-HMM 参数的 EM 重

估计公式为

$$a_{ij} = \frac{\sum_{c=1}^{C} \sum_{t=1}^{T_c-1} \xi_t^c(i,j)}{\sum_{c=1}^{C} \sum_{t=1}^{T_c-1} \gamma_t^c(i)} \tag{5-33}$$

$$c_{jk} = \frac{\sum_{c=1}^{C} \sum_{t=1}^{T_c} \gamma_t^c(j,k)}{\sum_{k=1}^{K} \sum_{c=1}^{C} \sum_{t=1}^{T_c} \gamma_t^c(j,k)} \tag{5-34}$$

$$\mu_{jk} = \frac{\sum_{c=1}^{C} \sum_{t=1}^{T_c} \gamma_t^c(j,k) o_t^c}{\sum_{c=1}^{C} \sum_{t=1}^{T_c} \gamma_t^c(j,k)} \tag{5-35}$$

$$\Sigma_{jk} = \frac{\sum_{c=1}^{C} \sum_{t=1}^{T_c} \gamma_t^c(j,k)(o_t^c - \mu_{jk})(o_t^c - \mu_{jk})'}{\sum_{c=1}^{C} \sum_{t=1}^{T_c} \gamma_t^c(j,k)} \tag{5-36}$$

其中，C 为训练样本数。注意，每个特征 o_t^c 都参与了每个高斯分布的均值和方差的计算，其比重由 $\gamma_t^c(j,k)$ 决定。

转移概率 a_{ij} 的重估计公式不受 GMM 的影响，与普通的 HMM 类似，即从状态 s_i 转移到状态 s_j 的概率和除以从状态 s_i 转移出去的概率和。注意，针对非发射状态的转移概率 a_{ij}，其重估计公式略有不同。c_{jk} 表示与状态 s_j 关联的观察值被分配到高斯分量 k 的比重，μ_{jk} 和 Σ_{jk} 是对应的均值和方差估计。

以上 4 个参数的估计，均与前向概率和后向概率相关，是一种软判决，即被分配到状态的观察值多少是用概率来调节的。这样的分配机制与普通 HMM 的训练过程是类似的，即均使用 Baum-Welch 算法。

还有一种 Viterbi 重估计[2]，其流程如图 5-9 所示。使用 Viterbi 算法对齐，得到被分配到每个状态的训练样本（特征向量），然后再训练对应的 GMM 参数。在训练开始时，使用一种很粗糙的方法进行初始分段，例如等长分段，形成初始模型。然后通过 Viterbi 算法将所有训练语句对齐到状态序列，重新迭代聚类和参数估计，直到收敛。

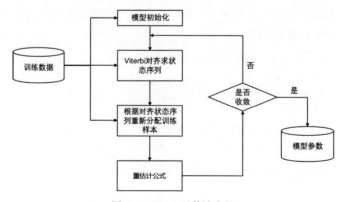

图 5-9　Viterbi 重估计流程

5.6 模型自适应

由于各地口音、采集设备、环境噪声等因素的差异，已训练过的 GMM-HMM 很可能和新领域的测试数据不匹配，导致识别效果变差，甚至性能急剧下降，因此需要做自适应训练。

针对语音识别，1994 年提出的最大后验概率估计（Maximum A Posteriori Estimation，MAP）[3]和 1995 年提出的最大似然线性回归（Maximum Likelihood Linear Regression，MLLR）[4]，是两种经典的自适应算法，可以帮助 HMM 实现参数自适应训练。

5.6.1 MAP

MAP 算法本质上是重新训练一次，并且平衡原有模型参数和自适应数据的估计，其基本公式如下：

$$\hat{\lambda} = \varepsilon\lambda + (1 - \varepsilon)\lambda', 0 \leqslant \varepsilon \leqslant 1 \tag{5-37}$$

针对 GMM 的均值参数，基于原有模型均值 μ_0 和自适应数据 $\boldsymbol{x} = \{x_1, x_2, \cdots, x_T\}$，得到新的自适应均值 $\hat{\mu}$ 如下：

$$\hat{\mu} = \frac{\tau\mu_0 + \sum_{t=1}^{T} \gamma_t x_t}{\tau + \sum_{t=1}^{T} \gamma_t} \tag{5-38}$$

其中，τ 控制原有模型均值和自适应数据之间的平衡（一般取值为 $0 \leqslant \tau \leqslant 20$），$\gamma_t$ 是对应高斯函数在 t 时刻的统计量。MAP 一般要求有较多的自适应数据。当自适应训练数据逐渐增多时，MAP 估计会逐步收敛为 ML 估计。

5.6.2 MLLR

如果自适应数据较少，则无法为 GMM 的每个高斯函数均进行相应的自适应训练。一般方法是共享自适应参数，这样仅用少量的数据即可得到较为满意的训练结果。MLLR 算法就是基于这种思想，将原始模型的参数线性变换后再进行识别的。其优点是，使用少量语音即可对所有模型进行自适应训练，只要得到线性变换矩阵即可。MLLR 对高斯分布均值的线性变换公式如下：

$$\hat{\boldsymbol{\mu}} = \boldsymbol{A}\boldsymbol{\mu} + \boldsymbol{b} \tag{5-39}$$

假如声学特征是 d 维向量，则 $\boldsymbol{A}$ 为 $d \times d$ 维矩阵，$\boldsymbol{b}$ 为 d 维向量。定义 $\boldsymbol{W} = [\boldsymbol{b}\ \boldsymbol{A}]$，$\boldsymbol{\eta} = [\boldsymbol{1}\ \boldsymbol{\mu}^{\mathrm{T}}]^{\mathrm{T}}$，则有

$$\hat{\boldsymbol{\mu}} = \boldsymbol{W}\boldsymbol{\eta} \tag{5-40}$$

其中，转换矩阵 $\boldsymbol{W}$ 采用自适应数据估计得到，并且可以由所有或部分高斯函数共用。

共用转换矩阵W的高斯函数被划为一个回归（Regression）类。回归数目可通过聚类树训练得到，原则是每个回归都要有足够的训练数据，否则就合并。

5.6.3　fMLLR

如果高斯分布的均值和方差共用线性变换矩阵，则可用如下公式表示：

$$\widehat{\boldsymbol{\mu}} = \boldsymbol{A}'\boldsymbol{\mu} - \boldsymbol{b}' \tag{5-41}$$

$$\widehat{\boldsymbol{\Sigma}} = \boldsymbol{A}'\boldsymbol{\Sigma}\boldsymbol{A}'^{\mathrm{T}} \tag{5-42}$$

这种 MLLR 被称为约束 MLLR（constrained MLLR，cMLLR）[5]，其对应的对数似然率为

$$L = N(\boldsymbol{A}\boldsymbol{x}_t + \boldsymbol{b}; \boldsymbol{\mu}, \boldsymbol{\Sigma}) + \log(|\boldsymbol{A}|)，\quad \boldsymbol{A}' = \boldsymbol{A}^{-1}, \boldsymbol{b}' = \boldsymbol{A}\boldsymbol{b} \tag{5-43}$$

将A直接与特征向量$\boldsymbol{x}_t$相乘，相当于对声学特征做转换，因此 cMLLR 又被称为特征空间 MLLR（feature space MLLR，fMLLR）。fMLLR 与标准的 MLLR 有类似的自适应效果，转换后的特征也可用于 GMM-HMM 以外的其他模型。

5.6.4　SAT

在模型训练过程中，如果为每个说话人分别建立 MLLR（或 fMLLR）转换矩阵，则此为说话人自适应训练（Speaker-Adaptive Training，SAT）[5]。SAT 增加了训练复杂度和存储空间，但可有效提升识别效果。

5.7　本章小结

本章重点讲解了 GMM 的定义，特别是与 HMM 的结合，用于声学特征序列的建模。GMM-HMM 的训练与 GMM 有所不同，其需要结合前向—后向算法，实现权重、均值和方差的重估计。本章的难点在于，输入的多维特征如何与 HMM 的每个状态结合起来，并使用该状态的 GMM 参数计算其观察值概率。为了帮助读者理解，本章给出了一个具体的例子，以使大家熟悉 GMM-HMM 系统的训练和测试过程。

参考文献

[1] YOUNG S, EVERMANN G, GALES M, et al. The HTK Book (for HTK Version 3.5)[Z]. 2015.

[2] 韩纪庆，张磊，郑铁然. 语音信号处理[M]. 2 版. 北京：清华大学出版社，2013.

[3] GAUVAIN J L, LEE C H. Maximum A Posteriori Estimation for Multivariate Gaussian Mixture Observations of Markov Chains[J]. IEEE Transactions. Speech and Audio Processing, 1994, 2: 291-298.

[4] LEGGETTER C J, WOODLAND P C. Maximum Likelihood Linear Regression for Speaker Adaptation of Continuous Density Hidden Markov Models[J]. Computer Speech and Language, 1995, 9: 171-185.

[5] WOODLAND P C. Speaker Adaptation for Continuous Density HMMs: A review[C]. ISCA ITRW on Adaptation Methods for Speech Recognition, 2001.

思考练习题

1. 假设 GMM 包含 4 个高斯函数，每个高斯函数的权重、均值和方差参数如下：

```
<NUMMIXES> 4
<MIXTURE> 1 0.3
<MEAN> 5
3 4 6 -3 7
<VARIANCE>
0.1 0.3 0.05 0.4 0.6
<MIXTURE> 1 0.2
<MEAN> 5
1 -2 5 -4 8
<VARIANCE>
0.3 0.2 0.5 0.09 0.4
<MIXTURE> 1 0.4
<MEAN> 5
6 9 -5 3 2
<VARIANCE>
0.5 0.2 0.8 0.03 0.7
<MIXTURE> 1 0.1
<MEAN> 5
9 2 4 -5 8
<VARIANCE>
0.02 0.4 0.8 0.2 0.3
```

请计算输入特征[-2,3,5,-4,6]的 GMM 概率，要求列出具体的计算过程。

2. 理解 GMM 的定义，具体描述 GMM 与 HMM 的关系。

3. GMM-HMM 的训练与 GMM 有何不同？请对比差异，特别是结合前向—后向算法，实现c_k、μ_k和Σ_k的重估计。

4. 使用 Python 或 C 代码实现一个基于 GMM-HMM 的语音识别系统（数字或命令词），要求观察值用 GMM 计算，系统包括特征提取、模型训练和语音识别过程。

第 6 章
基于 HMM 的语音识别

自动语音识别的目标是让机器准确识别出用户的发音内容。用户的发音存在共性，比如普通话都由声母和韵母组合而成。每个声母和每个韵母都有标准的发音，绝大部分人会遵循这种标准发音——虽然音量、语速等可能会有差异，但普通人一般能听明白，不影响人与人之间的交流。

如果要让机器也能听得懂人说的话，则需要对每个共性发音建模，并用数据加以训练，这种模型就是声学模型。由于用户的发音是双重随机过程，因此声学模型广泛采用 HMM，即基于 HMM 来进行语音识别。本章首先基于共性发音特点，介绍声学模型的建模单元。然后介绍该建模单元的发音过程与 HMM 状态之间的关联，以及进一步结合识别网络，详细描述基于 HMM 的识别过程。最后介绍音素的上下文建模，尤其是三音子建模方式。

6.1 建模单元

虽然用户的发音存在共性，但还是会千变万化，因此使用声学模型来建模，需要选择合适的建模单元——它能反映共性，但数量又不能太多，否则难以精确训练。建模单元可以是整词（word）单元，也可以是子词（sub-word）单元，如音节（syllable）或音素（phone）。音节是完整的发音单元，普通话的每个字都有对应的音节，比如"大"对应的音节为"da"。因为存在多音字和同音字，故汉字与音节不是一一对应的关系。

音节由音素组成。音素代表发音动作，是最小的发音单位，可分为元音和辅音两大类。其中，元音是由声带周期性振动产生的，而辅音是爆破音或摩擦音，没有周期性。英语有 48 个音素，其中元音有 20 个，辅音有 28 个。如果也采用元音和辅音来分类，普通话有 32 个音素，包括 10 个元音和 22 个辅音。

但普通话的韵母很多是复韵母，不是简单的元音，因此拼音一般分为声母（initial）和韵母（final）。声母大部分是辅音，个别是半元音，如 y 和 w；韵母除了元音，还有很大一部分是元音和辅音的组合，即复韵母，如"an""eng"等。普通话包含 21 个声母和 36 个不带声调的韵母，具体表示如下。

声母集（21 个）：

b p m f d t n l g k h j q x zh ch sh r z c s

注：y 和 w 为韵头（yi-i, wu-u），不划入声母集合。

韵母集（36 个）：

单韵母 6 个：a o e i u ü

复韵母 14 个：ai ao ei er ia ie iao iou ou ua uai uei uo üe

鼻韵母 16 个：an ian uan üan en in uen ün ang iang uang eng ing ueng ong iong

以上部分字符不好用计算机输入，为了方便处理和区分，对声母和韵母做了扩增与调整（其中用 v 代替不能用键盘输入的 ü），改为如下 65 个。

声母集（21+6 个）：

b p m f d t n l g k h j q x zh ch sh r z c s

新增：_a _o _e _y _w _v （用于没有声母的音节 a o e yi wu yu）

韵母集（36+2 个）：

单韵母 8 个：a o e (ê→ie ve) i (ti/pi/bi) -i1(zi/ci/si) -i2 (zhi/chi/shi) u v (ü)

复韵母 14 个：ai ao ei er ia ie iao iou ou ua uai uei uo ve (üe)

鼻韵母 16 个：an ian uan van (üan) en in uen vn (ün) ang iang uang eng ing ueng ong iong

普通话是带声调的语言，声调包括四声（阴平、阳平、上声、去声）和额外加上的轻声（第五声）。按照这五种声调，上面的 38 个韵母可扩增为 190 个带声调的韵母。例如：

```
a1 a2 a3 a4 a5
o1 o2 o3 o4 o5
e1 e2 e3 e4 e5
u1 u2 u3 u4 u5
v1 v2 v3 v4 v5
```

普通话还有一个特殊发音 io，如"哎哟 _a ai1 _y io1"，但这个发音语料很有限，可能会导致模型训练不充分。另外，也有把 i 这个发音，根据前缀声母的不同，分成 i ix iy iz 四种发音的情况。例如：

```
一 _y i1
一丘之貉 _y i1 q iou1 zh ix1 h e2
一丝一毫 _y i1 s iy1 _y i1 h ao2
一日 _y i1 r iz4
```

ix、iy 和 iz 对应的带声调的韵母表示为：

```
ix1 ix2 ix3 ix4 ix5
iy1 iy2 iy3 iy4 iy5
iz1 iz2 iz3 iz4 iz5
```

包括以上 io 和 i 的扩充，带声调的韵母就有 200 个。

另一种方案是采用词组建模。由于普通话的词组太多了，常用的就有十几万个，如果使用词组作为建模单元，因训练数据难以覆盖所有词组，就会使得很多模型训练不充分，而且词组之间相似的发音不能共用，会导致声学模型很不稳定，因此词组建模方案在大词汇量连续语音识别系统（Large Vocabulary Continuous Speech Recognition，LVCSR）中不可行，除非用在词汇量不多的命令词识别系统中。

而采用音节建模，普通话虽然只有 400 个左右的音节，但训练数据往往有限，有些生僻字覆盖不到，而且音节没有包含声调，很多发音变化学习不到，因此训练出来的音节模型难以匹配普通话的各种发音现象。

还有音素建模方案。普通话共有 32 个音素，元音和辅音可组合出很多韵母，单纯的音素建模兼顾不到这些组合读音。

针对 HMM 框架，比较合适的方案是采用声韵母建模。因为不存在冗余，不同音节之间还可共享声韵母信息，比如 "ta" 和 "ba" 均有韵母 "a"，这样可充分利用训练数据，使得训练出来的声学模型更加健壮。如果训练数据足够多，则可进一步采用带声调的声韵母进行更精细化的建模。如表 6-1 所示，对建模单元进行了对比。

表 6-1 普通话语音建模单元对比

建模单元	模型数目	可训练性	稳定性	应用情况
音节	409 个	一般	好	较少
音素（元音/辅音）	32 个	好	一般	较少
声韵母	65~67 个	较好	好	较普遍
声韵母（声调）	227 个	好	较好	很普遍

如果是英文，则可采用标准的 48 个音素来建模，也可采用 CMU 字典的 38 个音素。在后面的章节中，为了表述方便，把普通话的声韵母也归为音素级别。对于句子前后的静音和中间停顿，一般还设置了 sil 和 sp 两个模型，或者将两者合并成一个。

需要注意的是，本章重点介绍基于 HMM 的建模单元，因此以音素建模为主。如果是端到端框架，由于没有词典，中文建模单元更多的是以字符为主，英文则采用 26 个字母或子词（采用 BPE 构造）作为建模单元。

6.2 发音过程与 HMM 状态

音素（声韵母）的发音可分为起始、中间和结尾三个阶段，如图 6-1 所示。

若采用 HMM 来描述音素的发音过程,则 HMM 的每个状态表征相似的发音阶段。比如起始阶段是从无声到有声的过程，中间是主要发声阶段，结尾是收声阶段。因此，这三个阶段可采用三个有效状态来表示。这三个有效状态会产生观察值，它们与帧序列的对应关系如图 6-2 所示。这三个有效状态因此也被称为发射状态。

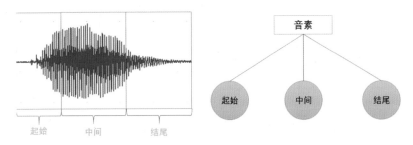

图 6-1　音素的发音三阶段

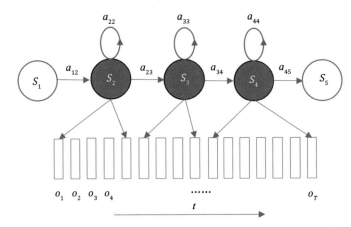

图 6-2　HMM 的发射状态与帧序列的对应关系

而且，一般在三个发射状态的前后加上两个非发射状态，即起始状态和结尾状态。如图 6-2 所示的 HMM 状态起始于 s_1，结束于 s_5，且只能向自身或向右转移。其中，状态 s_1 模拟发音单元的起始；状态 s_2、s_3、s_4 模拟发音单元的发声过程；状态 s_5 模拟发音单元的结束。每个状态只能向自身或向右转移。整个音素 HMM 共包含 5 个状态。在后面的介绍中，我们将采用这样的拓扑结构。

6.3　串接 HMM

在连续语音识别系统中，字词的声学模型一般是由音素 HMM 组合而成的，形成串接 HMM，如图 6-3 所示。前一个音素 HMM 的结尾状态和相邻音素 HMM 的起始状态相连接，这种连接产生的转移弧就是空转移，这个空转移不产生观察值，也不占用时间。

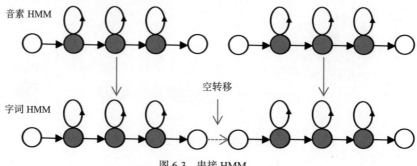

图 6-3　串接 HMM

　　为方便起见，我们先以音节为例（如 ba 由 b 和 a 组成），介绍其串接 HMM 的 Viterbi 识别过程。

　　如图 6-4 所示，左边纵轴是 b 和 a 串接后的 HMM，包含多个状态和空转移（b 的结尾状态与 a 的起始状态合并），横轴是时间轴，对应每个时刻 t 的特征序列（观察值）。由于串接 HMM 是从 b 开始的，因此 Viterbi 解码第一帧也从 b 的第一个发射状态开始，然后自身转移或移动到下一个连接状态，如图 6-4 中红色路径所示。

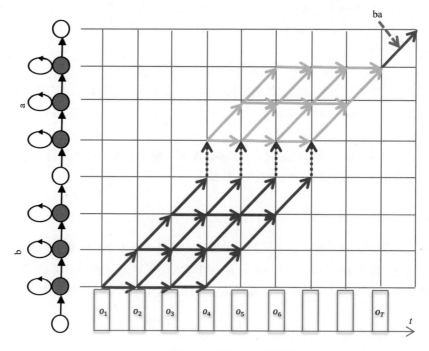

图 6-4　串接 HMM 的 Viterbi 识别过程

　　当解码路径到达 b 的结尾状态时，产生空转移，如图 6-4 中虚线所示；观察值特征匹配到 a 的起始状态,如图 6-4 中黄色路径为最早起点,同时以 b 中的结尾累计概率作为黄色路径起点的起始概率(不是 0),然后在 a 内部进行状态转移。除了第一个空转移,在后面的虚线对应的空转移处,黄色箭头路径的起点有两个来源——一个是自身状态转移(a 的第一个发射状态),一个是 b 的结尾状态转移(通过空转移),因此有两种累计概率。根据 Viterbi 解码算法,此时需要对比两条路径来源的累计概率大小,保留概率大的路径,并以该概率作为当前时刻该状态的累计概率。以此类推,一直到最后一帧(图中 o_T 对应的位置)结束。

经过 Viterbi 解码后,除了得到 ba 的最后概率,通过回溯,还可得到如图 6-5 所示的最优路径(蓝色)。其中,b 和 a 的分界处为空转移位置,对应第 5 帧特征 o_5。这样我们就可以知道哪些特征帧属于 b,哪些特征帧属于 a,这相当于一个对齐过程。

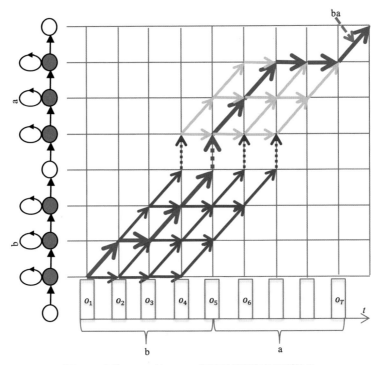

图 6-5　串接 HMM 的 Viterbi 解码最优路径和识别结果

对齐后的标注(可精确到状态级别,即每一帧对应哪个状态均可知道)可用于 HMM 训练,每个状态均采用对齐到的特征序列,重新进行 GMM 训练,然后基于更新后的 HMM 参数,重新进行 Viterbi 对齐;如此反复,直至收敛稳定。

在训练迭代的过程中,也可逐步增加 GMM 的高斯函数。一般采用二分法,从 1 个高斯函数分裂为 2 个,然后是 4 个、8 个、16 个,以此类推,只要训练数据充分,就可采用更多的高斯函数。

串接 HMM 也适用于词或词组，通过词典来组合，如下面的命令词。

- 前进：q ian j in
- 后退：h ou t ui
- 左转：z uo zh uan
- 右转：y ou zh uan

如图 6-6 所示，将字、词转换为对应的声韵母序列，共有 4 条路径。在每条路径同时增加静音（sil）和停顿（sp）节点，以适应语音前后的静音。因为所有命令词的开头和结尾都有静音，因此前后各串接一个 sil 模型，4 条路径共用。

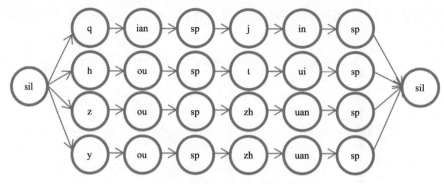

图 6-6　命令词对应的音素序列

每个声韵母都有一个 HMM，属于同一个词的声韵母 HMM 通过空转移串接得到整词 HMM，如图 6-7 所示，分别对应"前进""后退""左转""右转"4 个词。

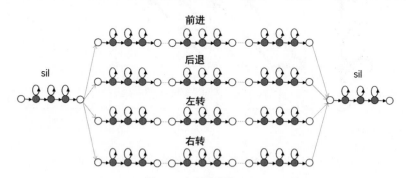

图 6-7　命令词串接 HMM

命令词的识别过程比较简单，相当于孤立词识别，只需要计算到最后一帧每条路径的累计概率，选择概率最大的路径，对应的命令词就是识别结果。

比命令词识别更复杂的是带语法的语音识别，语法具有灵活性，可以是固定语法，也可以是随机语法。固定语法的词汇组合有一定的灵活性，但产生的句子长度相对固定；而随机语法会产生长度不固定的句子，其解码过程更加复杂。

6.4 固定语法的识别

参照 HTK 的写法，下面给出一个固定语法的例子。

```
$action = 打开 | 关闭;
$object = 灯光;
(SENT-START ($action $object) SENT-END)
```

其中，$action 表示动作，包含打开和关闭两种选择。$object 表示目标。$action $object 表示先后顺序。另外，句子的开头和结尾分别包含了 SENT-START 和 SENT-END，表示静音或背景噪声段。该语法表示有两种句子："打开灯光"和"关闭灯光"。其对应的识别网络如图 6-8 所示。

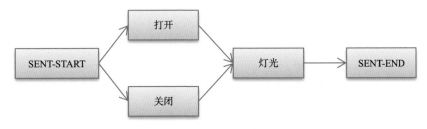

图 6-8 固定语法的识别网络

针对该识别网络，我们首先构建每个词的串接 HMM，包括"打开"、"关闭"和"灯光"。其中，"打开"HMM 和"关闭"HMM 的第一个发射状态都可以作为整个解码过程的起始状态，如图 6-9 的第 1 幅图中两条红色线所示，而两者的结尾状态通过空转移与灯光 HMM 的起始状态连接。Viterbi 解码流程如下：

（1）输入第 1 帧特征o_1。计算"打开"HMM 和"关闭"HMM 的第一个发射状态概率。

（2）状态转移。当前状态可自身转移，也可转移到下一个状态，计算第 2 帧特征o_2的观察值概率。

（3）逐帧推进。一直到"打开"HMM 或"关闭"HMM 的结尾状态，如图 6-9 的第 3 幅图中第 4 帧o_4位置。对比所有空转移（如图中黄色和红色的虚线）的累计概率，选择保留概率最大的路径，同时将该累计概率作为下一个 HMM 的起始状态的起始概率。

（4）在所有可能的路径继续进行状态转移。

（5）每次到达结尾状态时，都会产生空转移，并把上一个 HMM 的累计概率通过竞争传递给下一个 HMM 的起始状态。

（6）持续解码，一直到最后一个 HMM 的结尾状态。

（7）通过回溯，得到最优路径，如图6-9的第7幅图中紫色的加粗线所示，即为识别结果（"关闭灯光"），其包含整句概率和不同词之间的分界处，"关闭"和"灯光"的分界处在第6帧o_6位置。

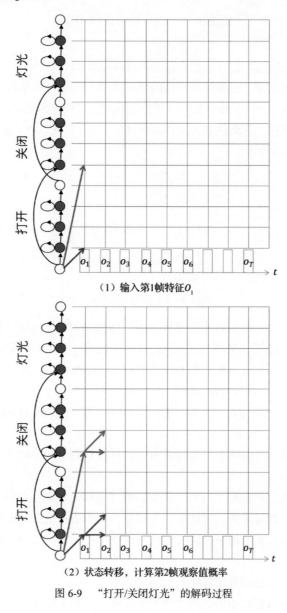

（1）输入第1帧特征o_1

（2）状态转移，计算第2帧观察值概率

图6-9　"打开/关闭灯光"的解码过程

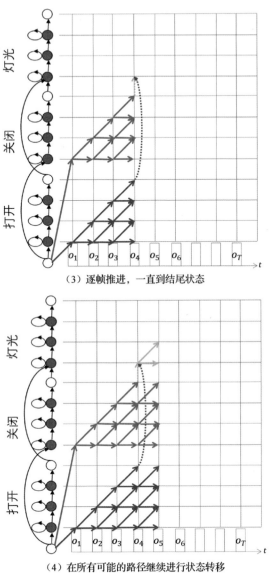

（3）逐帧推进，一直到结尾状态

（4）在所有可能的路径继续进行状态转移

图 6-9　"打开/关闭灯光" 的解码过程（续）

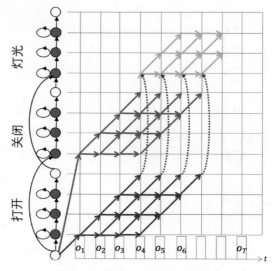

（5）每次到达结尾状态时，都会产生空转移

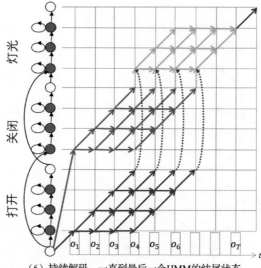

（6）持续解码，一直到最后一个HMM的结尾状态

图 6-9 "打开/关闭灯光"的解码过程（续）

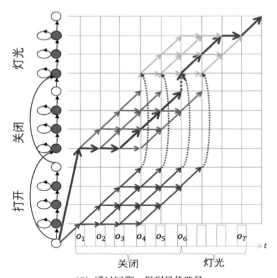

（7）通过回溯，得到最优路径

图 6-9　"打开/关闭灯光"的解码过程（续）

6.5　随机语法的识别

随机语法产生的句子组合灵活多样，可具有不同的长度、不同的顺序，完全不固定，全靠解码过程来判断。

例如，随机数字串的语法如下：

```
$digit = 零 | 一 | 二 | 三 | 四 | 五 | 六 | 七 | 八 | 九 ;
(SENT-START (<$digit>) SENT-END)
```

其中，<>表示可以识别连续的多个重复的数字单元。这种语法可以产生"三五七六八""五五二四八三一""三七五九六八四零"等不同数字串的组合。

可以看出，每个数字可能连续重复，也可能间隔出现，没有特别的规律，对应的识别网络如图 6-10 所示。

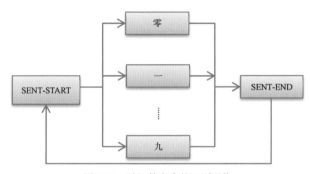

图 6-10　随机数字串的识别网络

这样的识别网络会增加不少识别难度，其解码过程也与固定语法的有所不同，因此词尾和词数不明确。

首先我们来看起始状态的解码网络。如图 6-11 所示，第 1 帧 o_1 可以从任意一个数字 HMM 的起始状态开始，然后逐帧推进并进行状态转移。

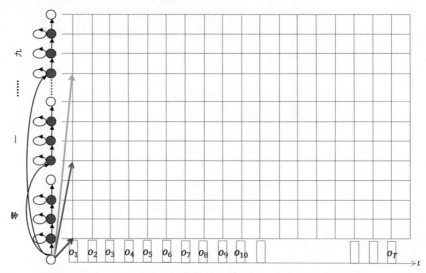

图 6-11　随机数字串的解码网络（起始状态）

当有一帧到达某个数字 HMM 的结尾状态时，表示可产生该数字，这时需要有一个记录标签，记录词位信息。如果有多个 HMM 同时到达结尾状态，如图 6-12 中第 4 帧 o_4 位置，这时需要对比各自的累计概率，然后选择概率最大的数字作为当前产生的数字。

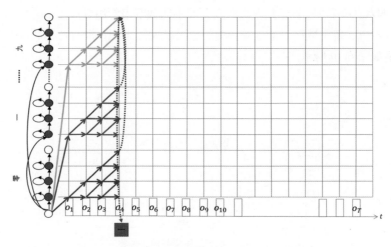

图 6-12　随机数字串的解码网络（产生第一个数字）

如图 6-12 所示，经过竞争，产生了第一个数字"一"，这时创建一个词节点，并记录其之前的词节点。

参照 HTK 代码，下面定义了与语法对应的词节点结构体 GramNode 和路径节点结构体 NodePath。

NodePath 成员变量包括时间索引 tidx、识别到的词索引 NodeIdx、累计到当前节点的最大概率 wdlk、活跃次数 actcount、上一个路径节点 preNodePath 和下一个路径节点 nextNodePath。

```c
typedef float LogFloat;   /* types just to signal log values */
typedef double LogDouble;

typedef struct _GramNode GramNode;
typedef struct _NodePath NodePath;

typedef struct _GramToken {
  bool status;              /* activation status */
  int tidx;                 /* time index */
  char *word;               /* recognized word */
  LogDouble like;           /* Likelihood of current token */
  LogDouble prelike;        /* Likelihood of previous token */

  NodePath *preNodePath; /* pre node path */
} GramToken;

struct _GramNode{    /* network node of gram */
  char *name;      /* node name */
  int keyIdx;       /* key index in the gram */
  int valueIdx;     /* value index in the key */
  int nphones;      /* number of phones in this node */
  int *phoneIdx;    /* array index of phone model */
  int nlinks;       /* number of nodes connected to this one */
  int *nodeIdx;     /* array[0..nlinks-1] of node index to connected nodes */
  bool status;
  int actcount;     /* active count */
  LogFloat max;
  LogFloat wdlk;    /* Max likelihood of t=0 path to word end node */
  NodePath *preNodePath; /* pre node path */
  int toknum;         /* number of token in this node */
  GramToken *tokset;   /* token set */
};

struct _NodePath
{
  int tidx;        /* time index */
  int NodeIdx;    /* recognized node index */
  LogFloat wdlk; /* max likelihood of t=0 path to word end node */
  int actcount;   /* active count */
```

```
    NodePath *preNodePath;  /* pre node path */
    NodePath *nextNodePath;  /* pre node path */
    NodePath *knil;          /* knil node path */
};
NodePath *path_head,*path_cur,*path_next;

//Initialization
path_head = new NodePath;
path_head->tidx = 0;
path_head->NodeIdx = 0;
path_head->wdlk = 0;
path_head->actcount = 0;
path_head->preNodePath = NULL;
path_cur = path_head;

//find the max word end (final state)
p_max = LZERO;
max_node = -1;
for(n=1; n<numNode+1; n++)
{
  if(Node[n].status == false) continue; //required!!
  index_token = Node[n].toknum - 1;
  if(Node[n].tokset[index_token].status == false) continue;
  p = Node[n].tokset[index_token].like;
  if(p > p_max)
  {
      p_max = p;
      max_node = n;
  }
}

gnode = &Node[max_node];

//new word path created
path_next = new NodePath;
path_next->tidx = t;
path_next->NodeIdx = max_node;
path_next->wdlk = p_max;
path_next->preNodePath = gnode->preNodePath;
pathnext->actcount = path_next->preNodePath->actcount+1;
```

其中，max_node 是经过对比后得到的概率最大的词索引（这里对应"一"），gnode 是对应的词节点（带有成员变量 preNodePath），p_max 是对应的累计概率值。

接下来，以新产生的词节点"一"为起点，可以把其累计概率传递给下一个状态，如图 6-13 所示。

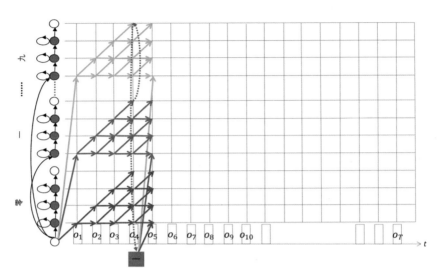

图 6-13　随机数字串的解码网络（产生数字后，将其累计概率传递给下一个状态）

以此类推，只要到达 HMM 结尾状态，就产生新的数字，并创建对应的词节点。如图 6-14 所示，"九"是新产生的数字，这样一直到最后一帧。最后得到很多数字，不同数字之间会有多种组合。

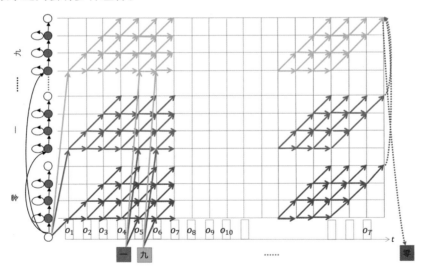

图 6-14　随机数字串的解码网络（解码结束，产生很多数字）

Viterbi 解码结束后，根据最后一帧对应的结尾状态的最大概率，进行回溯。

如图 6-15 所示，通过回溯得到最优路径，即图中蓝色的加粗线。这条路径上的词节点 NodePath 链表记录了所有词索引 NodeIdx，将这些词索引前后串接起来，就可得到完整的识别结果，即数字串"九五三七六八二零"。

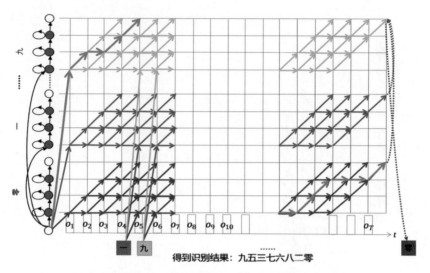

图 6-15　随机数字串的解码网络（解码结束，回溯得到识别结果）

这样的回溯结果与特征序列 $\{o_1, o_2, o_3, o_4, o_5, \cdots, o_T\}$ 匹配，其包含了具体的数字个数和内容。因此，整个过程是在没有语言模型约束下进行 Viterbi 解码，得到随机数字串结果的。

再进一步扩充，如果随机语法不是针对数字串的，而是包含所有的普通话词汇，识别网络如图 6-16 所示。在这种情况下，有可能达十几万个词，因此解码过程将无比庞杂，识别速度会非常慢，识别结果也会不理想。因为各种组合太多了，甚至可能出现语法不通顺或奇怪组合的句子，如"北京在中国长江"。

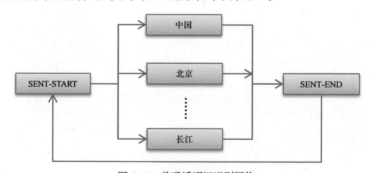

图 6-16　普通话词汇识别网络

因此，需要引入语言模型，用来约束识别结果。语言模型通过词与词之间的组合概率，对识别产生的多种结果进行筛选，以得到声学概率大同时又符合语言表达习惯的句子。语言模型一般是统计模型，需要基于大量的文本语料训练得到，我们将在第 8 章中详细介绍。

6.6 音素的上下文建模

本章前面介绍的建模单元和 Viterbi 解码过程，采用了单音子形式，即每个音素单独一个 HMM，没有考虑语音流前后音素的关联，相当于上下文无关（context-independent）的建模。但人的发音其实是一个渐变过程，在从一个音素转向另一个音素时，会存在协同发音现象，包括同一个音节内部和不同音节之间的过渡。

6.6.1 协同发音

协同发音是指一个音受前后相邻音的影响而发生变化，如以下中文句子。

中文：好　　好　　学　　习　　天　　　天　　向　　　上
音节：hao3　hao3　xue2　xi2　tian1　tian1　xiang4　shang4
音素：h ao3　h ao3　x ue2　x i2　t ian1　t ian1　x iang4　sh ang4

其中，"好好"和"天天"前后两个字的发音就有差别。因此，同一个音素在不同的位置，发音差异可能较大。

每个字都是一个音节，音节内部有发音衔接，音节之间也是有衔接的，其体现就是在语谱图过渡阶段存在交叉，比如"打开灯光"的"打"和"开"之间、"灯"和"光"之间，其时域图和语谱图如图 6-17 所示。

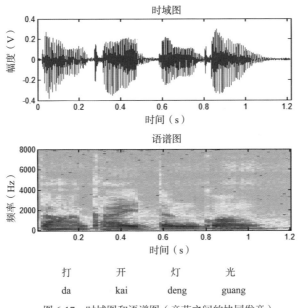

图 6-17　时域图和语谱图（音节之间的协同发音）

再比如英文表达"stop that"的爆破音"p"，因为后续的"that"压制导致没发音。因此本质上，音素属于单音子（monophone），没有考虑上下文的协同发音，不适合连续语音流的 HMM 建模。

6.6.2　上下文建模

为了更好地匹配协同发音现象，需要对音素进行上下文建模。

针对普通话，单个音节只有声母和韵母，音节内部最多只能进行双音子建模，只考虑音节（单个字）内部声母和韵母之间的关联，比如"灯"的拼音 deng，本来分为 d 和 eng 两部分，可拆分成以下两种形式：

deng d+eng

deng d-eng

d+eng 表示发音偏向于 d，但后面衔接 eng；d-eng 表示发音偏向于 eng，但前面是 d。这样就把 d 和 eng 的发音密切关联起来，与直接分开相比，多考虑了两者之间的发音连读。

这种形式的上下文建模采用双音子（diphone），双音子数量比单音子数量多很多。假设声母和韵母之间均可以两两组合，那么普通话（不带声调）就有 27（声母）× 38（韵母）× 2 = 2052 个双音子，英语有 28（辅音）× 20（元音）× 2 = 1120 个双音子。

更复杂的上下文建模采用三音子（triphone），其根据左右音素来确定发音，形成上下文相关（context-dependent）的模型。比如"打开灯光"的拼音，可转换为如下三音子：

d–a+k

k–ai+d

d–eng+g

g–uang+sil

这些是以韵母为中心音素的，前后均关联声母。注意，句子末尾是 sil（静音）。

很多英语单词可直接在词内实现三音子，比如"town"表示为"t-aw+n"。而普通话采用三音子，主要用来跨词建模，比如 da 和 kai 之间有 d–a+k 这样的组合。

三音子可实现对音素上下文更精细的建模，但其数量巨大！例如：

- 普通话：27（声母）× 38（韵母）× 29（声母+sil/sp）= 29754 个
- 英语：28（辅音）× 20（元音）× 30（辅音+sil/sp）= 16800 个

其中，sil 和 sp 分别表示静音和停顿。

如果不考虑音素的先后顺序，则 N 个音素至少有 N^3 种组合；再加上声调的话，三音子的数量更是巨大！而训练数据往往有限，无法对这么多模型的 HMM 状态参数进行充分训练。

为了解决这一矛盾，可以采用模型状态绑定，让不同的 HMM 状态共享模型参数，这样参数量就可大大减少。

如图 6-18 所示，三音子"d–a+k"、"b–a+t"和"c–a+t"中间的音素相同，它们的中间状态共用一个 GMM（包含两个高斯分布）。通过参数共享，还可解决部分三音子完全没有训练数据的问题。

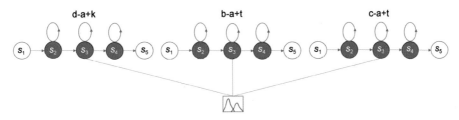

图 6-18　不同 HMM 之间的状态绑定

绑定的目标是把发音相似的音素聚在一起，对于普通话，是相似的声母、韵母；而对于英语，是相似的元音、辅音。

常见的状态绑定方法有数据驱动（Data Driven）聚类和决策树（Decision Tree）聚类两种，其中数据驱动聚类容易造成训练样本缺失，特别是跨词三音子，现在一般采用决策树聚类。

6.6.3　决策树

决策树用来对音素或音素状态进行聚类，图 6-19 给出了一个音素聚类的例子。输入是音素集合 {g, d, t, b, p, k, m, n}，通过判断是否为声母、鼻音、塞音，把该集合分成鼻音集合 {m,n} 和塞音集合 {g,d,t,b,p,k}。

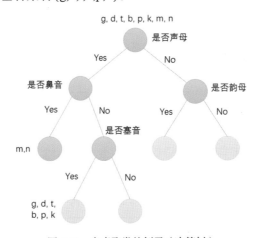

图 6-19　音素聚类的例子（决策树）

可以看出，决策树是一棵二叉树，每个分叉节点均附有一个问题，通过问题的判断层层推进，一直到叶节点。一个叶节点就是聚类后的一类，即相近音素的集合。

6.6.4 问题集

决策树的生成是基于问题集（Question Set）判断的，问题集说明了这些音素之间的相似性，只有相似才可能合并。问题集可以人工设计，也可以通过数据驱动自动生成。

1. 人工设计

问题集人工设计比较麻烦，需要语言学知识。总体原则是，发音相似的，归为一类，尽可能精细化。

例如，根据普通话声母的发音特点，我们可以划分出大的分类和一些特殊发音（如鼻音）。表 6-2 展示了部分声母的分类。

表 6-2　部分声母的分类

分　　类	音素列表
声母（Consonant）	b, p, m, f, d, t, n, l, g, k, h, j, q, x, zh, ch, sh, r, z, c, s, y, w
塞音（Stop）	g, d, t, b, p, k
送气塞音（Aspirated_Stop）	p, t, k
不送气塞音（Non_Aspirated_Stop）	g, b, d
擦音（Fricative）	x, f, s, h, sh, r
清擦音（Breach_Fricative）	x, f, s, h, sh
浊擦音（Voiced_Fricative）	r
塞擦音（Affricate）	j, z, zh, q, c, ch
不送气塞擦音（Non_Aspirated_Affricate）	z, zh, j
送气塞擦音（Aspirated_Affricate）	c, ch, q
唇音（Labial）	b, p, m, f
边音（Lateral）	l
鼻音（Nasal）	m, n

根据以上分类，从音素到句子，我们从各个层面进行考虑，进一步设计相应的问题集，其涵盖了声韵母的类型与特征划分、汉字的声调、词组的词性、句子的语气等。我们用 QS 表示问题，用 L 表示左边音素，用 R 表示右边音素。表 6-3 中列出了部分声母的问题集。

表 6-3　部分声母的问题集

表 达 式	含 义
QS "L-Consonant"	左边音素是否为声母
QS "L-Stop"	左边音素是否为塞音
QS "L-Aspirated_Stop"	左边音素是否为送气塞音
QS "L-Lateral"	左边音素是否为边音

续表

表 达 式	含 义
QS "L-Nasal"	左边音素是否为鼻音
QS "R-Consonant"	右边音素是否为声母
QS "R-Stop"	右边音素是否为塞音
QS "R-Aspirated_Stop"	右边音素是否为送气塞音
QS "R-Lateral"	右边音素是否为边音
QS "R-Nasal"	右边音素是否为鼻音

根据这些问题集，我们可以对音素的每个状态建立决策树。图 6-20 给出了三音子中间音素 a 的中间状态的决策树，其中 d 和 b 是塞音，m 和 n 是鼻音，zh 是塞擦音，l 是边音。

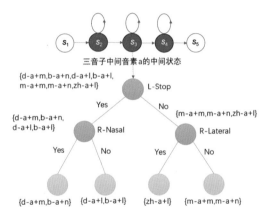

图 6-20　音素 a 中间状态的决策树

决策树的叶节点是相似三音子的聚类，比如第一个叶节点包含 d-a+m 和 b-a+n，均为音素 a 生成的三音子。同时上下文发音类似，它们的中间状态共用观察值概率分布。

注意，以上决策树是只针对音素的中间状态建立的，其他状态需要另外的决策树。例如，普通话单音子音素（对应三音子的中间音素）有 65 个，每个音素有 3 个状态，则共需要 195 棵决策树。

2. 自动生成

自动生成问题集是一个无监督过程，完全依赖训练数据。其基本思路是，计算这些数据由聚类前后的状态集产生的似然概率差异，看是否有增益。

一开始，所有三音子的所有状态都被归为一类，并且假定每个状态的观察值概率都符合高斯分布。

设 $S = \{s_1, s_2, s_3, \cdots, s_N\}$ 为一个分类的状态集，N 为所有的状态数，状态集整体的均值与方差分别为$\boldsymbol{\mu}_S$和$\boldsymbol{\Sigma}_S$。设$X = \{x_1, x_2, x_3, \cdots, x_T\}$为训练数据集，$T$为所有的帧数。在$t$时刻处于状态$s_n$的概率为$\gamma_t(s_n)$，$\gamma_t(s_n)$可在帧与状态对齐时，由前向—后向算法计算得到，只需计算一次。整个数据集X由状态集S产生的似然概率为

$$L(S) = \Sigma_t[\ln P(\boldsymbol{x}_t|\boldsymbol{\mu}_S, \boldsymbol{\Sigma}_S)\Sigma_n\gamma_t(s_n)] \tag{6-1}$$

针对高斯概率密度函数$P(\boldsymbol{x}_t|\boldsymbol{\mu}_S, \boldsymbol{\Sigma}_S)$，可展开如下：

$$\ln P(\boldsymbol{x}_t|\boldsymbol{\mu}_S, \boldsymbol{\Sigma}_S) = \ln\left(\frac{1}{(2\pi)^{\frac{D}{2}}}\frac{1}{|\boldsymbol{\Sigma}_S|^{\frac{1}{2}}}\exp\left\{-\frac{1}{2}(\boldsymbol{x}_t - \boldsymbol{\mu}_S)\boldsymbol{\Sigma}_S^{-1}(\boldsymbol{x}_t - \boldsymbol{\mu}_S)^{\mathrm{T}}\right\}\right)$$
$$= -\frac{1}{2}\left(D\ln(2\pi) + \ln(|\boldsymbol{\Sigma}_S|) + (\boldsymbol{x}_t - \boldsymbol{\mu}_S)\boldsymbol{\Sigma}_S^{-1}(\boldsymbol{x}_t - \boldsymbol{\mu}_S)^{\mathrm{T}}\right) \tag{6-2}$$

其中，$\boldsymbol{\Sigma}_S$可计算如下：

$$\boldsymbol{\Sigma}_S = \frac{\Sigma_t\{(\Sigma_n\gamma_t(s_n))(\boldsymbol{x}_t - \boldsymbol{\mu}_S)(\boldsymbol{x}_t - \boldsymbol{\mu}_S)^{\mathrm{T}}\}}{\Sigma_t\Sigma_n\gamma_t(s_n)} \tag{6-3}$$

进一步推导得到

$$\Sigma_t\{(\boldsymbol{x}_t - \boldsymbol{\mu}_S)\boldsymbol{\Sigma}_S^{-1}(\boldsymbol{x}_t - \boldsymbol{\mu}_S)^{\mathrm{T}}\Sigma_n\gamma_t(s_n)\} = D\Sigma_t(\Sigma_n\gamma_t(s_n)) \tag{6-4}$$

其中，D是数据特征的维度。

因此，有

$$L(S) = -\frac{1}{2}\left(D(1 + \ln(2\pi)) + \ln(|\boldsymbol{\Sigma}_S|)\right)\Sigma_t(\Sigma_n\gamma_t(s_n)) \tag{6-5}$$

把状态集S分成两类，得到S_L和S_R，分别计算新的均值与方差。

分类后的似然增益为

$$\Delta = L(S_\mathrm{L}) + L(S_\mathrm{R}) - L(S) \tag{6-6}$$

如果$\Delta > 0$，则说明状态集分类后有似然增益。

根据式（6-2），划分状态后，无须重新计算$\gamma_s(\boldsymbol{x})$，$\boldsymbol{\Sigma}_S$更新也很快，因此可快速计算出似然增益Δ，从而方便问题集的组合对比。

通过数据自动生成问题集的步骤如下：

（1）计算统计量。对于每帧语音x_t，由其 Viterbi 对齐序列可以得知它对应哪个音素的某个状态。对每个单音子做上下文扩展（如"a" => "*-a+*"），得到三音子某个状态s_n对应的特征序列，然后计算该三音子状态对应的统计量$\gamma_t(s_n)$。

（2）音素状态聚类。首先将每个中间音素作为树的根节点，进行二叉树分裂，根据所有可能的划分，分别利用似然度计算公式（6-5）计算似然概率，得到能带来最大似然概率提升的最优划分。然后不断地递归对节点进行二叉树分裂，就可以得到一棵音素聚类的决策树。一旦某一层两个节点的最优划分带来的似然增益Δ的值都小于设

定的阈值，则该层终止分裂。

（3）终止分裂后，形成一棵聚类树，每个叶节点都包含不同的音素集合，一个叶节点就是被聚类后的一个类。

（4）生成问题集。从根节点开始，向下统计所能到达的所有叶节点中包含的音素集合，把这个音素集合的统计集合作为一个问题集。

Kaldi 就是通过训练数据自动生成问题集的，每个音素均用数字编号表示，生成的问题集被存储在 questions.int 文件中，格式如下：

1 2 3 4 5 6 7 8 9 10 11 12 13 14 15 16 17 18 19 20 21 22 23 24 25 26 27 32 33 34 35 36 42 43 44 45 46 47 48 49 50 51 52 53

28 30 31 57 58 110 111 130 134 136 200 201

105 106 107 108 109 112 113 114 115 116 117 118 119 132 135 137 138 139 140 141 197 199

2 18 19 20 21 22 23 24 25 26 27 32 33 34 35 36 42 43 44 45 46 47 48 49 50 51 52 53 54 55 56 80 81 82 83 84 100 101 102 103 104 120 121 122 123 124 125 126 127 128 129 157 158 159 160 161 167 168 169 170 171 172 173 174 175 176 187 188 189 190 191

上面一行表示一个问题，即一个相似音素的集合。

生成问题集后，就可建立决策树。每个音素（或细化到状态）都要对应一棵决策树，决策树的每个节点都会遍历每个问题，看是否对似然概率的提升最大，然后选取似然概率提升最大的问题，依此层层递推，直到似然增益Δ的值低于阈值，最后得到叶节点，将该叶节点对应的音素（或状态）进行绑定。图 6-21 显示了聚类决策树的一部分，其中叶节点 904 包含音素 ian3、ian4、van1、van2、van3、van4、ve4，它们聚为一类，叶节点 1005 包含音素 e1、e3、iong4、iu1、iu2、o5、ou1、uan5。

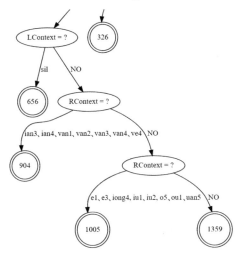

图 6-21　聚类决策树的一部分

6.6.5　三音子模型的训练

如图 6-22 所示，三音子模型的训练先从单音子开始，待单音子模型训练完成后，进行帧与状态的对齐，计算统计量，然后通过音素聚类，生成问题集，建立决策树。单音子模型用来初始化三音子模型，比如复制"a"的模型参数给"d−a+k"，然后通过三音子状态绑定，调整压缩模型参数，即减少模型状态数。

一开始，三音子的状态概率密度函数采用单高斯函数，然后分裂生成多个高斯函数，从而采用高斯混合模型。每次训练完三音子模型后，都要重新对齐语音文件，并重新生成决策树，经过多次迭代，直到收敛，最后得到三音子模型。

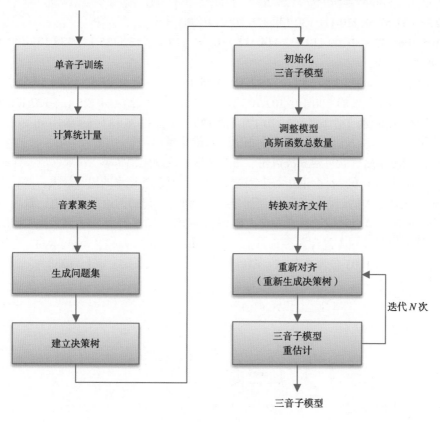

图 6-22　三音子模型的训练过程

6.7　本章小结

本章针对 HMM 在语音识别中的具体应用，介绍了不同的建模单元，以及建模单元与 HMM 之间的关系，特别是发音过程与 HMM 状态的对应关系，从而构建了适用的声学模型。这样的声学模型可用于命令词、固定语法和随机语法的识别，其中整词

HMM 是通过声韵母 HMM 串接而成的。基于串接 HMM 的解码过程相对复杂，尤其是随机语法的识别存在词数未知、词位未知等困难。本章通过图示详细地描述了 Viterbi 解码步骤，这些技术方案没有考虑语言模型，只适用于中小词汇量的语音识别系统。

本章还针对协同发音现象，介绍了音素的上下文建模方法，包括双音子建模和三音子建模。其中三音子数量众多，很难用有限的训练数据进行充分训练。为了减少模型参数，比较有效的方案是让不同的模型状态共享概率密度函数。共享的原则是基于决策树，决策树的每个节点都对应一个问题。问题集可以人工设计，也可以基于训练数据自动生成。本章最后介绍了三音子模型的训练过程。

思考练习题

1. 使用 Python 或 C 代码实现一个基于声韵母 HMM 的命令词识别系统，要求观察值用 GMM 计算，命令词可动态添加。GMM-HMM 的参数可以用已录制的数据训练，也可以模拟生成。

2. 给定如下语法和词典。

语法：

```
$action = 打开 | 关闭;
$object = 灯光;
(SENT-START ($action $object) SENT-END)
```

词典：

```
打开 d a k ai
关闭 g uan b i
灯光 d eng g uang
```

假设已训练好声韵母的 GMM-HMM（参数已知），要实现一个基于声韵母的连续语音识别系统。请描述如何加载词典，如何用语法来限定解码路径，如何得到最后识别结果。

3. 试写出打开灯光（da kai deng guang）的三音子组合。

4. 根据表 6-2 设计问题集，并画出声母集合 {b, p, m, f, d, t, n, l, g, k, h, j, q, x, zh, ch, sh, r, z, c, s, y, w} 的决策树。

5. 详细描述自动生成问题集的过程，特征帧与音素（或状态）如何对齐，如何计算该音素的每个状态对应的统计量，式（6-5）是如何计算的。

第 7 章
DNN-HMM

近 20 年来，人工智能最具突破性的技术当属深度学习了。深度学习具有强大的建模和表征能力，在图像和语音处理等领域得到了很好的应用。由于深度学习在语音识别领域的成功应用，苹果、科大讯飞、百度、亚马逊、谷歌、阿里巴巴等国内外知名公司，先后推出了语音助手、语音输入法、语音搜索、智能音箱等产品，受到消费者的普遍欢迎。本章围绕深度学习所采用的深度神经网络来讲解，重点介绍 DNN-HMM 的基本结构和训练流程。本章还将介绍不同的 DNN 结构，包括卷积神经网络、长短时记忆网络、门控循环单元网络和时延神经网络等。

7.1 深度学习

2006 年，Hinton 利用预训练方法缓解了神经网络局部最优解问题，将隐藏层延伸到 7 层，使神经网络真正具有了"深度"，由此引领了深度学习的研究热潮。

传统的语音建模工具（如 GMM-HMM）无法准确地描述语音内部复杂的结构，且建模和表征能力不强，因此在应用过程中仍然存在着鲁棒性差、识别率低等突出问题。2012 年，微软研究院的俞栋和邓力等人提出了上下文相关的深度神经网络与隐马尔可夫模型融合的声学模型（CD-DNN-HMM），在大词汇量连续语音识别（LVCSR）任务上取得了显著的进步，相比于传统的 GMM-HMM 系统，其获得了超过 20%的相对性能提升。这项工作是深度学习在语音识别上具有重大意义的成果。因此，深度学习被认为是继 HMM 之后，语音识别领域的又一次重大突破。从此，深度学习在工业界得到快速应用，并经历了多种模型的升级换代，包括深度神经网络（DNN）、卷积神经网络（CNN）、长短时记忆（LSTM）网络、门控循环单元（GRU）网络（LSTM的改进简化版）、时延神经网络（TDNN）等。

7.2 DNN

深度神经网络（DNN）包含输入层、多个隐藏层和输出层，每层都有固定的节点，相邻层之间的节点实现全连接，如图 7-1 所示。

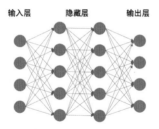

图 7-1 深度神经网络

这里所说的神经网络模拟人的大脑神经元，这些神经元相互连接，通过轴突将信号传递给下一个神经元。轴突可以缩放通过它的信号大小，这个比例因子被称为权重（weight）。

图 7-2 给出了输入值 $\{x_1, x_2, x_3, \cdots, x_j\}$ 到输出值 y_i 的映射关系，其中 w_{ji} 是每个连接的权重，b 是偏移量，神经元的输出 $z_i = \sum_j w_{ji} x_j + b$。$z_i$ 进一步通过激活函数输出 y_i：

$$y_i = f(z_i) \tag{7-1}$$

对于深度神经网络，每个隐藏层的输出一般都经过一个激活函数，实现非线性建模。

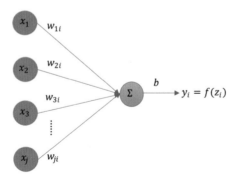

图 7-2 神经元

7.2.1 激活函数

常用的激活函数有 Sigmoid、Tanh 和 ReLU 等。

Sigmoid 函数及其求导如下：

$$f(z) = \frac{1}{1 + e^{-z}} \tag{7-2}$$

$$f'(z) = \left(\frac{1}{1 + e^{-z}}\right)' = f(z)(1 - f(z)) \tag{7-3}$$

Sigmoid 函数将实数压缩到 0 和 1 之间，其几何曲线如图 7-3 所示。

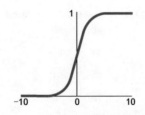

图 7-3　Sigmoid 函数的几何曲线

　　Sigmoid 函数单调递增，连续可导，其导数形式非常简单，所以它是一个比较合适的激活函数，在 DNN 中有着广泛的应用。但是它也有三个缺点：一是它的计算包含指数运算，并且在误差梯度的求导中需要使用除法，这使得计算变得很复杂；二是因过饱和导致梯度消失（输入值太大或太小，使得梯度趋近于 0）的问题难以解决，从而无法实现对深度网络模型的训练；三是函数的输出不以 0 为中心，使得上一层接收到不是以 0 为中心的数据，可能导致梯度下降晃动，这会使权重更新效率降低。

　　Tanh 函数可以解决上述第三个问题，其输出是以 0 为中心的。其数学公式如下：

$$\tanh(x) = \frac{\sinh(z)}{\cosh(z)} = \frac{e^z - e^{-z}}{e^z + e^{-z}} \tag{7-4}$$

　　如图 7-4 所示，Tanh 函数将实数映射到[-1,1]区间，可使差异较大的输入数值规整到有限范围内。

　　ReLU 函数的几何曲线如图 7-5 所示。其数学公式如下：

$$f(z) = \max(0, z) \tag{7-5}$$

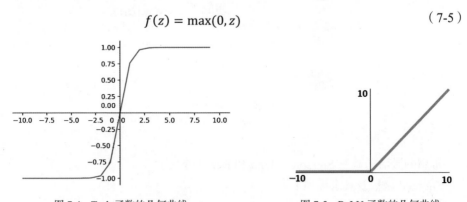

图 7-4　Tanh 函数的几何曲线　　　　　　图 7-5　ReLU 函数的几何曲线

　　ReLU 函数的主要优点是线性非饱和，其在梯度下降时有比 Sigmoid/Tanh 函数更快的收敛速度。另外，由于只需要判断是否大于 0，因此其计算速度也很快。其缺点有两个：一是输出不是以 0 为中心的；二是当输入是负数时，ReLU 函数是不会被激活的，相应的参数也不会更新，因此要小心设定学习率，不能将其设得太大。

　　对于二分类问题，输出层使用 Sigmoid 函数，其函数值恰好可以解释属于正类的概率（概率的取值范围是 0~1）。

对于多分类问题，输出层就要采用 Softmax 函数，其输出值代表输入值属于各个类的概率。Softmax 函数首先对所有输出值求和，然后对每个输出值进行规整。在实际计算时，为了避免指数运算溢出，可使每个输入值减去输入最大值z_{max}，如下所示。

$$f(z_i) = e^{(z_i - z_{max})} / \sum_{k=1}^{K} e^{(z_k - z_{max})} \tag{7-6}$$

7.2.2 损失函数

DNN 的训练需要使用损失函数，一般使用交叉熵或均方误差损失函数。其中均方误差损失函数主要用于回归（regression）问题，如语音增强任务。

交叉熵（Cross Entropy，CE）损失函数表示如下：

$$C = -\sum_i \hat{y}_i \ln y_i \tag{7-7}$$

$$y_i = f(z_i) = e^{z_i} / \sum_{k=1}^{K} e^{z_k} \tag{7-8}$$

其中，K是 DNN 输出层的节点数，i是输出层的节点索引，$\hat{y}_i$是真实的标签，z_i是 DNN 的输出层第i个节点的原始输出，y_i是其激活输出。

针对语音识别，需要考虑多帧特征，损失函数表示如下：

$$C = -\sum_t^T \sum_i \hat{y}_i(t) \ln y_i(t) \tag{7-9}$$

其中，T是特征序列的帧数。

7.2.3 梯度下降算法

训练 DNN 模型的目标是使训练数据能够在模型上获得尽可能一致的输入标签$\hat{y}_i$和激活输出y_i，换句话说，就是找到一个合适的模型系数$\{W, b\}$使期望损失C最小化。

$$\arg \min_{W,b} C \tag{7-10}$$

训练过程采用随机梯度下降（SGD）算法：

$$W' \leftarrow W - \varepsilon \Delta W \tag{7-11}$$

$$b' \leftarrow b - \varepsilon \Delta b \tag{7-12}$$

其中，ε是学习率。ΔW和Δb是求偏导，其推导过程如下：

$$\frac{\partial C}{\partial z_i} = \sum_j \frac{\partial C_j}{\partial y_j} \frac{\partial y_j}{\partial z_i} \tag{7-13}$$

$$\frac{\partial C_j}{\partial y_j} = \frac{\partial(-\hat{y}_j \ln y_j)}{\partial y_j} = -\hat{y}_j \frac{1}{y_j} \tag{7-14}$$

如果 $i = j$，则

$$\frac{\partial y_i}{\partial z_i} = \frac{\partial \frac{e^{z_i}}{\Sigma_k e^{z_k}}}{\partial z_i} = \frac{\Sigma_k e^{z_k} e^{z_i} - (e^{z_i})^2}{(\Sigma_k e^{z_k})^2} = \left(\frac{e^{z_i}}{\Sigma_k e^{z_k}}\right)\left(1 - \frac{e^{z_i}}{\Sigma_k e^{z_k}}\right) \tag{7-15}$$

$$= y_i(1 - y_i)$$

如果 $i \neq j$，则

$$\frac{\partial y_j}{\partial z_i} = \frac{\partial \frac{e^{z_j}}{\Sigma_k e^{z_k}}}{\partial z_i} = -e^{z_j}\left(\frac{1}{\Sigma_k e^{z_k}}\right)^2 e^{z_i} = -y_i y_j \tag{7-16}$$

$$\frac{\partial C}{\partial z_i} = \sum_{j \neq i} \frac{\partial C_j}{\partial y_j} \frac{\partial y_j}{\partial z_i} + \sum_{j=i} \frac{\partial C_j}{\partial y_j} \frac{\partial y_j}{\partial z_i} = \sum_{j \neq i}\left(-\hat{y}_j \frac{1}{y_j}(-y_i\,y_j) - \hat{y}_i \frac{1}{y_i}(y_i(1 - y_i))\right) \tag{7-17}$$

$$= y_i \sum_j (\hat{y}_j - \hat{y}_i)$$

假定标签 $\hat{y}_j$ 只有一个类别是 1，其他为 0，则 $\frac{\partial C}{\partial z_i} = y_i - \hat{y}_i$，进一步有

$$\Delta W = \nabla_W C = \frac{\partial C}{\partial W} = \frac{\partial C}{\partial z_i}\frac{\partial z_i}{\partial w_i} = (y_i - \hat{y}_i)\boldsymbol{x}^{\mathrm{T}} \tag{7-18}$$

$$\Delta b = \nabla_b C = \frac{\partial C}{\partial b} = \frac{\partial C}{\partial z_i}\frac{\partial z_i}{\partial b} = (y_i - \hat{y}_i) \tag{7-19}$$

如图 7-6 所示，通过 DNN 的反向传播，将输出层的误差依次向隐藏层到输入层传播，实现损失代价的逐层传递，并在每层分别调整权重和偏移量参数，直到期望损失函数值几乎不再更新，达到最小化的收敛状态为止。

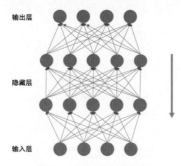

图 7-6　DNN 的反向传播

DNN 的训练准则是非凸的，初始化参数对模型的性能有很大的影响。每层节点的激活值都依赖上层的权重矩阵和上层的激活值，所以需要随机初始化，打破权重矩阵的对称性，使不同节点学习到不同的信息。考虑到有些激活函数（如 Sigmoid）在函数输入值（正负）较大时会导致梯度非常小，训练很慢，所以在初始化时参数应该随机取较小的值，加速训练。一般来说，初始化参数从均值为 0、方差为 $1/N_l$ 的高斯分布随机取值，N_l 是第 l 层的节点个数。

过拟合是在模型训练时经常遇到的问题，对于拥有巨量参数的 DNN 来说，该问题更严重。控制过拟合有非常多的方法，首先就是增加训练数据。但是有时训练数据较难获取，这时候可以使用一些正则化方法。比如使用基于 L1 和 L2 范数的正则化项，该方法也被称为权重衰减（weight decay）方法，其能够使一些权重接近于 0，此时过拟合状态就会向拟合状态转移。还有随机丢弃（dropout）正则化方法。假设 dropout 参数是 α，则以抛硬币的方式使得 α 的节点丢弃。该方法一般用于节点非常多的隐藏层，能够有效降低模型的复杂度。

7.3 DNN 与 HMM 的结合

在 DNN 之前，HMM 的观察值概率分布普遍使用 GMM 建模。不同音素（"a" … "o"）有不同的 HMM，每个 HMM 都有各自的发射状态（s_2、s_3、s_4），每个发射状态都有对应的 GMM（图 7-7 中有两个高斯分布）。但 GMM 本质上仍属于浅层结构，表征能力不够强，且要求特征元素之间相互独立。而 DNN 拥有更强的表征能力，能够对复杂的语音变化情况进行建模。因此，可用 DNN 替代 GMM，如图 7-7 所示。

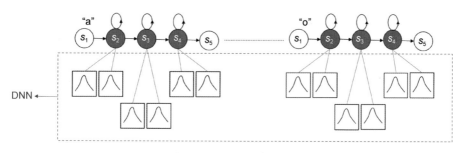

图 7-7　用 DNN 替代 GMM

DNN 的输出节点与 HMM 的状态节点一一对应，故可通过 DNN 的输出得到每个状态的观察值概率。HMM 的转移概率和初始状态概率保持不变。与 GMM-HMM 对应的 DNN-HMM 的表示如图 7-8 所示。

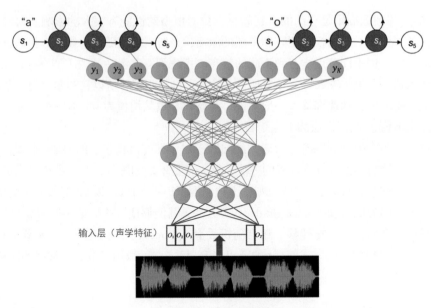

图 7-8　DNN-HMM

如图 7-8 所示，不同音素（"a" … "o"）的发射状态（s_2、s_3、s_4）被统一关联到 DNN 的输出节点，每个状态对应不同的输出节点（总共有 K 个，K 为所有发射状态的总个数）。当要计算某个音素的某个状态（如音素 "a" 的第 2 个状态，表示为 $a(2)$）对某一帧声学特征 o_t 的观察值概率 $p(o_t|a(2))$ 时，可用该状态对应的 DNN 输出节点的后验概率（图 7-8 中的 y_1）表示。

DNN 的优势在于能够对包含多帧数据的特征进行处理，表征更丰富的语音上下文变化特征，因此输入层往往先进行多帧拼接，再送入网络。如图 7-9 所示，如果每帧有 39 维，前后 9 帧则有 $39 \times 9 = 351$ 维拼接后的特征。

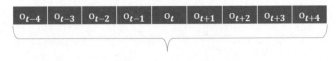

图 7-9　连续 9 帧拼接

而且相对于 GMM，DNN 对 HMM 中后验概率的估计不需要很苛刻的数据分布假设，特别是同一帧特征元素之间不需要相互独立，因此声学特征不一定要采用 MFCC 或 PLP，而是可以采用更原始的特征，如 FBank。

根据式（7-9），DNN 的训练是监督训练，训练数据需要有帧与输出节点（HMM 状态）的对齐标签，如图 7-10 所示。这种标签是帧级别的，靠人工完成是不可能的。因此，在进行 DNN-HMM 训练之前，需要借助其他模型如 GMM-HMM 来实现帧与状态的对齐。

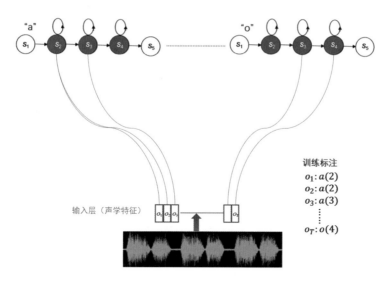

图 7-10　通过 GMM-HMM 实现帧与状态的对齐

DNN-HMM 的训练步骤如下：

（1）基于 GMM-HMM 系统，实现训练数据帧与状态的对齐。

（2）构建 DNN-HMM。

（3）优化 DNN-HMM，通过反向传播算法，从状态级别的帧对齐序列中得到 DNN 的参数。

具体过程如下：

（1）基于 GMM-HMM 系统，实现训练数据帧与状态的对齐。

如图 7-10 所示，通过 GMM-HMM 识别系统进行 Viterbi 对齐。比如帧o_1和o_2都对齐到音素 "a" 的第 2 个状态s_2，表示为$a(2)$；帧o_3对齐到 "a" 的第 3 个状态s_3，表示为$a(3)$。以此类推，最后一帧o_T对齐到音素 "o" 的第 4 个状态s_4，表示为$o(4)$。

（2）构建 DNN-HMM，将 GMM-HMM 的 HMM 提取出来作为 DNN-HMM 中的 HMM，GMM 用整个 DNN 替换，音素状态的后验概率则可以通过 DNN 的输出节点得到。

如图 7-11 所示，其中音素 "a" 的第 2 个状态s_2（表示为$a(2)$）产生帧o_1的概率用 DNN 的第一个输出节点值y_1表示，第 3 个状态s_3（表示为$a(3)$）产生帧o_1的概率用 DNN 的第二个输出节点值y_2表示，以此类推。这样，每一帧在每个音素的每个发射状态的后验概率，均可以通过 DNN 的前向传播得到，如$p(o_1|a(2)) = y_1$。

特别要注意的是，所有的音素 HMM 共用一个 DNN，这个 DNN 的输出节点数和 HMM 的所有发射状态数一致，该值在做 DNN 训练初始化的过程中与 HMM 对应时得到。假如普通话单音子按 65 个算，每个单音子有 3 个发射状态，总共有 195 个发射状态，则 DNN 的输出节点也是 195 个。如果采用三音子，状态数可达几千个，则 DNN 的输出节点也有几千个。

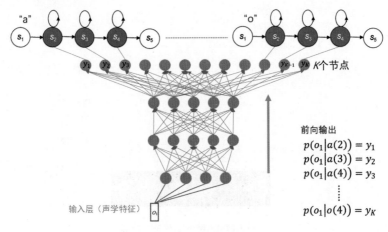

图 7-11   构建 DNN-HMM

如果使用 Sigmoid、Tanh 函数作为激活函数，则需要先进行无监督预训练初始化参数，使得参数处于一个较好的起点。如果使用 ReLU 函数作为激活函数，因为 fine-tuning 收敛很快，则可以跳过预训练这一步。

（3）优化 DNN-HMM，通过反向传播算法，从状态级别的帧对齐序列中得到 DNN 的参数。

根据第 1 步得到的训练标签，如 $o_1 \sim a(2): \hat{y}_1(1)$ 表示，第 1 帧 o_1 的对齐标签 $\hat{y}_1(1)$ 是音素 "a" 的第 2 个状态 $a(2)$，结合第 2 步得到的输出概率，基于式（7-9），即可计算出错误损失 $C = -\sum_t^T \sum_k^K \hat{y}_k(t) \ln y_k(t)$。然后通过这个损失进行反向传播，更新 DNN 各层的参数，如图 7-12 所示。

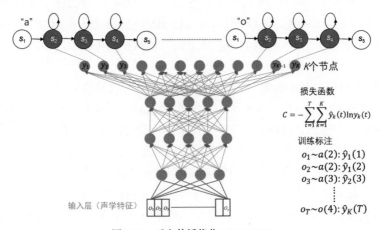

图 7-12   反向传播优化 DNN-HMM

7.4   不同的 DNN 结构

DNN-HMM 的 HMM 架构是通用的,其中 DNN 可使用不同的网络模型,如 CNN、LSTM、GRU/PGRU、TDNN 等。

7.4.1   CNN

语音信号除了包含上下文关联信息,还包含各种频率特征,这些频率特征在不同帧之间有差别,在每一帧内部也有差异。这些局部差异用传统的建模方式不能很好地捕捉到,那么如何使用神经网络来提取这些局部特征呢?

如图 7-13 所示,语音信号可以用语谱图来表示,因此可借鉴图像处理的方式,在时间轴和频率轴上提取局部特征。卷积神经网络(CNN)就是把语音模拟为二维"图像",通过比较小的感受视野来提取时域、频域的局部特征的。

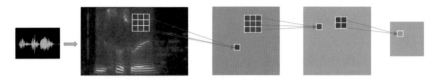

图 7-13   深度 CNN 提取时域、频域的局部特征

如图 7-14 所示,假设输入的声学特征是 40 维的 FBank,在时间轴上每一格表示一帧特征,共有 50 帧,因此输入的特征维度为 40×50。

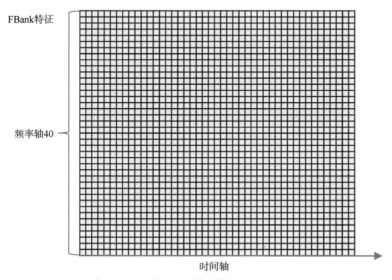

FBank特征

频率轴40

时间轴

图 7-14   输入特征

如图 7-15 中红色框所示,我们定义一个 3×3 的感受视野,即取频率轴的 3 维、

时间轴的连续 3 帧。感受视野的权重**W**矩阵称为 CNN 的滤波器（filter）或卷积核，即特征提取器。**W**矩阵与输入特征进行点乘，得到一个输出值，作为新特征。

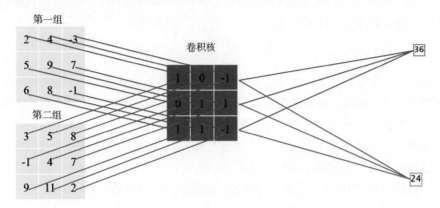

图 7-15　一个卷积核（3×3）的点乘计算

在扫描感受视野时，可以计算下一层神经元的值，图 7-15 中第一组和第二组的输入特征与**W**矩阵（卷积核参数）的点乘计算过程如下：

第一组：$2×1+4×0+(-3)×(-1)+5×0+9×1+7×1+6×1+8×1+(-1)×(-1)=36$

第二组：$3×1+5×0+8×(-1)+(-1)×0+4×1+7×1+9×1+11×1+2×(-1)=24$

根据以上计算，由两组输入分别得到 36 和 24 作为输出的特征值。如果加上偏移量b，则 CNN 神经元的输出值为

$$\sum_{i=0}^{3}\sum_{j=0}^{3}w_{ij}x_{ij}+b \tag{7-20}$$

通过带有卷积核的感受视野扫描生成的下一层神经元矩阵，称为特征映射图（feature map）。同一个特征映射图上的神经元使用的卷积核是一样的，即共享权重矩阵和偏移量。

如图 7-16 所示，保持时间轴不变，使用同样的卷积核，犹如手电筒，在频率轴每 3 维扫描一次，输出一个新特征。

感受视野对输入的扫描间隔称为步长（stride）。如果频率轴步进为 1，FBank 特征维度为 40，则卷积核输出节点数为(40–3)/1+1=38，即 1 个卷积核输出 38 维特征映射图，如图 7-17 所示。

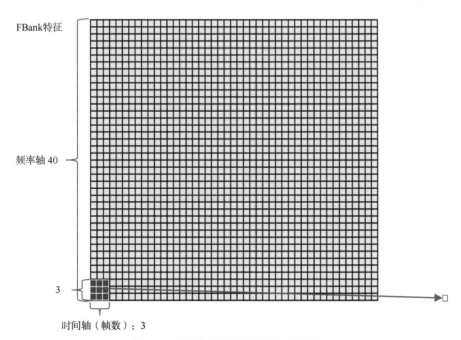

图 7-16　使用单个卷积核输出第一维特征

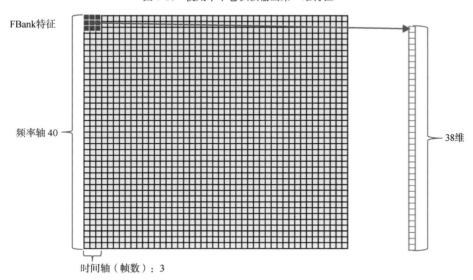

图 7-17　使用单个卷积核输出多维特征映射图

　　为了提取更丰富的局部特征，一般使用 N 个卷积核来同时提取特征，形成 $N \times 38$ 特征矩阵。如图 7-18 所示，采用 64 个卷积核，输出 64 组 38 维特征映射图。

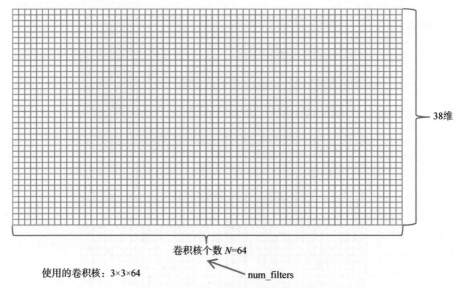

图 7-18　使用 N 个卷积核输出特征映射图

对于以卷积核输出的特征映射图，一般再通过最大池化（max-pooling）输出等方式进一步压缩，来提取更精简的特征，如图 7-19 所示。

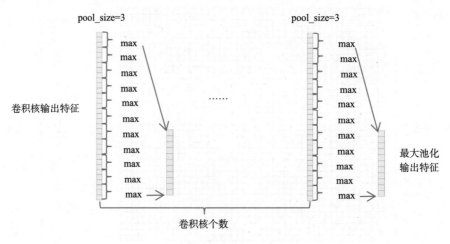

图 7-19　CNN 的最大池化过程

7.4.2　LSTM

1997 年，一种被称为长短时记忆（LSTM）[1]的结构被引入 RNN 中。LSTM 的单元内部结构如图 7-20 所示。

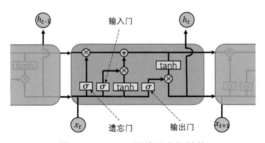

图 7-20　LSTM 的单元内部结构

　　LSTM 可以通过三个特殊的门控结构来选择增加或者减少细胞状态信息，从而实现对重要信息的保留和对不重要信息的过滤。门控结构是通过 Sigmoid 函数实现的，因为 Sigmoid 函数输出的是一个 0~1 的值，这个值用来描述有多少信息可以通过该门，0 表示完全不通过，1 表示所有的都通过。用来控制是否遗忘的门叫"遗忘门"；负责处理序列当前位置输入的门叫"输入门"；负责控制当前输出的门叫"输出门"。LSTM 很适合从输入时间序列中学习，从而获得对序列进行分类、处理、预测的能力。

7.4.3　GRU

　　由于 LSTM 中的三个门控结构对模型学习能力的贡献不尽相同，因此，如果将贡献较小、存在感较低的门控结构及其对应的权重矩阵移除，那么应该就可以在精简模型结构的同时，提升网络的学习效率。基于以上理念，研究者在 2014 年提出了另一种被称为门控循环单元（Gated Recurrent Unit，GRU）网络[2]的 RNN 变体。GRU 的单元内部结构如图 7-21 所示。

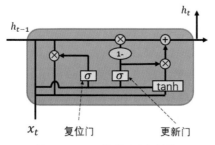

图 7-21　GRU 的单元内部结构

　　GRU 内只包含两个门控结构，即复位门和更新门。作为 LSTM 的改进版，GRU 的更新门是由 LSTM 的遗忘门和输入门合并而成的，一个更新门就实现了 LSTM 两个门的功能，再加上其他一些改进设计，使得 GRU 的模型结构比 LSTM 的更为简单、轻便。

　　对于实际应用来说，LSTM 和 GRU 两者差别并不大，因此选择使用 LSTM 还是 GRU，要根据任务要求具体问题具体分析。不过有研究表明，在模型训练的收敛时间和所需的 epoch 上，GRU 比 LSTM 要更胜一筹。由于 GRU 比 LSTM 少一个门控结构,参数量和矩阵的乘法运算量都相应地比 LSTM 更少,所以 GRU 的训练比 LSTM 更容易,还能节省许多时间。在训练数据有限的情况下,GRU 甚至可以取得比 LSTM 更好的效果。

7.4.4　TDNN

1989 年,Waibel 等人提出了时延神经网络（TDNN）[3],并在实验中证实 TDNN 相比于 HMM 有更好的表现。TDNN 的两个最主要的特点是可以适应动态时域特征变化和具有较少的参数。传统 DNN 的层与层之间是全连接的,TDNN 的改变在于隐藏层的特征不仅只与当前时刻的输入有关,还与过去时刻和未来时刻的输入有关。TDNN 每层的输入都通过下层的上下文窗口获得,因此其能够描述上下层节点之间的时间关系。如图 7-22 所示就是一个典型的时延神经网络。

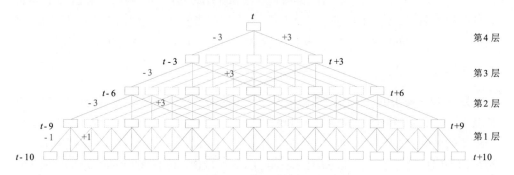

图 7-22　时延神经网络

在图 7-22 中,一个小矩形表示一个时间段内的所有节点,蓝色/红色连接线则代表两层之间的权重矩阵。网络上下文关系描述为(–1,0,+1)、(–3,0,+3)、(–3,0,+3)、(–3,0,+3)。(–1,0,+1)的意义就是从第 1 层开始,将当前帧与过去一帧和未来一帧的节点拼接成 3 帧的节点,作为第 2 层的输入节点,其相当于 1 维的 CNN(卷积核为3 × 1)。第 2 层的输出节点数可以自己定义,输出通过仿射变换得到。第 1 层和第 2 层的权重矩阵是一个 $M×N$ 矩阵,M 是第 2 层的输出节点数,N 是拼接后第 1 层的输出节点数。

假设使用 40 维的 FBank 特征,第 1 层是输入层,那么第 1 层的节点为 40×3=120 维;如果定义第 2 层的输出层为 512 维,那么这两层之间的权重矩阵是一个 512×120 矩阵。每层经过仿射变换后,与 DNN 一样,会有一个激活函数作为该层的总输出,以此增加非线性因素。(–3,0,+3)与(–1,0,+1)类似,是将下一层的当前帧与过去的第 3 帧和未来的第 3 帧节点拼接,作为下一层的输入节点。上层也是同理,这里的(–m,0,+n)表示当前时刻与当前时刻的前 m 时刻和当前时刻的后 n 时刻,是一个前后关联的离散时刻序列。这样既可以使 TDNN 具有时间信息,又能使 TDNN 保持非全连接,从而降低复杂度。

除此之外，还可以对网络进行降采样（sub-sampling），如图 7-22 中红色部分便是对网络的降采样，这能够快速提升 TDNN 训练的效率，还能够在保持识别性能的情况下精简网络模型。

TDNN 本质上可以被看作 1 维形式的卷积神经网络（1-dimension CNN），其因为自身优良的性能和高效的运算机制而备受好评，在与语音相关的许多研究方向上都有用武之地，并且取得了很大的成功。

参照 Kaldi 的配置文件，采用 40 维 FBank 特征，我们列举两个 TDNN 例子。第 1 个例子用于语音识别，TDNN 的结构信息如表 7-1 所示。表中第 1 行将输入层配置为 40 个节点。

表 7-1 TDNN（针对语音识别）的结构信息

input dim=40 name=input
relu-batchnorm-layer name=tdnn1 dim=625
relu-batchnorm-layer name=tdnn2 input=Append(-1,0,1) dim=625
relu-batchnorm-layer name=tdnn3 input=Append(-1,0,1) dim=625
relu-batchnorm-layer name=tdnn4 input=Append(-3,0,3) dim=625
relu-batchnorm-layer name=tdnn5 input=Append(-3,0,3) dim=625
relu-batchnorm-layer name=tdnn6 input=Append(-3,0,3) dim=625
relu-batchnorm-layer name=prefinal-chain input=tdnn6 dim=625 target-rms=0.5
output-layer name=output include-log-softmax=false dim=3759 max-change=1.5
output-layer name=output-xent include-log-softmax=true dim=3759 max-change=1.5

可以看出，这个 TDNN 共采用 6 个隐藏层，每个隐藏层的输出节点都是 625 维。第 1 个隐藏层接收 40 维的输入层节点向量，经过 625×40 维的权重矩阵计算后得到 625 维输出，再使用 ReLU 函数作为激活函数，并进行批处理规整（batchnorm）计算。第 3 行的 Append(-1,0,1) 表示，第 1 个隐藏层当前帧的输出节点与左、右各偏移一帧的输出节点拼接后作为第 2 个隐藏层的输入节点（共 1875 个节点），再经过 625×1875 矩阵映射后得到同样 625 维的仿射变换输出，然后依旧通过 ReLU 函数后作为该层的输出向量。其他行代表的含义与之相同。由 2 个 (-1,0,1) 和 3 个 (-3,0,3) 的拼接可以看出，该 TDNN 共采用了前 11 帧和后 11 帧的信息。输出层为有相同节点数的两层孪生网络，每一层节点数都为 3759 个，表示对应的概率密度函数索引（pdf-id）共有 3759 个。一层不经过处理，直接在仿射变换上进行输出；另一层进行了 log-softmax 输出。每个节点的输出都对应负对数后验概率。

第 2 个例子用于语音唤醒，模型要小型化。TDNN 的结构信息如表 7-2 所示，包含 3 个隐藏层，每个隐藏层有 128 个节点，输出层有 3 个节点。

表 7-2　TDNN（针对语音唤醒）的结构信息

input dim=40 name=input

relu-batchnorm-layer name=tdnn1 input=Append(-15,-14,-13,-12,-11,-10,-9,-8,-7,-6,-5,-4,-3,-2,-1,0,1,2,3,4,5) dim=128

relu-batchnorm-layer name=tdnn2 input=Append(-10,-8,-6,-4,-2,0,3) dim=128

relu-batchnorm-layer name=tdnn3 input=Append(-5,2) dim=128

output-layer name=output dim=3 max-change=1.5

　　每次使用包括当前帧和其前 30 帧、后 10 帧的上下文一共 41 帧大小的滑动窗口来截取语音段，所以每次都会有 41 帧的 40 维特征向量被送入 TDNN 的输入层中。按照(-15,-14,-13,-12,-11,-10,-9,-8,-7,-6,-5,-4,-3,-2,-1,0,1,2,3,4,5)的上下文关系，输入层从当前帧的前第 15 帧开始被拼接到当前帧的后第 5 帧，拼接帧长 21 帧，节点数为 40×21=840 个。第 1 个隐藏层的单元节点数为 128 个，从 840 个节点变化为 128 个，那么第 1 个隐藏层就需要一个 840×128 的权重矩阵，参数量为 840×128=107520 个。同时可以算出第 1 个隐藏层的帧数将减少到 41-21+1=21 帧，每帧 128 维。接着按照(-10,-8,-6,-4,-2,0,3)的上下文关系，第 1 个隐藏层拼接当前帧和其前第 10 帧、前第 8 帧、前第 6 帧、前第 4 帧、前第 2 帧、后第 3 帧，拼接帧长 7 帧，节点数为 128×7=896 个。第 2 个隐藏层的单元节点数还是 128 个，从 896 个节点变化为 128 个，那么第 2 个隐藏层就需要一个 896×128 的权重矩阵，参数量为 896×128=114688 个。第 2 个隐藏层的帧数将减少到 21-14+1=8 帧，每帧 128 维。继续按照(-5,2)的上下文关系拼接第 2 个隐藏层的当前帧和其前第 5 帧、后第 3 帧，拼接帧长 3 帧，节点数为 128×3=384 个。第 3 个隐藏层的单元节点数依然是 128 个，从 384 个节点变化为 128 个，那么第 3 个隐藏层就需要一个 384×128 的权重矩阵，参数量为 384×128=49152 个。第 3 个隐藏层的帧数将减少到 8-8+1=1 帧，每帧 128 维。由于输出标签只有 3 个，故最后一行的输出节点数就设定为 3，从第 3 个隐藏层到输出层，还需要一个能够将 128 维向量转换为最终的 3 维向量的权重矩阵，矩阵大小为 128×3，参数量为 128×3=384 个。这样算下来，总的参数量约为 27 万个，相比于现在动辄上百万参数量的网络，TDNN 参数少的特点尽显无遗。

7.4.5　TDNN-F

　　2018 年，著名的语音学者 Daniel Povey 对 TDNN 做了进一步的改进，提出了因子分解的 TDNN，即带有半正交矩阵的 TDNN-F[4]，如图 7-23 所示。

　　TDNN-F 建立在奇异值分解（Singular Value Decomposition，SVD）的基础上。作为最著名的矩阵分解方法，SVD 是减小已训练的模型大小的一种有效方法，因为通过 SVD 可以将每个权重矩阵分解为两个因子矩阵，通过丢弃相对更小的奇异值，优化网络参数。

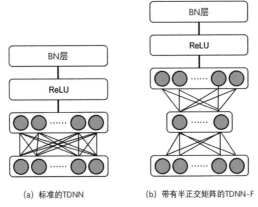

(a) 标准的TDNN   (b) 带有半正交矩阵的TDNN-F

图 7-23   TDNN-F 相比标准的 TDNN 增加了中间层

TDNN-F 的内部结构与经过 SVD 压缩的 TDNN 是相同的。虽然经过 SVD 压缩的 TDNN 在随机初始化后，直接训练带有瓶颈层的模型会更高效，但是训练不稳定的问题时有发生。为了避免这种情况，TDNN-F 会在进行完 SVD 后，将两个因子矩阵中的一个约束为半正交矩阵。这种做法既符合 SVD 的要求和特点，也不会损失网络的建模能力。

假如原来 M 是 128×128 矩阵，通过因子分解，得到的 A 为 128×32 矩阵，B 为 32×128 矩阵，其中 32 是中间瓶颈层的节点数。这样网络参数量从 128×128 个减少到 128×32×2 个，即从 16384 个减到 8192 个，权重运算量也会大为减少。

随着网络的加深，为了减少梯度消失的情况，在 TDNN-F 中还增加了跳层连接，即将之前层的输出加上当前层的输出作为下一层的输入。这种构造与残差结构类似，目的都是为了减少梯度消失的情况。同时，为了防止模型过拟合，在每个 TDNN-F 的单元结构中还添加了 dropout 层。

参考 Kaldi 的配置文件，采用 40 维 FBank 特征，TDNN-F 的结构信息如表 7-3 所示。我们解释一下 tdnnf-layer 的参数。

- l2-regularize：设置 L2 正则系数。
- dropout-proportion：设置丢弃（dropout）的比例。
- bypass-scale：设置跳层连接时针对上一层输出节点的尺度，默认值为 0.66，其不应该大于 1。当将其设置为 0 时，则表示不进行跳层连接操作。
- bottleneck-dim：设置分解矩阵后的维度。
- time-stride：控制时间维度拼接，time-stride=1 表示在线性层使用左偏移 Append(−1,0)，在仿射变换时使用右偏移 Append(0,1)。当设置 time-stride 为负数时，如−1，则表示先使用右偏移，再使用左偏移。

表 7-3　TDNN-F 的结构信息

tdnnf-layer name=tdnnf1 l2-regularize=0.01 dropout-proportion=0.0 bypass-scale=0.0 dim=1536 bottleneck-dim=256 time-stride=0

tdnnf-layer name=tdnnf2 l2-regularize=0.01 dropout-proportion=0.0 bypass-scale=0.66 dim=1536 bottleneck-dim=160 time-stride=1

tdnnf-layer name=tdnnf3 l2-regularize=0.01 dropout-proportion=0.0 bypass-scale=0.66 dim=1536 bottleneck-dim=160 time-stride=1

tdnnf-layer name=tdnnf4 l2-regularize=0.01 dropout-proportion=0.0 bypass-scale=0.66 dim=1536 bottleneck-dim=160 time-stride=1

　　为了提高识别性能，TDNN-F 还可与 CNN 组合——先使用 CNN 提取局部频域特征，再使用 TDNN-F 提取上下文的时域特征。图 7-24 给出了 1 层 CNN + 7 层 TDNN-F 的例子，还可增加 CNN 和 TDNN-F 的层数，以进一步提升识别效果。

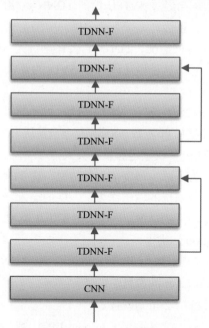

图 7-24　TDNN-F 与 CNN 的组合网络

7.5　本章小结

　　本章详细介绍了用于语音识别的 DNN-HMM 的架构，其中所有的音素 HMM 共用一个 DNN，DNN 的输出层节点对应 HMM 的每个发射状态。DNN 相比统计模型 GMM，具有更强的表征能力，能够对复杂的语音变化情况进行建模。本章还具体描述了 DNN-HMM 的训练步骤，包括帧与状态的对齐过程、DNN 的反向传播过程等。

DNN 可以有不同的网络结构，本章重点介绍了语音识别中常用的 CNN、LSTM、GRU、TDNN 和 TDNN-F 模型。其中，CNN 把语音模拟为二维"图像"，通过比较小的感受视野，提取时域、频域的局部特征；TDNN 每层的输入都通过下层的上下文窗口获得，因此其能够描述上下层节点之间的时间关系；TDNN-F 是 TDNN 的因子分解版本，它可有效减少模型参数量，并提升识别效果。

参考文献

[1] HOCHREITER S, SCHMIDHUBER J. Long Short-Term Memory[J]. Neural Computation, 1997, 9(8): 1735-1780.

[2] CHO K, MERRIENBOER B V, GULCEHRE C, et al. Learning Phrase Representations Using RNN Encoder-Decoder for Statistical Machine Translation[J]. arXiv: Computation and Language, 2014.

[3] WAIBEL A, HANAZAWA T, HINTON G E, et al. Phoneme Recognition Using Time-delay Neural Networks[J]. IEEE Transactions on Acoustics, Speech, and Signal Processing, 1989, 37(3): 393-404.

[4] POVEY D, CHENG G, WANG Y, et al. Semi-Orthogonal Low-Rank Matrix Factorization for Deep Neural Networks[C]. Conference of the International Speech Communication Association (INTERSPEECH), 2018.

思考练习题

1. 使用 Python 或 C 代码实现一个基于 DNN-HMM 的语音识别系统（数字或命令词），要求观察值用 DNN 计算，系统包括特征提取、模型训练和语音识别的过程，并与 GMM-HMM 结果进行对比。

2. 关于 DNN 训练有哪些损失函数？请针对语音识别的任务，写出数学公式，并解释其含义。

3. 请对比 DNN-HMM 和 GMM-HMM 的差别。试画出一个 DNN-HMM 完整的示意图，输出层节点要与 HMM 状态一一对应。输出层节点有几个，要表示出来。

4. 请对比 TDNN 和 CNN、LSTM 的相似与差异之处，理解 TDNN-F 的原理，并做实验对比 CNN、LSTM、TDNN、TDNN-F 任意两种的性能差异。

第 8 章
语言模型

语音识别的任务是：根据输入的观察值序列O，找到最可能的词序列$\widehat{W}$。按照贝叶斯准则，对识别任务做如下转化：

$$\widehat{W} = \arg\max_{W} P(W|O) = \arg\max \frac{P(W)P(O|W)}{P(O)} \tag{8-1}$$

其中，$P(O)$和识别结果 W 无关，可忽略不计。因此，对$\widehat{W}$的求解进一步简化为

$$\widehat{W} = \arg\max_{W} P(W)P(O|W) \tag{8-2}$$

要找到最可能的词序列，必须使式（8-2）右侧两项的乘积最大。其中，$P(O|W)$由声学模型决定，$P(W)$由语言模型决定。语言模型用来表示词序列出现的可能性，用文本数据训练而成，是语音识别系统重要的组成部分，如图 8-1 所示。

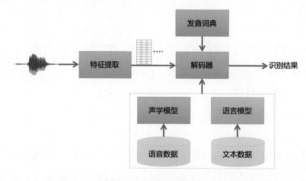

图 8-1 语音识别框架

语言模型可以基于语法规则，也可以基于统计方法。基于语法规则的语言模型来源于语言学家掌握的语言学知识和领域知识，或者根据特定应用设定语法规则，一般仅能约束有限领域内的句子。而基于统计方法的语言模型，通过对大量的文本语料进行处理，获取给定词序列出现的概率分布，以客观描述词与词组合的可能性，适合处理大规模真实文本。

统计语言模型已被广泛应用于语音识别、机器翻译、文本校对等多个领域。特别是针对大词汇量连续语音识别（LVCSR）系统，也就是"自由说"的应用场景，光靠声学模型是很难精准识别的，存在多音字或各种混淆结果，因此语言模型起着非常关键的作用，可以有效约束识别句子的词组合关系。

而要训练适用性强的统计语言模型，需要大量的文本语料，这些语料要包含不同的句子，能覆盖用户的各种表达方式，如图 8-2 所示。

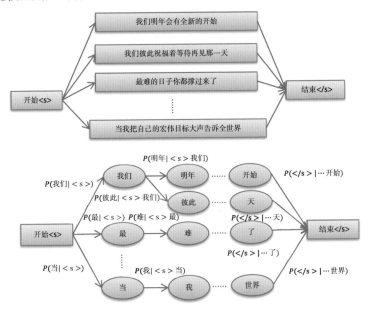

图 8-2　词与词之间的组合概率关系

所有的句子都有开始位置和结束位置，分别用<s>和</s>表示，可认为这两个特殊标记是两个词。语言模型刻画词与词之间的组合可能性，通过分词，将句子进一步转换为词与词之间的组合概率关系。

统计语言模型的目标是计算出给定词序列$w_1, w_2, \cdots, w_{t-1}, w_t$的组合概率：

$$P(W) = P(w_1 w_2 \cdots w_{t-1} w_t)$$
$$= P(w_1)P(w_2|w_1)P(w_3|w_1 w_2) \cdots P(w_t|w_1 w_2 \cdots w_{t-1}) \tag{8-3}$$

其中，条件概率$P(w_1), P(w_2|w_1), P(w_3|w_1 w_2), \cdots, P(w_t|w_1 w_2 \cdots w_{t-1})$就是语言模型的参数。计算这些概率值的复杂度较高，特别是长句子的计算量很大，因此需要进行简化，一般采用最多n个词组合的n-gram 模型。

8.1　n-gram 模型

n-gram 模型最早由 Fred Jelinek 和他的同事在 1980 年提出，用来表示n个词之间的组合概率。在n-gram 模型中，每个预测变量w_t只与长度为$n-1$的上下文有关：

$$P(w_t|w_1 w_2 \cdots w_{t-1}) = P(w_t|w_{t-n+1} w_{t-n+2} \cdots w_{t-1}) \tag{8-4}$$

即n-gram 预测的词概率值依赖前$n-1$个词，更长距离的上下文依赖被忽略。考虑到计算代价，在实际应用中一般取$1 \leqslant n \leqslant 5$。

当$n = 1, 2, 3$时，相应的模型分别称为一元模型（unigram）、二元模型（bigram）和三元模型（trigram）。

一元模型和多元模型有明显的区别：一元模型没有引入"语境"，对句子的约束最小，其中的竞争最多；而多元模型对句子有更好的约束能力，解码效果更好。例如以下句子，通过多元模型约束可以得到正确的选择：

[我 把 视 图 打 开] √

[我 把 试 图 打 开] ×

但是相应地，n越大，语言模型就越大，解码速度也就越慢。

语言模型的概率均通过大量的文本语料估计得到。针对一元模型，可简单地计算词的出现次数。例如，有以下文本语料：

"我们明年会有全新的开始"

"我们彼此祝福着等待再见那一天"

"最难的日子你都撑过来了"

……

"当我把自己的宏伟目标大声告诉全世界"

假设以上语料有 1000 个句子，总共有 20000 个词，其中：

- "我们"出现 100 次，"明年"出现 30 次，"日子"出现 10 次，……
- 总共有 21000 个词标签，其中包括 1000 个结束符</s>。

假设有如表 8-1 所示的词出现次数的统计结果。

表 8-1 词出现次数的统计结果

词	我们	明年	日子	会	……	世界
出现次数	100	30	10	8	……	3

则一元模型的计算如下：

- $P($"我们"$) = 100/21000$
- $P($"明年"$) = 30/21000$
- $P($"日子"$) = 10/21000$
- $P(</s>) = 1000/21000$

即出现"我们"这个词的概率为 1/210，出现"明年"这个词的概率为 3/2100，出现"日子"这个词的概率为 1/2100。可见，在这三个词中，"我们"最有可能出现。

一元模型示意图如图 8-3 所示。

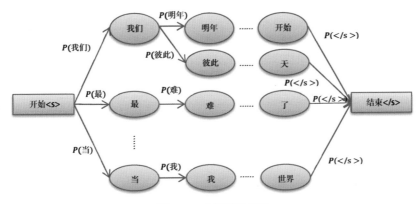

图 8-3　一元模型示意图

接下来我们看二元模型的计算。假设这 1000 个句子中出现两个词的组合情况如下：

- 10 个句子以"我们"开头，5 个句子以"明天"开头，……
- 2 个句子以"日子"结尾，……
- "我们明年"出现 1 次，"我们彼此"出现 3 次，……

则二元模型的计算如下：

- $P($"我们"$|$<s>$) = 10/1000$
- $P($"明天"$|$<s>$) = 5/1000$
- $P($</s>$|$"日子"$) = 2/10$（"日子"出现 10 次）
- $P($"明年"$|$"我们"$) = 1/100$（"我们"出现 100 次）
- $P($"彼此"$|$"我们"$) = 3/100$

于是，得到如表 8-2 所示的词与词的组合概率。

表 8-2　词与词的组合概率

	我们	明天	日子	明年	彼此
<s>	0.01	0.005	0	0	0
我们	0	0	0	0.01	0.03
明天	0	0	0	0	0

可以看出，"我们 明年""我们 彼此"组合的概率较大。注意，"<s> 我们"也算两个词的组合。

二元模型的组合关系如图 8-4 所示。

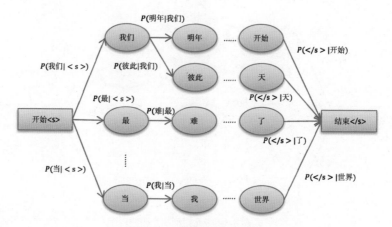

图 8-4　二元模型的组合关系

三元模型用来表示前后三个词之间的组合可能性，其概率计算公式为

$$P(w_3|w_1w_2) = \text{count}(w_1w_2w_3)/\text{count}(w_1w_2)$$　　　（8-5）

假设"我们明天"出现 2 次，"我们明天开始"出现 1 次，则

$$P\Big("开始" \mid "我们\ 明天"\Big) = 1/2$$

当句子只有一个词时，例如"是"，其实它也表示三个词，即"<s> 是 </s>"，因此要单独识别"是"，也得有这样的句子。

三元模型的概率关系如图 8-5 所示。

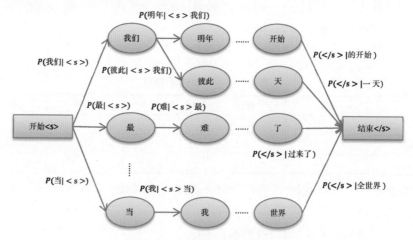

图 8-5　三元模型的概率关系

在 n-gram 模型中，每一个词的出现次数只依赖它前面的 $n-1$ 个词，这降低了整个语言模型的复杂度。n 的取值越大，区分性越好，但同时文本实例变少降低了可靠性，因此往往需要权衡区分性和可靠性。总体上，三元模型比较合适，因此其被广泛使用。

8.2 评价指标——困惑度

确定语言模型的好坏，最直观的方法是将该模型运用到实际应用中，看看它的表现。但这种方法不好量化，不够客观。

目前主要使用困惑度（perplexity，PPL）进行对比，这个评价指标比较客观。给定句子 W，其包含词序列 $w_1, w_2, \cdots, w_T$，T 是句子长度，则困惑度表示为

$$\text{PPL}(W) = P(w_1 w_2 \cdots w_T)^{-\frac{1}{T}} = \sqrt[T]{\frac{1}{P(w_1 w_2 \cdots w_T)}} \qquad (8\text{-}6)$$

PPL 越小，句子 W 出现的概率就越大，表明语言模型越好。基于给定的目标文本，表 8-3 给出了一元模型、二元模型、三元模型的困惑度对比，其中三元模型的困惑度最低，表示它对目标文本的匹配度最高，预测能力最好。

表 8-3　语言模型的困惑度对比

n-gram	一元模型	二元模型	三元模型
困惑度	9568	2374	1686

8.3 平滑技术

语言模型的概率需要通过大量的文本语料来估计，采用最大似然算法。但由于统计语料有限，所以会存在数据稀疏的情况，这可能导致零概率或估计不准的问题。因此，对于语料中未出现或少量出现的词序列，需要采用平滑技术进行间接预测。

概括起来，平滑技术主要有三种。

（1）折扣法（discounting）：从已有词的观察概率调配一些给未出现词的观察概率，如 Good-Turing（古德-图灵）折扣法[1]、Witten-Bell 折扣法[2]。

（2）回退法（back-off）：基于低阶模型估计未观察到的高阶模型，如 Katz 回退法[3]。

（3）插值法（interpolation）：将高阶模型和低阶模型进行线性组合，如 Jelinek-Mercer 插值法[4]；也可进行非线性组合，如 Kneser-Ney 插值法[5]及其改进版[2,6]。

8.3.1 Good-Turing 折扣法

Good-Turing 折扣法是指从已有词的观察概率调配一些给未出现词的观察概率。设总词数为 N，出现 1 次的词数为 N_1，出现 C 次的词数为 N_C，因此有

$$N = \sum_C C N_C \qquad (8\text{-}7)$$

平滑后，出现次数 C 被替换为 $C^* = \frac{(C+1)N_{C+1}}{N_C}$，其对应的概率为

$$P_{\text{GT}} = \frac{C^*}{N} \tag{8-8}$$

例如，给定分词后的句子语料（假设只有两个句子）如下：

- "我们 明年 会 有 全新 的 开始"
- "我们 彼此 祝福 着 等待 再见 那 一 天"

统计词频数："我们"出现 2 次，"明年"出现 1 次，……，"天"出现 1 次。

折扣前：$N = 16$，$N_1 = 14$，$N_2 = 1$

折扣后：$C_1^* = \frac{(1+1)N_2}{N_1} = \frac{2}{14}$。为了标识清楚，这里用 C_1^* 表示出现 1 次的折扣后次数。因为 $N_3 = 0$，根据折扣公式，C_2^* 也变为 0。

折扣后概率：$P_0^* = \frac{N_1}{N} = \frac{14}{16}$，$P_1^* = \frac{C_1^*}{N} = \frac{2}{14 \times 16}$。其中，$P_0^*$ 表示未出现词的总概率。

在实际应用中，出现次数太少的词组合并不可靠。假定这种组合最小次数为 gtmin，最大次数为 gtmax，一种改进办法是把 gtmin $< C <$ gtmax 的 n-gram 削减掉，并采用校正因子，分配给未出现的 n-gram。针对二元模型，令 $C(w_{t-1}w_t)$ 代表 w_{t-1} 和 w_t 两个词组合的次数，校正后 Good-Turing 折扣法的计算过程如下：

（1）计算 Good-Turing 新计数。

$$C^*(w_{t-1}w_t) = (C(w_{t-1}w_t) + 1) \frac{N_{(C(w_{t-1}w_t)+1)}}{N_{C(w_{t-1}w_t)}} \tag{8-9}$$

（2）计算校正因子 A。

$$A = (\text{gtmax} + 1) \frac{N_{(\text{gtmax}+1)}}{N_1} \tag{8-10}$$

（3）计算折扣率 d。

$$d = \frac{\frac{C^*(w_{t-1}w_t)}{C(w_{t-1}w_t)} - A}{1 - A} \tag{8-11}$$

（4）最大似然估计。

$$P(w_t|w_{t-1}) = \begin{cases} \frac{C(w_{t-1}w_t)}{C(w_{t-1})}, & C(w_{t-1}w_t) > \text{gtmax} \\ d\frac{C(w_{t-1}w_t)}{C(w_{t-1})}, & \text{gtmin} \leqslant C(w_{t-1}w_t) \leqslant \text{gtmax} 且 d > 0 \\ \frac{C(w_{t-1}w_t)}{C(w_{t-1}) + 1}, & d < 0 \end{cases} \tag{8-12}$$

利用上述 4 个公式来计算二元模型。当折扣率 $d < 0$ 时，直接采用简化的计算公式，即分母加 1。

由于 Good-Turing 折扣法没有考虑高阶模型和低阶模型之间的关系，所以一般不单独使用，而是作为其他平滑技术的一种配套方法。

8.3.2 Witten-Bell 折扣法

针对语料或词汇量太少的场景，也可采用 Witten_Bell 折扣法。针对二元模型，Witten-Bell 概率计算如下：

$$P(w_{t-1}w_t) = \frac{C(w_{t-1}w_t)}{C(w_{t-1\_}) + n[w_{t-1\_} *]} \tag{8-13}$$

其中，$n[w_{t-1\_} *]$代表w_{t-1}后接不同词的类数，同样的词只被归为一类。例如：

- "我们 明年 会 有 全新 的 开始"
- "我们 彼此 祝福 着 等待 再见 那 一 天"

其包含 "我们 明年" 和 "我们 彼此" 各一次，即 $C($"我们 明年"$) = 1$，$C($"我们 彼此"$) = 1$，则 $C[$"我们_"$] = 2$，$n[$"我们_*"$] = 2$。

假如 "我们 明年" 多出现一次，则 $C[$"我们_"$] = 3$，$n[$"我们_*"$] = 2$。

Witten-Bell 概率更通用的写法如下：

$$P(a\_z) = \frac{C(a\_z)}{C(a\_) + n[a\_ *]} \tag{8-14}$$

其中，$n[a\_ *]$代表a后接不同词的类数。

8.3.3 Katz 回退法

Katz 在 1987 年发表的论文[3]中，在 Good-Turing 折扣法的基础上提出了改进的平滑技术，其主要贡献是回退法。

例如，计算$P(w_t|w_{t-2}w_{t-1})$，当出现的三元统计次数不是很多时，可以采用 Good-Turing 折扣法进行平滑。当完全没有相关的三元统计时，可以使用二元语法来估计；如果没有相关的二元统计，那么就用一元模型来估计。

综合起来，采用 Katz 平滑技术的三元模型概率估计公式如下：

$$P(w_t|w_{t-2}w_{t-1}) = \begin{cases} \dfrac{C(w_{t-2}w_{t-1}w_t)}{C(w_{t-2}w_{t-1})}, & \text{当}C > C'\text{时} \\ d\dfrac{C(w_{t-2}w_{t-1}w_t)}{C(w_{t-2}w_{t-1})}, & \text{当}0 < C \leqslant C'\text{时} \\ \text{backoff}(w_{t-2}w_{t-1})P(w_t|w_{t-1}), & \text{其他} \end{cases} \tag{8-15}$$

其中，C是$C(w_{t-2}w_{t-1}w_t)$的简写，表示三个词同时出现的次数。C'是一个计数阈值，当$C > C'$时，直接采用最大似然法估计概率；当$0 < C < C'$时，则采用 Good-Turing 折扣法，其中d是折扣系数。$\text{backoff}(w_{t-2}w_{t-1})$是回退权重，计算回退权重，要先采用折扣法计算低阶统计概率，然后得到

$$backoff(w_{t-2}w_{t-1}) = \frac{1 - \sum_{w_t} P(w_t|w_{t-2}w_{t-1})}{1 - \sum_{w_t} P(w_t|w_{t-1})}$$

(8-16)

采用 Katz 回退法，训练好的语言模型格式如下：

```
\data
ngram 1=n1 # 一元模型
ngram 2=n2 # 二元模型
ngram 3=n3 # 三元模型

\1-grams:
pro_1 word1 back_pro1

\2-grams:
pro_2 word1 word2 back_pro2

\3-grams:
pro_3 word1 word2 word3

\end\
```

其中，pro_1 是一元模型（1-grams）的对数概率，pro_2 是二元模型（2-grams）的对数概率，pro_3 是三元模型（3-grams）的对数概率。一元模型和二元模型后面分别带有回退权重 back_pro1 和 back_pro2。

如果要得到三个词出现的概率 P(word3|word1,word2)，则根据以上语言模型，其计算过程如下：

```
if(存在(word1,word2,word3)的三元模型){
    return pro_3(word1,word2,word3) ;
}else if(存在(word1,word2)的二元模型){
    return back_pro2(word1,word2)*P(word3|word2) ;
}else{
    return P(word3 | word2);
}

if(存在(word1,word2)的二元模型){
   return pro_2(word1,word2);
}else{
   return back_pro2(word1)*pro_1(word2) ;
}
```

如果不存在(word1,word2,word3)的三元模型，则采用回退法，即结合回退权重 back_pro2(word1,word2)来计算：back_pro2(word1,word2)P(word3|word2)。比如"拨打 郑州 局"，如果语料库中没有这样的组合，即没有相应的三元模型，则查找"拨打 郑州"和"郑州 局"的组合概率和回退概率。注意，概率均为对数概率。假设值如下：

-3.220352　拨打 郑州　　　-0.4072262

-3.012735　郑州 局　　　　-0.3083073

则 P("拨打 郑州 局")=P("局 | 拨打 郑州")= back_pro2(拨打,郑州)P(局|郑州)= ln($e^{-0.4072262} \times e^{-3.012735}$)= −3.4199612。

再比如，"B 次"和"彼此"发音相似，要靠语言模型来区分它们。假设语言模型概率如下：

−2.685667	B	−0.0009000301
−3.544005	次	−1.345855
−4.67722	彼此	−0.5016796

因为没有"B 次"的组合概率，通过回退法，计算"B 次"的组合概率如下：

P("B 次")=P("次| B")=back_pro1(B)P(次)=ln($e^{-0.0009000301} \times e^{-3.544005}$)= −3.5449050301。

而"彼此"出现的概率为−4.67722，因此，如果语言模型没有训练好，就会存在"B 次"出现的概率比"彼此"出现的概念高的奇怪现象。

Katz 回退法和 Good-Turing 折扣法可以组合使用。例如，针对二元模型，合并计算过程如下：

（1）计算 Good-Turing 新计数。

$$C^*(w_{t-1}w_t) = (C(w_{t-1}w_t) + 1) \frac{N_{(C(w_{t-1}w_t)+1)}}{N_{C(w_{t-1}w_t)}} \tag{8-17}$$

（2）计算校正因子A。

$$A = (\text{gtmax} + 1) \frac{N_{(\text{gtmax}+1)}}{N_1} \tag{8-18}$$

（3）计算折扣率d。

$$d = \frac{\frac{C^*(w_{t-1}w_t)}{C(w_{t-1}w_t)} - A}{1 - A} \tag{8-19}$$

（4）计算 Katz 回退权重。

$$\text{backoff}(w_{t-1}) = \frac{1 - \sum_{w_t} P(w_t|w_{t-1})}{1 - \sum_{w_t} P(w_t)} \tag{8-20}$$

（5）最大似然估计。

$$P(w_t|w_{t-1}) = \begin{cases} \dfrac{C(w_{t-1}w_t)}{C(w_{t-1})}, & C(w_{t-1}w_t) > \text{gtmax} \\[2mm] d\dfrac{C(w_{t-1}w_t)}{C(w_{t-1})}, & \text{gtmin} \leqslant C(w_{t-1}w_t) \leqslant \text{gtmax} \text{ 且 } d > 0 \\[2mm] \dfrac{C(w_{t-1}w_t)}{C(w_{t-1}) + 1}, & \text{gtmin} \leqslant C(w_{t-1}w_t) \leqslant \text{gtmax} \text{ 且 } d < 0 \\[2mm] \text{backoff}(w_{t-1})P(w_t), & \text{其他} \end{cases} \tag{8-21}$$

针对一元模型到五元模型，gtmin默认值可设为 1、1、2、2、2，gtmax则为 1、7、7、7、7。当$N_{(\text{gtmax}+1)}$ 为 0 时，可再减小gtmax，直至$N_{(\text{gtmax}+1)} > 0$。

需要注意的是，当分子为 0 时，回退权重就为 0，即回退概率为 0。这意味着，我们看到了包含这个前缀的所有组合。然而，训练的文本不可能包含所有的组合，所以需要给回退概率分配一定的值，这时就需要对之前计算的概率进行分母修正，使概率小一点儿，这样概率之和小于 1，回退权重就会大于 0，回退概率也会大于 0。因此，在计算backoff的时候，如果分子为 0，则对相关的概率值计算使分母加 1，并修改对应的n-gram 的似然估计值（分母加 1）。

8.3.4　Jelinek-Mercer 插值法

Jelinek-Mercer 平滑是一种线性插值法。为了避免因训练语料覆盖不全，出现$P(w) = 0$或接近于 0 的情况，甚至出现常见组合如"我们 彼此"和不常见组合如"我们 他们"概率一样的情况，可以对高阶模型和低阶模型的相对概率做插值。例如，二元模型的线性插值如下：

$$\hat{P}(w_t|w_{t-1}) = \lambda P(w_t|w_{t-1}) + (1 - \lambda)P(w_t) \tag{8-22}$$

针对更多元的组合，也可将式（8-22）写成递归形式，即

$$\hat{P}(w_t|w_{t-n+1}\cdots w_{t-1}) = \\ \lambda P(w_t|w_{t-n+1}\cdots w_{t-1}) + (1 - \lambda)P(w_t|w_{t-n+2}\cdots w_{t-1}) \tag{8-23}$$

其中，权重系数λ并不是常量，针对不同的组合其有不同的值，高频的上下文通常会有大的权重系数。在训练时，需要把语料库分为训练集、验证集和测试集三部分，基于验证集，通过最大似然估计优化得到，即保持n-gram 概率不变，寻求使这批集外数据预测概率最大的权重系数。当递归到 1 阶模型时，$P(w_t)$的值可用最大似然估计得到，也可加上 0 阶的统一分布$1/|V|$，其中$|V|$为词汇量总数。

8.3.5　Kneser-Ney 插值法

Kneser-Ney 平滑是一种非线性插值法，从绝对折扣（absolute discounting）插值方法演变而来。类似于线性插值法，绝对折扣插值方法也充分利用高阶模型和低阶模型，但把非零的高阶计数分配一点儿折扣给低阶模型。例如，针对二元模型，绝对折扣平滑公式表示如下：

$$P_{\text{abs}}(w_t|w_{t-1}) = \frac{\max(C(w_{t-1}w_t) - D, 0)}{\sum_{w'} C(w_{t-1}w')} + bP_{\text{abs}}(w_t) \tag{8-24}$$

其中，$C(w_{t-1}w')$表示$w_{t-1}w'$的组合次数，w'是任意一个词，D是一个固定的折扣值，b是一个规整系数，与折扣值D相关，确保概率分布总和为 1。

$P_{abs}(w_t)$是一元模型，它按词的出现次数进行统计，这样可能会存在出现次数异常偏大的现象。比如"杯子"出现频次较高，因此单独的"杯子"按出现次数统计可能会比"茶"的出现次数多，即$P_{abs}(杯子) > P_{abs}(茶)$，这样会使绝对折扣平滑公式因$P_{abs}(w_t)$值过大而出现"喝杯子"比"喝茶"概率高的奇怪现象。

Kneser-Ney 插值法对此做了改进，保留了绝对折扣平滑公式的第一部分，但重写了第二部分。第二部分中的概率不是词单独出现的概率，而是与其他词组合的概率。Kneser-Ney 平滑公式如下：

$$P_{KN}(w_t|w_{t-1}) = \frac{\max(C(w_{t-1}w_t) - D, 0)}{\sum_{w'} C(w_{t-1}w')} + b(w_{t-1})\frac{N_{1+}(w_{t-1}, w_t)}{N_{1+}(w_{j-1}, w_j)} \quad (8\text{-}25)$$

其中，$b(w_{t-1})$是与w_{t-1}相关的规整系数，也可认为是回退权重，即 Kneser-Ney 平滑融合了插值和回退方法；w_{j-1}, w_j是任意两个词的组合，$N_{1+}(w_{t-1}, w_t) = |\{w_{t-1}: C(w_{t-1}, w_t) > 0\}|$代表$w_t$之前出现不同词的类数，$N_{1+}(w_{j-1}, w_j) = |\{w_{j-1}: C(w_{j-1}, w_j) > 0\}|$代表所有二元组合的类数。第一部分的分母可进一步表示为一元模型统计，因此 Kneser-Ney 平滑公式还可简化为

$$P_{KN}(w_t|w_{t-1}) = \frac{\max(C(w_{t-1}w_t) - D, 0)}{C(w_{t-1})} + b(w_{t-1})\frac{N_{1+}(w_{t-1}, w_t)}{N_{1+}(w_{j-1}, w_j)} \quad (8\text{-}26)$$

针对更多元的模型，考虑到不是完整n-gram 的组合，如$i > 1$的$w_i, \cdots, w_n$，更通用的 Kneser-Ney 平滑公式表示如下：

$$P_{KN}(w_n|w_i, \cdots, w_{n-1}) = \frac{\max(N_{1+}(w_i, \cdots, w_n) - D, 0)}{N_{1+}(w_i, \cdots, w_{n-1})} +$$
$$b(w_i, \cdots, w_{n-1})P_{KN}(w_n|w_{i+1}, \cdots, w_{n-1}) \quad (8\text{-}27)$$

其中，$N_{1+}(w_i, \cdots, w_n) = |\{w': C(w', w_i, \cdots, w_n) > 0\}|$，表示$w_i, \cdots, w_n$组合前出现不同词的类数。假如$i = 1$，则采用正常的$n$-gram 计数表示：

$$P_{KN}(w_n|w_1, w_2 \cdots, w_{n-1}) = \frac{\max(C(w_1, w_2 \cdots, w_{n-1}) - D, 0)}{C(w_1, w_2 \cdots, w_{n-1})} +$$
$$b(w_1, w_2 \cdots, w_{n-1})P_{KN}(w_n|w_2, \cdots, w_{n-1}) \quad (8\text{-}28)$$

Kneser-Ney 插值法还有一个改进版本，即 modified Knesey-Ney[2]，其分别针对$w_1, w_2 \cdots, w_{n-1}$组合出现的次数C，设定不同的折扣值，以取得更佳的平滑效果。新的折扣值计算如下：

$$D(C) = \begin{cases} 0, & C = 0 \\ D_1, & C = 1 \\ D_2, & C = 2 \\ D_3, & C \geqslant 3 \end{cases} \quad (8\text{-}29)$$

其中，D_1、D_2和D_3采用如下公式计算：

$$D_k = k - (k+1)Y\frac{n_{k+1}}{n_k}, 1 \leqslant k \leqslant 3 \tag{8-30}$$

其中，$Y = \frac{n_1}{n_1+2n_2}$，$n_k = |\{w_i, \cdots, w_n : N_{1+}(w_i, \cdots, w_n) = k\}|$。如果是完整的 n-gram 组合（$i=1$），$n_k = |\{w_1, w_2 \cdots, w_n : C(w_1, w_2 \cdots, w_n) = k\}|$，即 $w_1, w_2 \cdots, w_n$ 组合为 k 次的类数。基于不同的 D_k，令 v 为随机的后接词，相应的回退权重 b 计算如下：

$$b(w_1, w_2 \cdots, w_{n-1}) =$$

$$\frac{\sum_{i=1}^{2}|\{w': C(w_1, w_2 \cdots, w_{n-1}w') = i\}| + D_3|\{w': C(w_1, w_2 \cdots, w_{n-1}w') \geqslant 3\}|}{\sum_v C(w_1, w_2 \cdots, w_{n-1}v)} \tag{8-31}$$

8.4 语言模型的训练

训练语言模型需要足够规模的文本语料，语料越多，统计到的词关系就越多，概率区分性也就越明显，这样，符合语法规范的句子概率就越大。换句话说，越能在语料中找到与待识别语音的句子相似的句子，它的出现概率就越大。文本语料通常要达到千万句以上。

语言模型还要考虑领域相关性。如果是通用领域，则应尽量覆盖生活、工作、娱乐等方方面面。如果是专用领域，如医疗领域，则需要包含该领域涉及的药名和病情描述等专业用语。训练语言模型的语料与应用场景的内容在领域上相关，可以保证解码文本能充分表达待识别语音的内容，也能减少混淆情况，其表现是解码得到的文本的领域属性也很相似。

在实际应用中，还有书面语和口语之分。书面语比较正式，如《人民日报》、新华社等权威媒体的报道；而口语比较自由，如智能客服通话，用户可能说一些不太符合语法规范的新潮用语，这种语料比较难收集，部分可来自微博、电影剧本等。

在训练语言模型之前，要先对尚未分词的文本进行分词。分词可采用专门的分词工具，如斯坦福大学分词器。注意，语言模型的分词与词典的词条应保持一致，即语言模型词条集合中应尽量包含词典中的词条，否则词典中不被语言模型词条集合包含的词条将成为无效符号。

对于分好词的文本，还要做预处理，主要包括：

- 先根据标点符号（？。！）进行分句。
- 去掉奇怪的符号，比如 α、@等。
- 将阿拉伯数字 0~9 替换为零~九。
- 删除空白行。
- 将连续的空格缩减为一个。
- 删去每行开头的空格和 Tab 键符号。

以下是分词和预处理完成的句子示例：

一 份 二 只

买 了 五 份

米饭 压 的 蛮 结实

上面 铺 了 一层 肉松

味道 很好

服务员 很 热情

还 对 我 说

你 在家 里 拿 个 托 自己 也 可以 做

和 朋友 三个 人

点 了 一个 锅 一个 炒饭 和 烤 鳗鱼

总体 来说 就是 非常 清淡

以上每一句话的开头和结尾均要加上起始符<s>和终止符</s>。

接下来，采用训练工具训练语言模型。比较知名的n-gram 训练工具如下：

- SRILM（支持 Linux/Windows 平台）
- KenLM（支持 Linux/OS X 平台）

其中，SRILM 由 SRI 实验室开发[7]，1995 年面世，是最常用的语言模型训练工具，其支持的算法包括最大似然估计和 Good-Turing、Witten_Bell、modified Kneser-Ney 等。KenLM 由 Kenneth Heafield 开发[8]，于 2011 年推出，相对于 SRILM 其训练速度更快，占用内存更少，但仅支持 modified Kneser-Ney 算法。我们将基于 SRILM 介绍语言模型的训练过程。

SRILM 中主要有两个工具：ngram-count 和 ngram，分别用来估计语言模型和计算困惑度。

使用 SRILM 训练语言模型的步骤如下。

（1）词频统计。

```
ngram-count -text sample.txt -order 3 -write sample.count
```

该步骤对分词后的语料进行计数，即统计词频数，其中参数-text 表示输入文件 sample.txt；-order 表示生成几元的语言模型，此处为 3 元；-write 表示输出文件 sample.count。

（2）模型训练。

```
ngram-count -read sample.count -order 3 -lm sample.lm
```

生成的语言模型 sample.lm 为 ARPA 文件格式。后面没再接参数，默认采用 Good-Turing 折扣法和 Katz 回退法。

如果语料太少，则可采用 Witten_Bell 折扣法，写法如下：

```
ngram-count -read sample.count -order 3 -lm sample_wb.lm -wbdiscount
```

针对较多的语料，普遍采用的是 modified Kneser-Ney 平滑法，写法如下：

```
ngram-count -read sample.count -order 3 -lm sample_kn.lm -interpolate -kndiscount
```

最后两个参数表示平滑算法，其中，-interpolate 表示插值平滑（去掉它就不会用到低阶信息），-kndiscount 表示 modified Kneser-Ney 平滑法。如果语料太少，计算出来的折扣值可能为负，将导致 modified Kneser-Ney 平滑法无法采用。

（3）测试（困惑度计算）。

```
ngram -ppl testfile.txt -order 3 -lm sample.lm -debug 2 > file.ppl
```

多个语言模型之间也可以插值合并，以改善模型的效果，特别是对于某些语料较少、难以合并训练的场景。插值合并用法如下：

```
ngram -lm ${mainlm} -order 3 -mix-lm ${mixlm} -lambda 0.8 -write-lm ${mergelm}
```

其中，-lm 是第一个 n-gram 模型，-mix-lm 是做插值的第二个 n-gram 模型。-lambda 是主模型（-lm 对应的模型）的插值比例，其取值范围为 0~1，默认值是 0.5。

训练后的语言模型采用 ARPA 格式。以下是 3-gram 模型的例子：

```
\data\
ngram 1=110485
ngram 2=1997917
ngram 3=1130292

\1-grams:
-1.933266  </s>
-99        <s> -0.4520341
-2.375182  一   -0.5861888
-6.134041  一一列举  -0.1098689
......

\2-grams:
-1.427358  <s> 一    -0.4719597
-1.388696  一 一 -0.6863559
-3.069355  新的 决议  -0.1909096
......

\3-grams:
-2.38712   <s> 一 </s>
-2.458638  <s> 好 </s>
-1.922784  可以 根据 不同
-0.5802485 也 采用 了
......
\end\
```

其中，"\data\" 部分表示 1 个词、2 个词、3 个词的组合次数。"\1-grams:" 表示一元模型部分，</s> 表示句子结尾，<s> 表示句子开头。"\3-grams:" 表示三元模型部分，"<s> 好 </s>" 表示一句话中只出现 "好" 的对数概率为 –2.458638。如果是单个字，没有类似的组合出现，如 "是" 没有对应的 "<s> 是 </s>"，则单独说 "是"，模型就识别不出来，除非通过回退权重寻找 "<s> 是" 这样的组合，但概率会很低。

在语音识别工具 Kaldi 中，语言模型采用 OpenFst 标准，常见的做法是使用 SRILM 工具训练语料库得到基于 ARPA 的 n-gram 格式的语言模型，再使用 gzip -c 打包成 *.gz 文件。

8.5　神经网络语言模型

n-gram 语言模型一般只能对前 3~5 个词建模，存在局限性。针对任意长度的句子，我们可采用神经网络，如递归神经网络语言模型（RNNLM）[9-10]，也可采用更先进的 Transformer 模型。

在 RNN 语言模型中，词统计概率表示如下：

$$P(w_t|w_1 w_2 \cdots w_{t-1}) \approx P(w_t|w_{t-1}, \boldsymbol{h}_{t-1}) = P(w_t|\boldsymbol{h}_t) \qquad （8-32）$$

其中，$\boldsymbol{h}_{t-1}$ 是隐藏层向量，代表 t 时刻之前的词序列 $w_1 w_2 \cdots w_{t-1}$。

假设词典包括如下 N 个词：

一个　ii i2 g e4

北京　b ei3 j ing1

长江　ch ang2 j iang1

黄河　h uang2 h e2

……

中国　zh ong1 g uo2

在 RNN 的输入层，每个词都被映射为 N 维的 1-of-N 向量，即只有该词对应的元素为 1，向量其余元素为 0。比如在以上词典中，"一个" 对应的 1-of-N 向量为 $\{1000 \cdots 00\}$。

输入的词 w_t 被转换为 1-of-N 向量后，将其输入 RNN 网络中，如图 8-6 所示。输出层的输出 $\boldsymbol{y}_t$ 也是一个向量，向量的每个元素与词典的词一一对应，即 $\boldsymbol{y}_t$ 的维度也是 N。

图 8-6　RNN 的输入层和输出层表示

如图 8-7 所示，RNN 的隐藏层的输出 $\boldsymbol{h}_t$ 由当前词输入 w_t 和上一个隐藏层的输出

h_{t-1}联合得到，即

$$h_t = f(Uw_t + Wh_{t-1}) \qquad (8\text{-}33)$$

其中，U、W是权重矩阵。$f(z)$为 Sigmoid 激活函数，函数值在$(0,1)$区间。

$$f(z) = \frac{1}{1 + e^{-z}} \qquad (8\text{-}34)$$

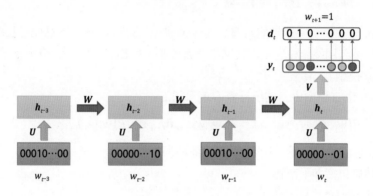

图 8-7　RNN 模型训练阶段的输入和输出

RNN 输出层的输出y_t为

$$y_t = g(Vh_t) \qquad (8\text{-}35)$$

其中，V是权重矩阵。$g(z)$为 Softmax 激活函数。把y_t所有的元素值规整到总和为 1，相当于每一维对应一个概率。

$$g(z_m) = \frac{e^{z_m}}{\sum_k e^{z_k}} \qquad (8\text{-}36)$$

　　RNN 的训练基于统计梯度下降（SGD）算法，其错误代价采用交叉熵标准，简化后表示如下：

$$e_t = d_t - y_t \qquad (8\text{-}37)$$

其中，d_t是输出层与下一个词w_{t+1}对应的真实标签。

　　例如，在图 8-7 中，w_{t+1}对应的真实标签为$\{0100\cdots00\}$，即给定词典中的词"北京"，除第 2 个元素为 1 外，其余的为 0。在训练过程中，RNN 输出层的输出y_t的第 2 个元素越接近 1 越好。

　　从训练数据中获取真实标签。在图 8-7 中，w_t的输入向量为$\{0000\cdots01\}$，对应词典中的词"中国"，w_t和w_{t+1}先后出现的组合为"中国北京"，那么训练数据中要有这样的组合。

　　RNN 的好处是基于上一个隐藏层的输出h_{t-1}，能把更前面的词序列也建模进去，

考虑了更多的上下文信息。RNN 的训练目标是使错误代价尽可能小。输出层的错误
代价通过反向传播，传递到隐藏层，如图 8-8 中的红线所示。

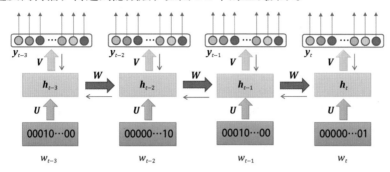

图 8-8　RNN 语言模型的错误代价反向传播

RNN 语言模型相对于 n-gram 模型有更强大的预测能力，尤其是在训练数据充分
时，识别效果的提升很明显。但由于 RNN 语言模型的输入/输出向量的维度就是词典
大小，而词典动辄十几万条，因此每个词都被表示成高维、稀疏的向量，会导致 RNN
神经网络参数众多，从而带来庞大的计算量，使得在处理大量数据时训练速度变得异
常缓慢，这会极大地限制 RNN 语言模型的使用。

8.6　本章小结

本章详细介绍了用于预测词序列组合概率的统计语言模型，包括 n-gram 和
RNNLM，这两种模型均需要基于大量的文本语料训练得到。n-gram 预测的词概率值
依赖前 $n-1$ 个词，计算简单，效率高，目前仍是工业界主流的语言模型。而 RNNLM
更多的是用于后处理，在第一次解码之后做二次纠错。

参考文献

[1]　GOOD I J. The Population Frequencies of Species and the Estimation of Population Parameters[J].
　　　Biometrika, 1953, 40(3/4): 237-264.

[2]　CHEN S, GOODMAN J. An Empirical Study of Smoothing Techniques for Language Modeling[J].
　　　Technical Report TR-10-98, Harvard University, 1998.

[3]　KATZ S M. Estimation of Probabilities from Sparse Data for the Language Model Component of a
　　　Speech Recogniser[J]. IEEE Transactions on Audio Speech and Language Processing, 1987, 35(3):
　　　400-401.

[4]　JELINEK F, MERCER R L. Interpolated Estimation of Markov Source Parameters from Sparse
　　　Data[J]. Pattern Recognition in Practices, 1980.

[5]　NEY H, ESSEN U, KNESER R. On Structuring Probabilistic Dependences in Stochastic Language
　　　Modelling[J]. Computer Speech and Language, 1994, 8(1): 1-38.

[6] HEAFIELD K, POUZYREVSKY I, CLARK J H, et al. Scalable Modified Kneser-Ney Language Model Estimation[J]. ACL, 2013.

[7] ANDREAS S. SRILM—An Extensible Language Modeling Toolkit[C]. 7th International Conference on Spoken Language Processing, ICSLP, 2002.

[8] HEAFIELD K. KenLM: Faster and Smaller Language Model Queries[C]. WMT at EMNLP, 2011.

[9] MIKOLOV T, KARAfiÁT M, BURGET L, et al. Recurrent Neural Network Based Language Model[C]. Conference of the International Speech Communication Association (INTERSPEECH), 2010.

[10] SUNDERMEYER M, NEY H, SCHLÜTER R. From Feedforward to Recurrent LSTM Neural Networks for Language Modeling[J]. IEEE/ACM Transactions on Audio Speech and Language Processing, 2015, 23(3): 517-529.

思考练习题

1. 请基于以下分词后的训练文本，分别用手工和 SRILM 工具构建一元、二元和三元的语言模型，并对比差异。

你 想 去 什么 公园

我 想 去 中山 公园

中山 公园 很 不错

今天 天气 很 不错

你 想 去 什么 地方

我 想 去 看 电影

我 喜欢 看 电影

我 喜欢 看 电视剧

我 喜欢 打球

你 喜欢 看 电影

2. 请使用 SRILM 工具，基于 aishell-1 训练文本语料训练语言模型，然后使用 aishell-1 测试语料分别计算一元模型、二元模型和三元模型的困惑度。

3. 语言模型平滑方法有哪些？请列出表格，对比其公式的差异。

4. 针对已训练好的语言模型，如何采用回退权重得到不存在的词组合概率？给出具体的计算过程。

5. 请描述递归神经网络语言模型的原理。

第 9 章
WFST 解码器

本章重点介绍现代语音识别系统的关键部分——WFST 解码器。WFST（Weighted Finite-State Transducer，加权有限状态转换器）[1]是由 AT&T 的 Mohri 于 2008 年提出的，它实现了输入序列到输出序列的转换，现已成为大词汇量连续语音识别（LVCSR）系统最高效的解码算法。如图 9-1 所示是基于 WFST 解码器的语音识别系统，其中声学模型由语音数据训练而成，语言模型由文本数据训练而成，将这两个模型与发音词典一起编译形成 WFST 解码器。测试语音经特征提取后，利用 WFST 解码器解码得到识别结果。

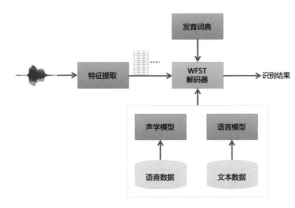

图 9-1　基于 WFST 解码器的语音识别系统

9.1　基于动态网络的 Viterbi 解码

为了方便理解 WFST 解码器的设计思路，我们先来了解基于动态网络的 Viterbi 传统解码的基本流程及存在的缺陷。

传统解码器提取输入语音的声学特征后，遵循音素→词→句子的顺序，将它们解码转换成文字。其中，音素到词的转换，需要发音词典的支撑。例如，要识别一句话，内容是"今天是几号"，基于以下发音词典：

今天　　　j in1 t ian1
是　　　　sh ix4
几　　　　j i3
号　　　　h ao4

传统解码器先根据发音词典，把每个词用对应的音素 HMM 组合串接起来，形成词级别的 HMM，对此，构建解码网络，如图 9-2 所示。词与词之间的组合可以用语言模型来约束，例如，出现"今天是"的概率用 $P(是|今天)$ 表示，出现"号是"的概率用 $P(是|号)$ 表示，这些概率大小最终会影响识别结果。

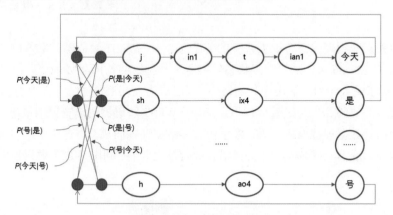

图 9-2　集成语言模型的解码网络

传统解码器采用 Viterbi 算法，把语音特征帧序列 $\{o_1, o_2, \cdots, o_T\}$ 与 HMM 的状态直接对齐，即对 HMM 状态进行遍历，寻求最佳的一一对应关系，然后由匹配后的 HMM 状态序列顺序得到音素序列，再把音素序列组合成词。特征帧序列与单个 HMM 状态之间的 Viterbi 对齐，在之前的章节中已有介绍。如图 9-2 所示的包含多词的解码网络，其解码过程是一个更复杂的 Viterbi 动态解码过程，如图 9-3 所示。

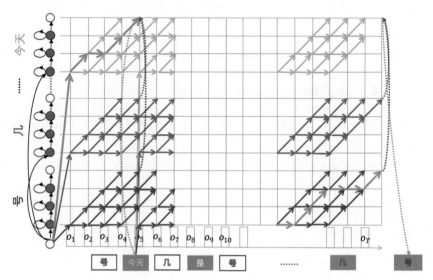

图 9-3　"今天是几号"的 Viterbi 动态解码过程

在 Viterbi 解码过程中，随着时间的推移，即帧的移动，它会逐渐对齐到词尾音素的最后一个状态。如图 9-3 所示，第 5 帧 o_5 会对齐到"号""几""今天"等词 HMM 的最后状态，分别有对应的累计概率。再对比这些累计概率，挑选出值最大的记录，并保存生成新的词，如 o_5 对应"今天"。以此类推，可由这些词组合出不同的词序列，从而使得识别结果有很多候选者，比如"几号""今天是号""今天几号""今天是几号"等，因此需要语言模型来进一步区分，筛选出最优路径。

假如训练语言模型的文本语料只有两句——"今天是几号"和"今天几号"，则 $P(是|今天)$、$P(几|今天)$、$P(几|是)$、$P(号|几)$ 概率均较大，而 $P(是|号)$ 可认为不存在，再结合声学模型得分，就可有效区分不同的路径，最后识别出正确答案——"今天是几号"。

如图 9-4 所示，传统解码器的词典导入和词 HMM 构建、Viterbi 解码（特征帧与 HMM 状态的 Viterbi 对齐）、语言模型约束是各自独立的模块，其中只有词典被预先编译成状态网络，从而构成搜索空间，其他部分只有在解码过程中才被动态集成，因此系统需要考虑各个模块之间的约束关系。从状态序列到词序列的整个转换过程非常复杂，匹配效率比较低，而且有些不太可能出现的组合，如语言模型概率 $P(是|号)$ 非常小，根本没必要将其整合到解码路径进行计算。再加上词汇量很大，无效组合太多，存在大量不必要的计算，最终会导致解码速度变得很慢。

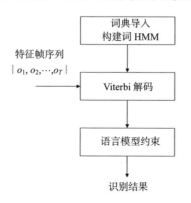

图 9-4 传统解码器

为了加快解码速度，可采用剪枝策略。在解码路径扩张过程中，选出最优路径，将其他路径与之比较，如果超出剪枝阈值范围，则删除该路径，不再做后续计算。这种方法可能会损失精度，丢失部分全局最优路径，但只要阈值设置得当，就可以保证有较高的准确率。

还有一种有效的加速办法，是把语音识别需要动态集成的知识源预先编译好，形成一个静态网络，然后加载到内存，在解码过程中直接调用。如图 9-5 所示，WFST

解码器就是基于这种原理，预先把 HMM、词典、语言模型等模块按 WFST 或其兼容的形式编译在一起，生成 WFST 静态网络的。这个网络包含了所有可能的搜索空间，由数量众多的状态和转移弧组成，其中转移弧给出了除声学模型得分外的权重信息。

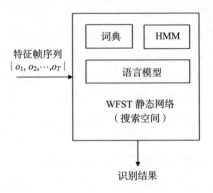

图 9-5　WFST 解码器

为了更直观地了解 WFST，图 9-6 给出了"今天是几号"对应的 WFST 静态网络。在该网络中，网络节点之间通过转移弧连接，转移弧上有 0、1、2 等输入标签，以及"今天"、"是"、"几"、"号"、空标签"<eps>"等输出标签，来实现从输入标签到词序列的转换。解码过程是，只要在这个静态网络空间进行遍历搜索，从起始节点开始，逐帧输入，沿着转移弧扩张，一直到最后一帧，然后找出最优路径，再根据路径上的词信息即可得到识别结果。

除了声学模型得分，其他权重信息仍然需要根据输入特征帧单独计算。WFST 解码过程不再需要考虑词典和语言模型信息，以及 HMM 涉及的上下文关系，因为已经将它们全部融合到一个静态网络中，并通过转移弧的输入/输出信息和权重来体现，只需要在网络节点间传递更新累计分数，因此解码速度非常快。

需要注意的是，WFST 是一个整体的识别网络，所有信息均通过网络节点和转移弧来体现。而原来的 HMM、词典、语言模型有各自独立的格式，因此不能直接合并它们，必须先转换成 WFST 或其兼容的形式，才能将它们最终整合在一起。每个 WFST 都包含一个状态集，状态集中有一个具有明显区分性的起始状态，如图 9-6 中的节点 0 就是 WFST 的起始状态（此处的状态不是 HMM 的状态，而是 WFST 的状态，每个节点代表一个状态）。在 WFST 的两个状态之间放置一条有方向的弧，代表从一个状态到另一个状态的转移，弧上有输入标签、输出标签以及该弧的权重（代价）。

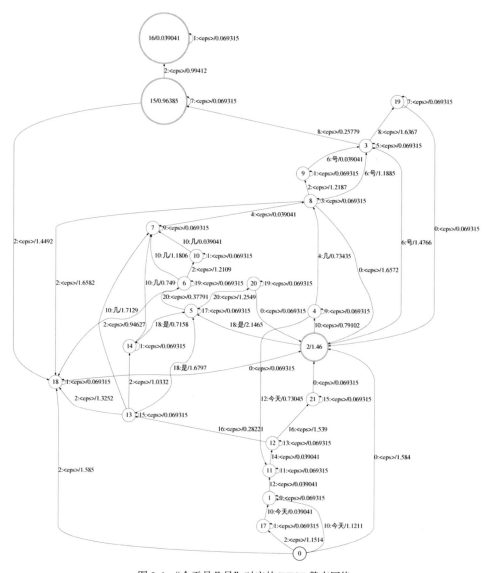

图 9-6 "今天是几号"对应的 WFST 静态网络

接下来，我们首先介绍 WFST 的理论知识，然后分别针对 HMM（H）、音素上下文（C）、词典（L）、语言模型（G），讲解如何构建相应的 WFST（包含 H、C、L、G 四部分）以及最终 HCLG 的合并过程。

9.2　WFST 理论

通常采用有限状态转换器（Finite State Transducer，FST）来描述状态之间的转移信息，如图 9-7（a）所示。FST 的每个节点代表一个状态，如果两个节点之间有箭头连线，则说明这两个状态之间存在状态转移。每条转移弧上均有输入标签和输出标签，如果没有输出标签，则其为有限状态接收器（Finite State Acceptor，FSA），如图 9-7（b）所示。

WFST 通过状态节点相连，每条转移弧上除了有输入标签和输出标签，还有对应的权重，如图 9-7（c）所示。其中，在节点 0 和节点 1 之间，输入标签是 a，输出标签是 x，权重是 0.3。如果没有输出标签，则 WFST 变为加权有限状态接收器（Weighted Finite State Acceptor，WFSA），如图 9-7（d）所示。

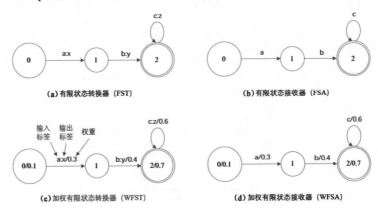

图 9-7　简单的 WFST 例子

为了方便算法的描述，WFST 可用八元组来表示：

$$T = (\Sigma, \Delta, Q, I, F, E, \lambda, \rho)$$

表 9-1 中给出了每个符号的含义，以及对应图 9-7（c）中的例子表示。

表 9-1　WFST 八元组表示及图例

符　号	含　义	图　例
Σ	有限的输入集	$\{a, b, c\}$
Δ	有限的输出集	$\{x, y, z\}$
Q	状态集	$\{0,1,2\}$
I	起始状态集	$\{0\}$
F	结尾状态集	$\{2\}$
E	状态转移集	$\{(0, a, x, 0.3, 1), (1, b, y, 0.4, 2), (2, c, z, 0.6, 2)\}$
λ	起始状态权重	0.1
ρ	结尾状态权重	0.7

WFST 基于半环结构。半环可以用（$\oplus$、$\otimes$、'0'和'1'）来表示，其中，$\oplus$ 和 $\otimes$ 是集合的二元操作，分别对应 min 和+，而'0'和'1'是零元素与幺元素。

对于状态转移 $e \in E$ 来说，可以定义 $p[e]$ 为 e 的起始状态，$n[e]$ 为 e 的结尾状态；$i[e]$ 为输入标签，$o[e]$ 为输出标签，$w[e]$ 是最终的转移权重。那么，对于连续的状态转移路径来说，$\pi = e_1 e_2 \cdots e_k$，且

$$n[e_{i-1}] = p[e_i], \ i = 2,3,\cdots,k$$

$$p[\pi] = p[e_1], \ n[\pi] = n[e_k]$$

对于集合的二元运算，整条路径权重为

$$w[\pi] = w[e_1] \otimes \cdots \otimes w[e_k]$$

对于多条有限路径 $\pi \in R$，则有

$$w[R] = \oplus \, w_{\pi \in R}[\pi]$$

综上所述，WFST 最终的运算（x 输入到 y 输出）为

$$T(x,y) = \bigoplus_{x \in P(I,x,y,F)} \lambda[p[\pi]] \otimes w[\pi] \otimes \rho[n[\pi]] \tag{9-1}$$

WFST 包含三种常见操作：

- 合并（Composition）
- 确定化（Determinization）
- 最小化（Minimization）

其中，合并操作将不同的 WFST 合并成一个；确定化操作确保每个状态对应每个输入有唯一的输出；最小化操作对 WFST 进行精简，以得到最少的状态和转移弧。

图 9-8 给出了一个合并操作的例子。其中，分别合并图 9-8（a）和图 9-8（b）中的起始状态节点和结尾状态节点，得到图 9-8（c）中的起始状态节点（0,0）和结尾状态节点（3,2）。权重分别相加，得到 0.3 和 1.3。图 9-8（a）中的状态 0 到状态 1 的输出标签与图 9-8（b）中的状态 0 到状态 1 的输入标签一致，因此可以合并，然后把权重相加，同时将两个状态 1 合并在一起。图 9-8（a）中的状态 1 到状态 3 的输出标签与图 9-8（b）中的状态 1 到状态 2 的输入标签一致，因此也合并成一条转移弧，对应图 9-8（c）中的（1,1）状态到（3,2）状态的转移。以此类推，可以获得图 9-8（c）所示的所有状态转移。但是由于图 9-8（a）中的状态 0 到状态 2 的转移无法被合并，因此丢弃。

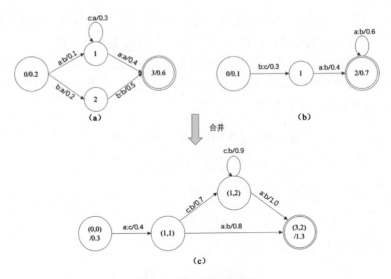

图 9-8　WFST 的合并操作

图 9-9 给出了一个确定化操作的例子。其中，状态 0 到状态 1 和状态 0 到状态 2 的两条路径有共同的输入标签和输出标签，确定化后只保留权重较小的一条路径，因此将状态 2 删除，并把状态 2 到状态 3 的转移弧 e:f/0.5 改为状态 1 到状态 3。

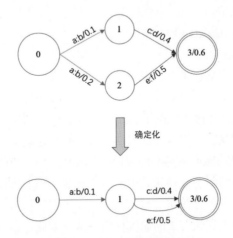

图 9-9　WFST 的确定化操作

图 9-10 给出了一个最小化操作的例子。其中，状态 3 到状态 5 的路径和状态 4 到状态 5 的路径均为 ε:z/0，通过最小化删除一条路径，如将状态 4 到状态 5 的路径删除，并把状态 1 到状态 4 的转移弧改为状态 1 到状态 3。

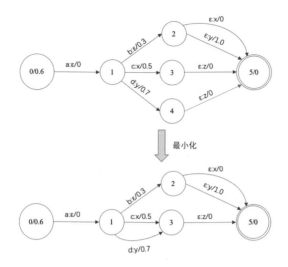

图 9-10   WFST 的最小化操作

9.3   HCLG 构建

用于语音识别的 WFST 解码器由 H、C、L、G 四部分组成，每一部分都是一个转换器，它们的作用如表 9-2 所示。

表 9-2   H、C、L、G 四部分的作用

组 成	转换器	输入序列	输出序列
H	HMM	HMM 的转移-id（transition-id）	单音子（monophone）/三音子（triphone）
C	上下文相关	单音子/三音子	单音子（monophone）
L	发音词典	单音子	词（word）
G	语言模型	词	词（word）

HCLG 的构图顺序为 G→L→C→H，构图过程为 G→LG→CLG→HCLG，表示如下：

$$HCLG = asl\left(min\left(rds\left(det\left(H' \, o \, min\left(det\left(C \, o \left(min(det(L \, o \, G)) \right) \right) \right) \right) \right) \right) \right) \quad （9-2）$$

其中，asl 代表添加自环，rds 代表移除歧义符号，H′代表没有自环的 HMM，o 代表合并操作，det 代表确定化操作，min 代表最小化操作。

图 9-11 给出了 HCLG 的构建过程。首先构建语言模型的转换器 G.fst，然后将语言模型的词与词典转换器 L.fst 合并得到 LG.fst，再进一步将其与词典的单音子和上下

文相关转换器 C.fst 合并得到 CLG.fst，最后将其与 HMM 转换器 H.fst 合并得到 HCLG.fst。其中，H.fst 实现了单音子/三音子与 HMM 的转移-id 之间的映射。如果是单音子，则 HCLG 的输入、输出组合顺序为 transition-ids→monophones→words；如果是三音子，则 HCLG 的输入、输出组合顺序变成了 transition-ids→ triphones→monophones→ words。

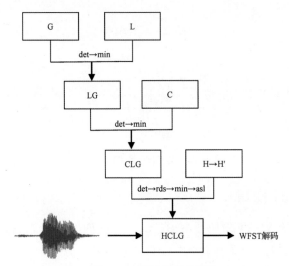

图 9-11　HCLG 的构建过程

通过 HCLG 的合并，把词典、声学模型、语言模型编译在一起，在识别之前产生识别用的静态解码网络。然后采用 WFST 解码器，得到输入语音的解码结果。

9.3.1　H 的构建

H 转换器（H.fst）表示 HMM 的转换关系。声学模型的 HMM 包含状态和状态之间的转移弧，如图 9-12 所示是音素"sil"的 HMM 表示。

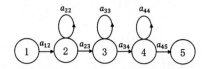

图 9-12　音素"sil"的 HMM 表示

HMM 的状态之间的转移弧可以用 transition-id 表示，如 a_{12} 对应 transition-id = 0，a_{22} 对应 transition-id = 1，a_{23} 对应 transition-id = 2，以此类推。以音素"sil"作为例子，结合图 9-12，下面给出了 transition-state、phone、hmm-state、pdf 和 transition-id 之间的对应关系，其中转移弧代表对应的概率。

```
transition-state 1: phone = sil hmm-state = 2 pdf = 0
```

```
transition-id = 1 p = a_22 [self-loop]
transition-id = 2 p = a_23 [2 -> 3]
transition-state 2: phone = sil hmm-state = 3 pdf = 1
transition-id = 3 p = a_33 [self-loop]
transition-id = 4 p = a_34 [3 -> 4]
transition-state 3: phone = sil hmm-state = 4 pdf = 2
transition-id = 5 p = a_44 [self-loop]
transition-id = 6 p = a_45 [4 -> 5]
```

其中, transition-state 是统一编排的状态索引号, 其个数与实际产生观察值的 hmm-state (如图 9-12 中的 2、3、4 状态) 一致; hmm-state 对应实际 HMM 的状态索引; phone 是音素名称; transition-id 是统一编排的转移弧索引, 最终与 HMM 状态转移弧对应。每个 transition-id 都有对应的概率密度函数 (probability density function, pdf), 通过 pdf 索引可以得到声学模型得分, 其中, pdf 可能由多个 hmm-state 共享, 其个数通过决策树聚类得到。

假设除了 $a_{12} = 1$, 其余所有的转换概率$\{a_{22}, a_{23}, a_{33}, a_{34}, a_{44}, a_{45}\}$均为 0.5, 音素 "sil" 的 HMM 被转换成 WFST 形式, 如图 9-13 所示的 H.fst。可以看出, H.fst 与 HMM 有点儿类似, 但每条转移弧已被表示成 WFST 的 "输入标签:输出标签/权重" 形式, 其中, 输入标签即 transition-id。例如, 从节点 0 到节点 1 是第一条转移弧, 输入标签 是 0, 输出标签是 sil, 对应的权重是 1。节点 1 自身转移的输入标签是 1, 输出标签 是<eps> (表示空标签), 对应的权重是 0.5, 这条转移弧代表 transition-id = 1。而节点 1 到节点 2 的转移弧代表 transition-id = 2, 对应 HMM 的状态 2 到状态 3 的转移。因此, 根据 transition-id, 我们可以查到对应的 HMM 状态索引, 即 hmm-state, 同时也可得到对应的 pdf。

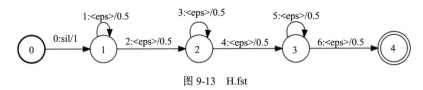

图 9-13 H.fst

9.3.2 C 的构建

C 转换器 (C.fst) 用来刻画音素上下文关系的转换。假定音素序列如下:

```
<eps> 0
j 1
in1 2
#0 3
#1 4
```

其中, <eps>表示空标签。如果上下文采用双音子形式, 则双音子到单音子的转换为以下序列:

```
<eps>/j          j
```

```
<eps>/in1      in1
j/j            j
j/in1          in1
in1/j          j
in1/in1        in1
```

把以上双音子到单音子的映射关系表示成 FST 形式，如图 9-14 所示。

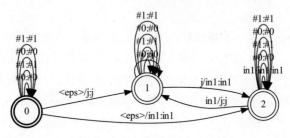

图 9-14　双音子 C.fst

其中，状态 0 到状态 1 的输入标签是<eps>/j，输出标签是 j，表示从双音子<eps>/j 到单音子 j 的转换；状态 1 到状态 2 的输入标签是 j/in1，输出标签是 in1，表示从双音子 j/in1 到单音子 in1 的转换。

三音子则更加复杂，要考虑左右两边的上下文，例如：

```
<eps>/j/in1          j
<eps>/in1/<eps>      in1
j/j/in1              j
```

如果是单音子，则输入标签和输出标签一致，即均为 j 或 in1。

9.3.3　L 的构建

L 转换器(L.fst)用来描述发音词典，实现单音子到词的转换。发音词典(lexicon.txt)实现了从词到音素的映射。表 9-3 给出了一个简单的版本，其包含 5 个词，其中<SPOKEN_NOISE>表示背景音，它们全部被映射到静音音素 "sil"，而 "今天" 被映射到 "j in1 t jian1" 四个组合音素。

表 9-3　词典示例

词	音　　素
<SPOKEN_NOISE>	sil
今天	j in1 t ian1
是	sh ix4
几	j i3
号	h ao4

根据发音词典，我们得到相应的 FST/WFST 形式(部分没有权重信息)，如图 9-15 所示。

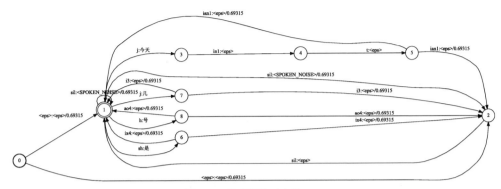

图 9-15　发音词典对应的 L.fst

其中，状态 1 自身转移的输入标签是静音音素 "sil"，输出标签是通用的<SPOKEN_
NOISE>，表示背景音（泛指各种背景音，包括静音）。状态 1 到状态 3 的输入标签是
j，输出标签是 "今天"，表示只有一种选择，是明确的词，后续跟随音素 in1、t、ian1，
是 "今天" 发音的其余部分，其中 ian1:<eps>对应的权重为 0.69315。

9.3.4　G 的构建

G 转换器（G.fst）对应语言模型，用来描述词与词之间的组合可能性。假设文本
语料只有 "今天是几号" 和 "今天几号" 两个句子，分词后得到 "今天　是　几　号"
和 "今天　几　号"，两个句子共 7 个词，其中 "今天" "几" "号" 各出现两次，"是"
出现一次，再加上两个句子的结束符</s>，总词数为 9。使用统计语言模型工具（如
SRILM），对其训练后得到一元语言模型（1-gram）如下：

```
\data\
ngram 1=6

\1-grams:
-0.6532125 </s>
-99         <s>
-0.6532125 今天
-0.6532125 几
-0.6532125 号
-0.9542425 是
\end\
```

其中，ngram 1=6 表示有 6 个一元语言模型词，分别是 "</s>" "<s>" "今天" "几" "号"
"是"，其中，"今天" "几" "号" 具有相同的出现机会，概率均为 2/9，取 10 为底的
对数后得到−0.6532125，而 "是" 的出现机会少一些，概率为 1/9，取 10 为底的对数
后得到−0.9542425。将对数概率转化为权重，该一元语言模型对应的 WFST（输入标
签和输出标签一致，其实为 WFSA）如图 9-16 所示。

图 9-16　一元语言模型生成的 G.fst

可以看出，G.fst 的输入标签和输出标签一致，此时其相当于 WFSA，里面的所有词是相互独立的。其中，转移弧权重 w 和语言模型的对数概率 L（以 10 为底的对数）的关系是

$$w = -\ln(10^L) \tag{9-3}$$

比如一元语言模型中"今天"的对数概率为 –0.6532125，则权重为 $-\ln(10^{-0.6532125})$，其值为 1.5041。

更复杂一点儿的二元语言模型（2-gram）如下：

```
\data\
ngram 1=6
ngram 2=6

\1-grams:
-0.6532125 </s>
-99    <s>  -0.3679768
-0.6532125 今天 -0.30103
-0.6532125 几   -0.3679768
-0.6532125 号   -0.3679768
-0.9542425 是   -0.1918855

\2-grams:
-0.1760913 <s> 今天
-0.4771213 今天 几
-0.4771213 今天 是
-0.1760913 几 号
-0.1760913 号 </s>
-0.30103   是 几
\end\
```

其中，"–0.4771213 今天　几"表示"今天　几"的组合对数概率为–0.4771213。

二元语言模型对应的 WFST 如图 9-17 所示，其中每个节点表示一个词，节点之间的转移弧权重表示前一个词 w_1 与后一个词 w_2 之间的条件概率 $P(w_2|w_1)$。例如，节点 1 表示句子起始符<s>，节点 2 表示"今天"，从节点 1 到节点 2 的转移弧为"今天:今天/0.40547"，转移弧上的权重（即条件概率）与语言模型对数概率之间的转化过程，仍然按式（9-3）计算，如 0.40547 由 $-\ln(10^{-0.1760913})$ 计算得到。如果 w_1 和 w_2 两个词的

组合不存在，则w_1和w_2之间的条件概率由w_1回退概率和w_2概率相乘得到。具体方法是，新建一个对应w_1的回退状态，w_1对应的节点到这个回退状态的转移弧权重采用w_1回退概率。例如，图中节点 0 表示回退状态，节点 1 到节点 0 的转移弧权重为 0.8473，对应<s>的回退概率-0.3679768，即 0.8473 由$-\ln(10^{-0.3679768})$计算得到。节点 2 到节点 0 的转移弧权重为 0.69315，对应"今天"的回退概率-0.30103，即 0.69315 由$-\ln(10^{-0.30103})$计算得到。

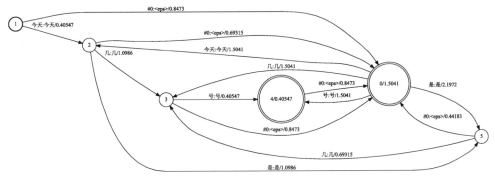

图 9-17　二元语言模型生成的 G.fst

9.3.5　HCLG 合并

HCLG 的构建过程是逐步合并的过程，图 9-18 给出了"你好"的合并过程。其中，图 9-18（a）和图 9-18（b）分别是代表语言模型的 G.fst 和代表词典的 L.fst，L.fst 与 G.fst 合并得到图 9-18（c）的 LG.fst，然后 LG.fst 与 C.fst 进一步合并得到图 9-18（d）的 CLG.fst。通常 C.fst 不单独生成，而是直接与 LG 合并，生成 CLG.fst。最后 CLG.fst 与 H.fst 合并得到图 9-18（e）的 HCLG.fst。基于 HCLG 的 WFST 解码图，每条转移弧上的输入标签都是对应 HMM 状态的 transition-id（包括自身转移和下一个状态转移），输出标签都是匹配的词（包括空标签<eps>）。

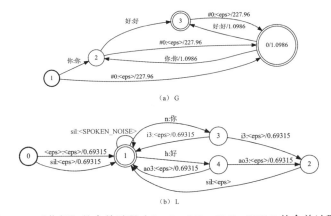

图 9-18　"你好"的合并过程（G→L→LG→CLG→HCLG 的合并过程）

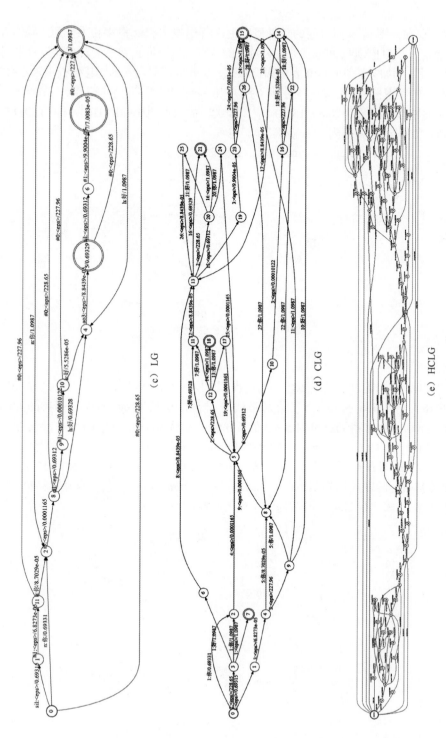

(c) LG

(d) CLG

(e) HCLG

图 9-18 "你好" 的合并过程（G→L→LG→CLG→HCLG 的合并过程）（续）

9.4 WFST 的 Viterbi 解码

WFST 解码本质上也是 Viterbi 解码，它根据输入的特征帧序列$\{o_1, o_2, \cdots, o_T\}$进行帧同步对齐，寻求最佳状态序列$\{S_1, S_2, \cdots, S_N\}$。注意，这里的状态不是 HMM 状态，而是 HCLG 的状态节点，如图 9-19 所示，所遍历的状态节点之间的衔接，可能是产生观察值的转移弧（如状态S_1和状态S_2、状态S_2和状态S_3之间的实线），也可能是不产生观察值的转移弧（如状态S_4和状态S_5之间的虚线）。

图 9-19　WFST 解码对应的状态序列

为了保留遍历路径并节省存储空间，在 WFST 解码过程中使用了令牌传播（Token Passing）机制，令牌传播是 Viterbi 解码的更通用版本。将 Token 和 HCLG 的状态节点关联起来，以表示部分路径，并保存中间计算分数（累计代价），且随着解码过程不断传播，从第一帧开始，一直传播到最后一帧。

接下来，我们参照 Kaldi 的简单和快速解码版本，介绍针对 HCLG 的 Viterbi 算法。下面先给出 Token 的定义，其中 Arc 表示状态节点之间的转移弧。

9.4.1　Token 的定义

我们定义转移弧 Arc 的结构体，然后给出 Token 类的定义。

```
struct Arc {
    int ilabel;        //转移弧上的输入标签
    int olabel;        //转移弧上的输出标签
    float weight;      //转移弧上的权重
    int nextstate;     //转移弧连接的下一个状态
}
```

```
class Token {
    Arc arc;           //与 Token 对应的转移弧
    Token *prev;       //解码路径上的一个 Token 指针
    int32 ref_count;   //后续关联的 Token 数量
    double cost;       //累计代价
}
```

9.4.2　Viterbi 算法

类似于 HMM 的解码过程，WFST 的 Viterbi 解码也是逐帧推进的。首先分别计算每帧的声学代价，然后结合转移弧上的权重，得到每个时刻扩展路径的累计代价，这些代价用 Token 的 cost 保存。HMM 的 Viterbi 解码过程是，对比来自不同状态的累计概率，然后选择概率较大的状态并保存下来，以便后续回溯最优路径。而 WFST 的 Viterbi 解码过程是，通过对比指向同一个状态的不同路径的由 Token 保存的累计代价（该 Token 与状态节点关联，如果状态节点还没有 Token，则创建一个新的 Token），选择值更小的路径并更新 Token 信息。

为了帮助大家理解基于 Token 的 Viterbi 算法，图 9-20 给出了一个简单的 WFST 网络（图中省去了输入标签和输出标签），该网络包含起始状态和结尾状态。实线表示发射转移弧（Emitting Arc），即观察值产生声学代价（acoustic_cost）；虚线表示非发射转移弧（Nonemitting Arc），即不产生观察值，也就没有声学代价。每条转移弧均有对应的权重，即图代价（graph_cost）。

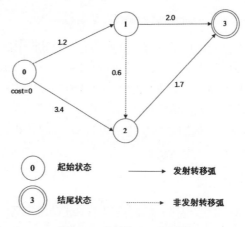

图 9-20 简单的 WFST 网络

WFST 的转移弧可能产生观察值，这类似于 HMM 的发射状态；也可能不产生观察值，这类似于 HMM 的非发射状态。因此，在每个时刻针对所在的特征帧，要分别处理从状态节点输出的发射转移弧和非发射转移弧，对应的处理函数可分别命名为 ProcessEmitting 和 ProcessNonemitting。

针对 Token 的 Viterbi 算法的简化代码如下：

```
HashList<StateId, Token*> prev_toks, cur_toks;
frame = 0;
while(frame < LastFrame)
{
    Swap(prev_toks, cur_toks);
    double weight_cutoff = ProcessEmitting(frame);
    ProcessNonemitting(weight_cutoff);
    frame++;
}
```

其中，HashList<StateId, Token*>是哈希表，用来建立状态节点标号 StateID 与 Token 之间的映射关系，每个哈希元素的 key 对应 StateID，value 对应 Token。prev_toks 和

cur_toks 分别表示上一时刻和当前时刻的 Token 列表。帧索引用 frame 表示，范围为
0~LastFrame（最后帧数）。针对每一帧，Viterbi 解码都将 Token 列表切换到当前时刻，
然后处理当前帧对应的发射转移弧，接着处理非发射转移弧。其中，ProcessEmitting
函数返回 weight_cutoff，并输入 ProcessNonemitting 中，对非发射转移弧进行剪枝处
理。注意，ProcessEmitting 和 ProcessNonemitting 都被做了剪枝处理，一些竞争力不
强的路径被去掉了，剪枝策略在 Lattice 解码部分会具体介绍。

ProcessEmitting 函数处理过程如下：

```
ProcessEmitting:
for all tokens old_tok in prev_toks
{
  u = old_tok.key;
  for all emitting arc (u, v)
  {
      cost = old_tok.cost;
      cost += arc.weight + acoustic_cost(frame);
      Add/Replace new Token for v if cost is lower;
  }
}
```

其中，对于所有与状态 u 相连的下一个状态 v，如果之前的 Token 累计代价 cost 加上
转移弧 arc(u,v)的权重 arc.weight 和帧 frame 对应的声学代价 acoustic_cost(frame)得到
的和，比之前的状态 v 对应的 Token 累计代价小，则替换对应的 Token 代价。如果在
状态 v 之前不存在 Token，则创建一个新的 Token。

ProcessNonemitting 函数处理过程如下：

```
ProcessNonemitting:
Add all tokens in cur_toks in a queue q;
while (!queue_.empty())
{
  u = q.pop();
  for all nonemitting arc (u, v)
  {
      cost = old_tok.cost;
      cost += arc.weight + acoustic_cost(frame);
      Add/Replace new Token for v if cost is lower;
      Add new token into q;
  }
}
```

因为是非发射转移弧，所以不需要计算声学代价，只需要把之前的累计代价
old_tok.cost 与转移弧权重 arc.weight 相加，得到新的累计代价。同样，如果该代价比
之前存在的 Token 代价小，则替换之；如果不存在 Token，则创建一个新的 Token。

Viterbi 算法的每个状态最多只有一个 Token，如果有多条路径到某个状态，则

Token 可能存在冲突，此时根据值更小的原则保持或进行替代。图 9-21 给出了 Viterbi 算法的 Token 替代例子，起始状态 0 的代价为 cost=0，通过转移弧将其传播到状态 1 和状态 2，其中 0→2 路径包含图代价 graph_cost=3.4。因为是发射转移弧，所以还要计算（特征帧的似然概率取反）声学代价。假设得到声学代价为 acoustic_cost=0.8，这样首次路径的总代价为 cost=0+3.4+0.8=4.2，即创建的新 Token 的代价为 4.2。但还存在一条竞争路径，如图 9-21（b）中红线所示，从状态 0 传播到状态 1，得到累计代价为 cost=1.5。因为状态 1 和状态 2 之间是非发射转移弧，故在同一时刻仍然继续传播，所以状态 2 的代价还有一个候选者，即 cost=1.5+0.6=2.1（注意 1→2 路径没有声学代价）。这个值比 4.2 小，因此属于状态 2 的 Token 代价有变化，要更新为更小的 2.1。

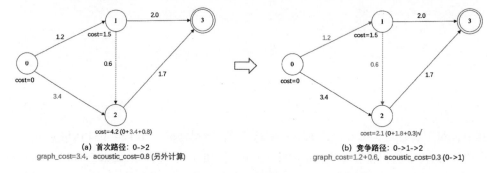

图 9-21   Viterbi 算法的 Token 替换例子（cost 有变化）

如图 9-22 所示是 Token 路径进一步传播的例子。到结尾状态 3 有两条路径：首次路径是 1→3，累计代价为 cost=1.5+2.0+0.3=3.8，创建的 Token 代价也为 3.8；竞争路径是 2→3，累计代价为 cost=2.1+1.7+0.6=4.4，比 3.8 大，因此首次路径创建的 Token 不改变。

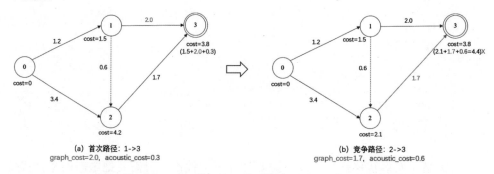

图 9-22   Viterbi 算法的 Token 替换例子（cost 无变化）

为了更好地理解 WFST 的 Viterbi 解码过程，我们用图 9-23 所示的 HCLG 网络（状态节点与图 9-18 中的 HCLG 对应）来分步骤介绍。为简单起见，转移弧的输入标签、输出标签和权重均省略，其中，状态节点 0 是起始状态，双圆圈节点是结尾状态（2、

4、5 节点），发射转移弧在 HCLG 中对应值不为 0 的输入标签（ilabel!=0），非发射转移弧在 HCLG 中对应值为 0 的输入标签（ilabel=0）。连接到双圆圈节点的转移弧，可以是发射转移弧，也可以是非发射转移弧。在解码过程中，假定不考虑自身转移。

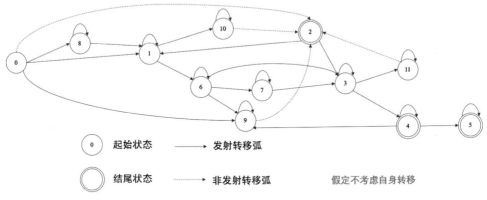

图 9-23　用于 Viterbi 解码的 HCLG 网络

首先我们介绍 Viterbi 解码的初始化。如图 9-24 所示，绿色圆圈 0 表示起始状态，其对应的 Token 在 prev_toks.keys 列表中显示。起始 Token 的 cost 为 0。

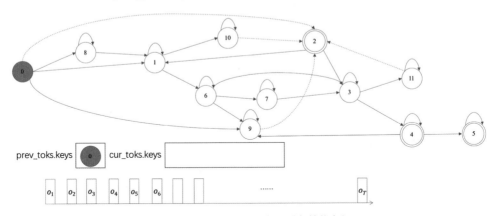

图 9-24　WFST 的 Viterbi 解码（起始状态）

如果一个状态节点有多条转移弧，则每条转移弧都会传播同样的 Token 信息，且每条转移弧都有各自的权重（图代价）。如果是产生观察值的转移弧，则还有对应的声学代价，将这些代价与之前 Token 保存的代价叠加，并更新到新 Token 中保存下来。

如图 9-25（a）所示，在解码第 1 帧时，从起始状态节点 0 出发，沿着转移弧到达下一个状态节点，包括节点 8、1 和 9。转移弧和下一个状态节点均用绿色表示。cur_toks.keys 列表中保存了 ProcessEmitting 处理的状态节点对应的 Token。

接着 ProcessNonemitting 沿着非发射转移弧（虚线）将 Token 传播到同一时刻的

状态节点2，在 cur_toks.keys 列表中也相应增加了对应的 Token，如图 9-25（b）所示。

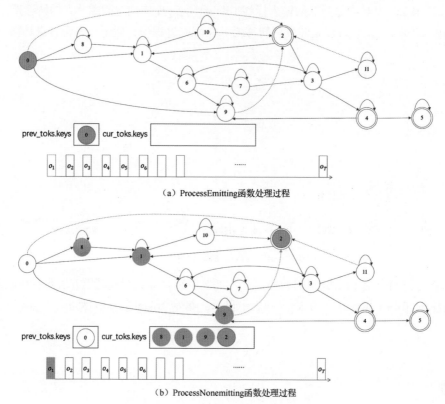

（a）ProcessEmitting函数处理过程

（b）ProcessNonemitting函数处理过程

图 9-25　WFST 的 Viterbi 解码（第 1 帧）

在解码第 2 帧时，首先切换 Token 列表，从之前的 cur_toks.keys 列表转换到 prev_toks.keys 列表，将 cur_toks.keys 列表置空，如图 9-26（a）所示。然后 ProcessEmitting 处理 prev_toks.keys 列表中 8、1、9、2 四个 Token 对应的状态节点的后续发射转移弧，把 Token 传播到状态节点 1、6、10 和 3，同时更新相应的 cost，如图 9-26（b）所示。由于画图空间有限，解码过程忽略自身转移。接着 ProcessNonemitting 继续生成与状态节点 10 关联的非发射转移弧产生的 Token（对应状态节点 2），如图 9-26（c）所示。

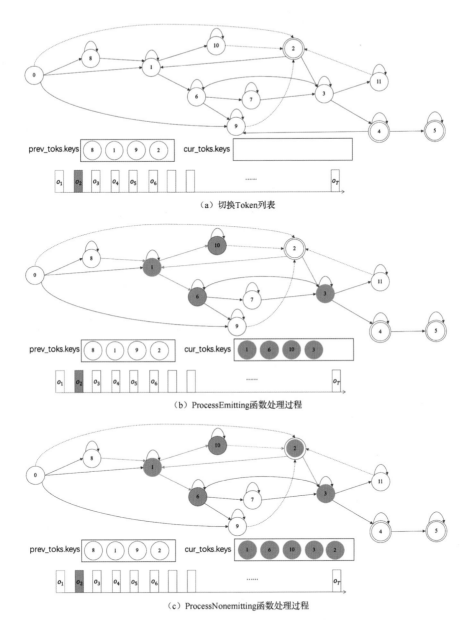

图 9-26　WFST 的 Viterbi 解码（第 2 帧）

　　直到 Viterbi 解码最后一帧 o_T，从到达的 Token 列表（可以强制只保留双圆圈表示的结尾状态）中选择最小累计代价对应的 Token，然后根据该 Token 回溯最优路径，如图 9-27 所示。其中最后一帧累计代价最小的 Token 对应的状态是 4，根据该状态进行回溯，得到最优路径 0→8→1→6→9→2→3→4，其中包含非发射转移弧，即图中的虚线 9→2。如果最优路径中包含多条非发射转移弧，则其包含的状态数就会比帧数多。

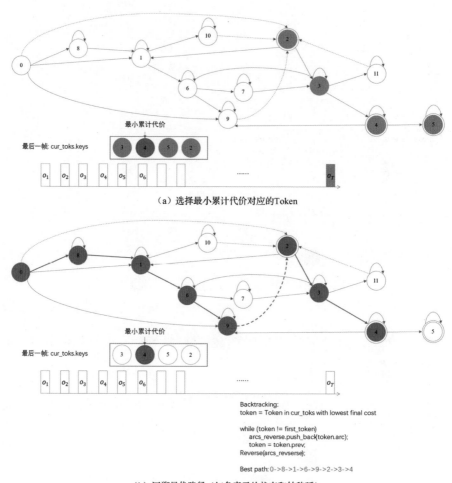

（a）选择最小累计代价对应的Token

Backtracking:
token = Token in cur_toks with lowest final cost

while (token != first_token)
　arcs_reverse.push_back(token.arc);
　token = token.prev;
Reverse(arcs_revserse);

Best path: 0->8->1->6->9->2->3->4

（b）回溯最优路径（红色表示的状态和转移弧）

图 9-27　WFST 的 Viterbi 解码（最后一帧）

9.5　Lattice 解码

在语音识别中，经常用 Lattice 来保存多种候选的识别结果，以便后续进行其他处理（如二次解码）。针对有 Lattice 的解码，需要保存多条搜索路径，包括中间遍历的多条路径信息，因此 Token 之间还需要有链表信息，以便在解码结束时跟踪到更多的匹配路径。

参照 Kaldi 的 lattice-faster-decoder 写法，我们给出用于 Lattice 解码的 Token 和相关的数据结构定义，包括 ForwardLink（前向链接）和 TokenList（令牌列表）。其中，ForwardLink 与在快速解码部分定义的转移弧 Arc 不同，它用来链接前后两帧之间的发射转移弧产生的 Token，或同一时刻非发射转移弧之间的 Token，ForwardLink 保存的图代价和声学代价更方便后续 Lattice 剪枝处理。TokenList 用来与帧索引建立关联，每帧对应一个 TokenList，这样能保证随时访问已解码过的在任一时刻创建的 Token 列表，而在快速解码部分定义的 Token 和 Arc 则无法关联时间戳信息，只能利用它们做简单的回溯处理。

9.5.1　主要数据结构

以下是前向链表（ForwardLink）、令牌（Token）和令牌列表（TokenList）的结构体定义。

1. ForwardLink

```
struct ForwardLink {
  Token *next_tok;        //链接到的 Token
  int ilabel;             //转移弧的输入标签
  int olabel;             //转移弧的输出标签
  float graph_cost;       //遍历图代价(包括语言模型得分)
  float acoustic_cost;    //声学代价
  ForwardLink *next;      //指向同一时刻的下一个链接
}
```

2. Token

```
struct Token {
  float tot_cost;         //累计的最优路径代价 ( 包括语言模型得分和声学代价 )
  float extra_cost;       //所有前向链接中与最优路径代价的最小差值
  ForwardLink *links;     //前向链接，指向新创建的 Token，用于 Lattice 生成
  Token *next;            //指向同一时刻的下一个 Token
}
```

3. TokenList

```
struct TokenList {
  Token *toks;                       //指向同一时刻的第一个 Token
  bool must_prune_forward_links;     //用于剪枝，默认值为 true
  bool must_prune_tokens;            //用于剪枝，默认值为 true
}
```

9.5.2　令牌传播过程

在进行 Lattice 解码时，从输入语音中提取声学特征(T帧)，然后通过令牌(Token)传播，逐帧处理。首先在 WFST 的起始节点产生一个 Token，然后针对每个活跃节点，把 Token 传播到与该节点相连的转移弧；如果转移弧的输入标签不是 0，则把激活的 Token 对应的帧数加 1，相当于移动到下一帧，实现帧与转移弧（HMM 状态的 transition-id）的对齐。

每个 Token 都记录了累计总代价，即之前最优路径代价加上转移弧对应的图代价

graph_cost（包含语言模型、转移概率、发音词典三部分的代价）和声学代价 acoustic_cost。其中，acoustic_cost 是根据声学特征和声学模型实时计算得出后验概率，然后取反得出的，因此原始后验概率越大，acoustic_cost 越小。

由于解码图庞大，因此 Token 的传播可能会有多条路径，对应 t 时刻的帧会有多个 Token。这些 Token 通过 WFST 解码图的状态节点标号 StateID 区分，即通过 t 和 StateID 可以找到唯一的 Token。

如图 9-28 所示，同一时刻的 Token 被汇总到一个 TokenList 中保存，T 帧则有 T 个 TokenList 来保存，因此 TokenList 构成一个数组，数组元素索引与帧索引对应。单个 TokenList 元素中可能包含多个 Token，即同一帧对应多个 Token，如第 1 帧特征 o_1 对应 Token 集合 TokenList[1]，由初始状态 0 转移产生，其包含 4 个 Token，标为 Token8、Token1、Token9 和 Token2，分别与状态节点 8、1、9、2 关联，每个 Token 都有累计代价 cost。其中，Token2 是状态节点 9 经非发射转移弧到达状态节点 2 产生的。注意，其仍然属于第 1 帧，因此在 Token9 和 Token2 之间产生的 ForwardLink 属于同一帧不同 Token 之间的链接。第 2 帧、第 3 帧及后续帧的解码过程，以此类推。

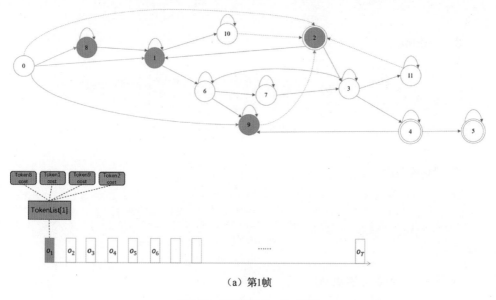

（a）第1帧

图 9-28　WFST 的 Lattice 解码

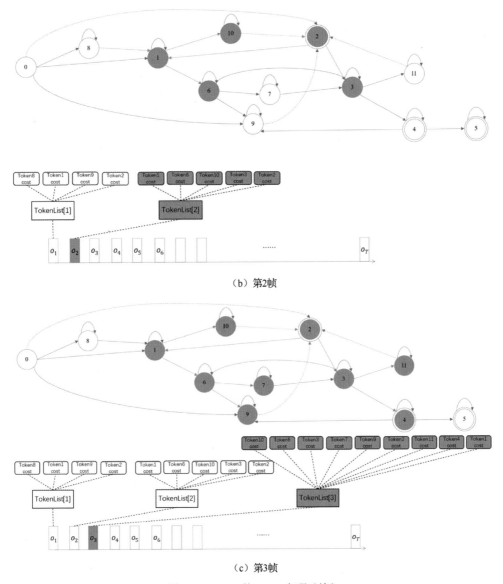

（b）第2帧

（c）第3帧

图 9-28　WFST 的 Lattice 解码（续）

Lattice 解码会保存不同时刻的 TokenList。如图 9-29 所示，每个 TokenList 中都包含同一时刻的多个 Token，TokenList 指向第一个 Token，比如 TokenList[1]先指向 Token8，然后通过 Token8 的 next 指针再链接到同一时刻产生的 Token1，以此类推。其中，Token2 由 Token9 通过非发射转移弧产生，因此同时有 ForwardLink 关联。

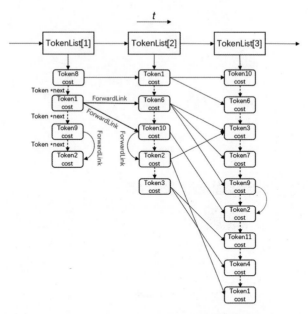

图 9-29　带 Lattice 解码的令牌传播过程

在下一时刻即第 2 帧，TokenList[1]包含的 Token1 被传播到 TokenList[2]的 Token6 和 Token10，并通过 ForwardLink 保存链接信息。例如，Token1 和 Token6 之间有一个 ForwardLink，该链接保存了两个 Token 对应的状态节点（1 和 6）之间转移弧的输入标签和输出标签，同时还有该转移弧对应的图代价和针对第 2 帧的声学代价。由于 Token2 是 Token10 在同一帧通过 ProcessNonemitting 产生的，因此它们之间有 ForwardLink。

在第 3 帧，TokenList[2]的 Token6 被进一步传播到 TokenList[3]的 Token3、Token7 和 Token9，Token10 被传播到 Token2，Token2 被传播到 Token3 和 Token1，Token3 被传播到 Token11 和 Token4。注意，TokenList[3]中的 Token3 同时来自 TokenList[2] 的 Token6 和 Token2，此时只会保存 cost 最小的那个 Token。

整个 HCLG 编译的 WFST 是一个庞大的网络，随着帧数的推进，其他 Token 也可扩张到更多的 Token，同时通过 ForwardLink 建立链接关系。一直到最后一帧结束，才停止 Token 的扩张，此时再从 TokenList 中寻找最优路径对应的最后一个 Token。如果指定最优结尾 Token，则一定要从 HCLG 的结尾状态（双圆圈表示的）中选择，对比所有结尾状态对应 Token 的 cost，选择值最小的，然后从该 Token 倒推得到最优路径对应的转移弧序列。

9.5.3　剪枝策略

随着 Token 的扩张，每一帧都可能对应很多个 Token，这会导致解码变慢。为了加快解码速度，需要采用剪枝策略，即事先设定一个剪枝阈值（beam），然后针对每一帧动态调整剪枝上限。剪枝的具体步骤如下：

（1）在解码过程中，针对当前帧找出最小代价（best_cost）的 Token，即最优 Token，根据该 Token 设定剪枝上限（cur_cost），其值为 best_cost+beam。同时对该 Token 进行后续一帧的扩张，计算每个转移弧新的 cost，结合阈值 beam 得到后续扩张的剪枝上限（next_cost）。

（2）第一轮。对同一帧所有的 Token 做一次剪枝，抑制一批代价超过 cur_cost 的 Token，即这批 Token 不再扩张，如图 9-30 所示的 Token9。

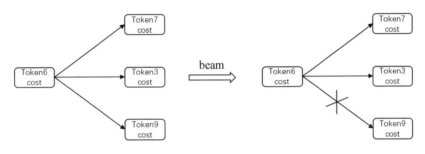

图 9-30　剪枝过程（第一轮）

（3）第二轮。对于当前帧除最优 Token 之外的其他 Token，也对后续转移弧计算更新的 cost——如果其超过扩张剪枝上限 next_cost，则该转移弧不再扩张。如图 9-31 所示，Token7 到 Token3 的转移弧被剪枝，实际上是不生成 Token3。

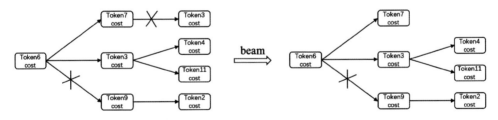

图 9-31　剪枝过程（第二轮）

除了默认的剪枝阈值 beam，还可设定最大活跃节点数 max_active。对 Token 按 cost 排序后只保留 max_active 个有效节点，对应的剪枝阈值为 adaptive_beam。

WFST 中的每个状态节点都与一个 Token 对应，后面不同时刻的特征帧也可能对齐到该状态，即对应到相同的 Token。此时需要比较 cost 值，如果新 Token 的 cost 值更小，则替换原有 Token。

以上是通用的剪枝策略，其也适用于 9.4 节介绍的快速解码。对于 Lattice 解码，还可间隔多帧（如 25 帧）再做一次基于 ForwardLink 的 Lattice 剪枝。根据每帧 TokenList 访问并算出每一个 ForwardLink 和最优路径的 cost 差值，如果该差值超过 Lattice 剪枝阈值，就剪掉该 ForwardLink。

9.5.4 Lattice

在语音识别中，Lattice 用来保存多种候选结果，每个节点均可对应到具体的时间（帧索引），节点之间的弧包含了候选词信息。HTK 用 SLF（Standard Lattice Format）保存 Lattice，Kaldi[2]则用 FST 格式保存，但也可转换成 SLF。

Kaldi Lattice 是在解码后，通过对每个时刻的 TokenList 包含的 Token 和与之关联的 ForwardLink 遍历生成的，并用转移弧 Arc 保存路径信息。具体实现可查看 decoder 的 GetRawLattice 函数。

Lattice 的基础结构可以表示为{input, output, weight}，即 Lattice 包括输入、输出和权重。Lattice 每条弧上的状态输入为 transition-id，状态输出为 word，权重 weight 包含两个值，即图代价 graph_cost 和声学代价 acoustic_cost，可以从 ForwardLink 参数获取这两个值。图 9-32 给出了一个 Lattice 例子——保存识别结果的 Lattice。

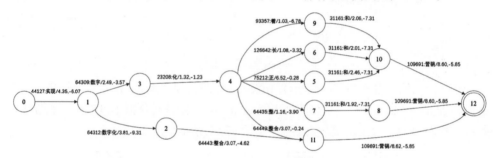

图 9-32　保存识别结果的 Lattice

Lattice 有多条路径，按最后的 cost 排序，最小的排在前面，如此即可从 Lattice 得到最优路径。注意，也可以在解码结束时直接获取最优路径，无须经过 Lattice。最优路径只包含一个结果，如图 9-33 所示，即"实现数字化整合营销"。

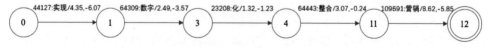

图 9-33　保存最优路径结果的 Lattice

如果要保留多个识别结果，则可采用 lattice-nbest 进行转换，将 N 条弧从起始状态传播到结尾状态，得到 N 个最好的不同词序列。

利用得到的 Lattice 还可进行二次解码，引入更复杂的语言模型，如递归神经网络语言模型，更新 Lattice 中路径上的得分（注意，不能简单地替换图代价，因为还有词典和转移概率），得到更优的识别结果。

如果想查看不同输出级别的 Lattice 信息，则可以将词级别的 Lattice 转换成音素级别的 Lattice，但这一步操作会耗费比较多的时间，尤其是在人声嘈杂环境下的识别。

也可将 Lattice 保存成紧凑形式的 CompactLattice（本质上是一种 WFSA），每条弧的输入和输出都是 word，它把可能的输入标签序列 transition-ids 全部放在权重里面，即权重信息包括 {graph_cost, acoustic_cost, transition-ids sequence}。Lattice 和 CompactLattice 两者的结构稍有不同，如表 9-4 所示，但它们包含了相同的内容，因此可以相互转换。

表 9-4　Lattice 和 CompactLattice 的差异

词图类别	每行格式
Lattice	node-id1,node-id2,transition-id,word, [graph_cost, acoustic_cost]
CompactLattice	node-id1,node-id2,word, [graph_cost, acoustic_cost],[transition-ids sequence]

9.6　本章小结

本章分别介绍了基于动态网络的传统 Viterbi 解码过程和基于 WFSF 静态网络的 Viterbi 解码过程。对基于 WFST 的 HCLG 构建过程做了详细讲解，并给出了具体的例子。WFST 把发音词典、声学模型和语言模型三大组件组成统一的静态网络，因此解码速度非常快。本章还从原理上深入讲解了 WFST 解码过程中的令牌传播机制，以及对应的剪枝策略，最后介绍了用于保存识别结果的 Lattice 结构。

参考文献

[1] MOHRI M, PEREIRA F, RILEY M. Speech Recognition with Weighted Finite-state Transducers[M]. Springer, Berlin Heidelberg, 2008.

[2] POVEY D, GHOSHAL A, BOULIANNE T, et al. The Kaldi Speech Recognition Toolkit[C]. IEEE 2011 Workshop on Automatic Speech Recognition and Understanding, 2011.

思考练习题

1. 结合第 8 章的思考练习题 1，构建一元和二元的语言模型对应的转换器 G.fst，可画图示意，需要包括输入标签、输出标签和对应的权重。

2. 请用"你叫什么名字"这句话，采用 OpenFst 工具，分别构建词典对应的转换器 L.fst 和语言模型对应的转换器 G.fst，然后将其合并成 LG.fst。

3. 为什么 WFST 是一种静态网络？其解码过程为何会很快？

4. 令牌传播机制需要哪些数据结构？Token 的含义是什么？它在解码过程中起什么作用？

5. 试分析词图 Lattice 的生成过程和保存格式，并给出例子。

第 10 章
Kaldi 训练实例

Kaldi 是一个与 HTK 类似的开源语音识别工具包，其底层基于 C++编写，可以在 Linux 和 Windows 平台上编译。Kaldi 使用 Apache 2.0 作为开源协议发行，旨在提供自由的、易修改和易扩展的底层代码、脚本和完整的工程示例，供语音识别研究者自由使用。

Kaldi 工具有很多特色，包括：

- 在 C++代码级别整合了 OpenFst 库。
- 支持基于 BLAS、LAPACK、OpenBLAS 和 MKL 的线性代数运算加速库。
- 包含通用的语音识别算法、脚本和工程示例。
- 底层算法的实现更可靠，经过大量有效测试，代码规范易理解、易修改。
- 每个底层源命令均功能简单，容易理解，命令之间支持管道衔接，工作流程分工明确，整个任务由上层脚本联合众多底层命令来完成。
- 支持众多扩展工具，如 SRILM、sph2pipe 等。

虽然 Kaldi 相比 HTK 支持更多的特性，但 Kaldi 除了官网的介绍和开源的工程示例，没有一个类似于 HTKBook 的完整使用文档，这使得 Kaldi 的使用门槛更高，它要求使用者至少懂得 shell 脚本和一些语音知识。在本章中，我们将介绍基于 Linux 系统从零开始构建一个完整的 Kaldi 系统用于语音识别，并训练 GMM-HMM、DNN-HMM 和 Chain 模型，如图 10-1 所示。

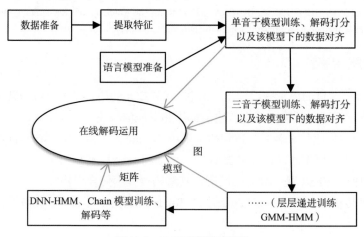

图 10-1　Kaldi 系统构建过程

10.1 下载与安装 Kaldi

我们可以从 GitHub 下载 Kaldi 工程代码。

要进行 Kaldi 的安装，首先获取源代码，然后进行编译。这里将 Kaldi 安装在/work
目录下。

10.1.1 获取源代码

获取源代码有两种方式。

（1）直接在终端利用 git 命令从 Kaldi 的 GitHub 代码库克隆：

```
[root@localhost work]# git clone https://gi××××.com/kaldi-asr/kaldi.git kaldi
--origin upstream
```

（2）从 Kaldi 开源地址（GitHub 上的 Kaldi 站点）下载，获得源代码压缩包
kaldi-master.zip，如图 10-2 所示。

图 10-2 从 Kaldi 开源地址下载源代码压缩包

下载下来后，在安装目录下解压缩 kaldi-master.zip：

```
[root@localhost work]# unzip kaldi-master.zip
```

为了统一，这里将 Kaldi 源代码目录名 kaldi-master 改为 kaldi：

```
[root@localhost work]# mv kaldi-master kaldi
```

10.1.2 编译

编译可依次按 kaldi/INSTALL、kaldi/tools/INSTALL 和 kaldi/src/INSTALL 三个安
装指示文件的说明进行。具体分两步：先编译依赖工具库 kaldi/tools，再编译 Kaldi
底层库 kaldi/src。

在编译 kaldi/tools 之前，检查依赖项：

```
[root@localhost work]# cd kaldi/tools
[root@localhost tools]# extras/check_dependencies.sh
 extras/check_dependencies.sh: all OK.
```

在编译中可能因为系统环境不满足依赖项要求，如 gcc 版本问题等，而导致编译
失败。对于所有的编译问题，可通过查看 kaldi/INSTALL、kaldi/tools/INSTALL 和

kaldi/src/INSTALL 三个安装指示文件，以及安装失败时的报错信息来解决。通常，由于依赖工具未安装而导致的编译失败，在其报错信息中有相关依赖工具安装包的安装提示，可直接复制并进行安装，比如 Ubuntu 系统为 apt-get install **，CentOS 系统为 yum install **。具体的依赖工具列表，可通过查看 extras/check_dependencies.sh 脚本了解。

例如，报错如下：

```
[root@localhost tools]# extras/check_dependencies.sh
......
  extras/check_dependencies.sh: Intel MKL is not installed. Download the installer
package for your
  ... system from: https://sof×××××.intel.com/mkl/choose-download.
  ... You can also use other matrix algebra libraries. For information, see:
  ...   http://ka×××-asr.org/doc/matrixwrap.html
  extras/check_dependencies.sh: The following prerequisites are missing; install
them first:
    g++ zlib1g-dev automake autoconf sox gfortran libtool
```

此时应该先安装 g++、zlib1g-dev、automake、autoconf、sox、gfortran 和 libtool 依赖项。

在编译时将默认安装 Atlas。如果希望使用 MKL 线性代数运算库加快计算速度（必须配套 Intel CPU），则可以在编译 kaldi/tools 之前先安装 MKL：

```
[root@localhost tools]# extras/install_mkl.sh
```

依赖检查通过后，使用多进程加速编译 kaldi/tools：

```
[root@localhost tools]# make -j 4
```

编译完 kaldi/tools 后，开始编译 kaldi/src 目录。在此之前，先执行配置脚本：

```
[root@localhost tools]# cd ../src/
[root@localhost src]# ./configure --shared
```

配置检查通过后，进行最后的编译：

```
[root@localhost src]# make depend -j 4
[root@localhost src]# make -j 4
```

最后，测试能否正常运行 yes/no 示例（需要联网，脚本会自动下载少量数据）：

```
[root@localhost src]# cd ../egs/yesno/s5/
[root@localhost s5]# sh run.sh
......
%WER 0.00 [ 0 / 232, 0 ins, 0 del, 0 sub ] exp/mono0a/decode_test_yesno/wer_10_0.0
```

若运行成功，则最后会输出如上所示的 WER 指标。至此，Kaldi 安装完毕。

10.2 创建和配置基本的工程目录

在 Kaldi 中，为了统一环境变量配置，所有的工程目录均在 kaldi/egs 下创建。具体需要创建一个如 kaldi/egs/name/version 这样的工程目录，即工程目录 version 是根目录 kaldi 的三级子目录。在正式通过 aishell 工程示例介绍语音识别训练系统之前，这里先介绍如何从零开始准备自己的工程目录。

创建一个工程目录：

```
[root@localhost work]# cd /work/kaldi/egs/
[root@localhost egs]# mkdir -p speech/s5
[root@localhost egs]# cd speech/s5/
[root@localhost s5]#
```

从官方 wsj 示例链接工具脚本集 utils 和训练脚本集 steps：

```
[root@localhost s5]# ln -s ../../wsj/s5/utils/ utils
[root@localhost s5]# ln -s ../../wsj/s5/steps/ steps
```

复制环境变量文件 path.sh，并根据之后构建训练总流程脚本 run.sh 的需要，复制并行配置文件 cmd.sh：

```
[root@localhost s5]# cp ../../wsj/s5/path.sh ./
[root@localhost s5]# cp ../../wsj/s5/cmd.sh ./
```

path.sh 文件在调用 utils 和 steps 中的脚本时会默认用到。cmd.sh 文件中保存了一些配置变量，供训练脚本使用。比如 run.sh，全局使用；queue.pl，一般用于联机环境中，在单机情况下，并行处理脚本应使用 run.pl（原脚本在 utils/parallel/下）。

在创建了基本的工程目录并配置了基本环境后，就可以在工程中添加工程相关内容。工程内容包括数据集映射目录、工程相关总流程脚本及其子脚本。对于数据集映射目录，需要根据自己的数据存储结构，自行处理每个数据集并生成符合 Kaldi 映射规范的映射目录；而对于脚本，根据工程目的，一方面可借鉴已有的公开示例中的处理或训练脚本来解决自己的工程任务，另一方面可根据自己的需要灵活修改任何脚本和 C++ 底层。接下来，将结合 aishell 工程示例继续介绍与语音识别相关的工程内容要点。

10.3   aishell 语音识别工程

在 Kaldi 工程中，除了配置基本的工程目录，以使用 Kaldi 自身提供的底层命令和脚本，在开展实验之前，还需要将数据集处理成符合 Kaldi 映射规范的映射目录。我们以 aishell 工程为例，来了解工程相关内容。

查看 aishell/s5 工程初始内容：

```
[root@localhost kaldi]# cd /work/kaldi/egs/aishell/s5/
[root@localhost s5]# ls
cmd.sh conf local path.sh RESULTS run.sh steps utils
```

其中，cmd.sh、path.sh、steps 和 utils 是工程基本配置，其余部分则是 aishell 工程的具体内容。

在 Kaldi 的开源工程示例中，所有的示例均有一个名为 run.sh 的总流程脚本，通过运行该脚本，可直接跑完所有的步骤，包括数据准备、数据切分、特征提取、特征

处理、模型训练、测试打分和结果收集等步骤。为了方便理解，接下来我们把 run.sh
包含的内容拆解成各个模块逐一介绍。

10.3.1 数据集映射目录准备

首先，由于开源工程示例的开源特性，数据准备通常包括从网上自动下载数据集
并生成相应的数据集映射目录。在 aishell 工程中，也提供了这样的自动化脚本（注：
如果在单机上运行本示例，则应在运行相关脚本前，先将 cmd.sh 中的所有 queue.pl
修改为 run.pl）。

修改 run.sh 中的数据存储路径变量，并通过在模块末尾添加终止命令执行各个模
块。首先，自动下载数据并解压缩：

```
[root@localhost s5]# vi run.sh
>> run.sh
data= wavdata # 修改数据存储路径变量
data_url=www.ope××××.org/resources/33
. ./cmd.sh
mkdir -p $data # 添加创建目录命令
local/download_and_untar.sh $data $data_url data_aishell || exit 1;
local/download_and_untar.sh $data $data_url resource_aishell || exit 1;
exit 1 # 添加终止命令，该模块执行完成后，注释掉所有不相关的已执行代码并进入下一个模块，重复操作
```

执行第一个模块并查看下载的数据内容：

```
[root@localhost s5]# sh run.sh
[root@localhost s5]# ls wavdata/
data_aishell README.txt resource_aishell resource_aishell.tgz s5
```

自动准备映射目录：

```
>> run.sh
local/aishell_data_prep.sh $data/data_aishell/wav \
$data/data_aishell/transcript || exit 1; # 自动准备映射目录
[root@localhost s5]# ls data/
dev local test train
[root@localhost s5]# ls data/train/
spk2utt text utt2spk wav.scp
```

在 aishell 工程中包含了 3 个数据集：train、dev 和 test。每一个数据集都包含了 4
个映射文件：wav.scp、utt2spk、spk2utt 和 text。

在 Kaldi 中，每个数据集都由映射文件来描述，而在语音识别工程中，至少需要
自行准备 wav.scp、utt2spk/spk2utt 和 text 这 3 个文件，其中，utt2spk 和 spk2utt 可使
用 utils/spk2utt_to_utt2spk.pl 和 utils/utt2spk_to_spk2utt.pl 两个脚本相互生成，因此只
需要准备其中一个即可。映射文件每行格式如下：

wav.scp = [utt-id] + [wav-path]

```
[root@localhost s5]# head -n 3 data/train/wav.scp
BAC009S0002W0124 wavdata/data_aishell/wav/train/S0002/BAC009S0002W0124.wav
```

```
BAC009S0002W0125 wavdata/data_aishell/wav/train/S0002/BAC009S0002W0125.wav
BAC009S0002W0126 wavdata/data_aishell/wav/train/S0002/BAC009S0002W0126.wav
```

utt2spk = [utt-id] + [spk-id]

```
[root@localhost s5]# head -n 3 data/train/utt2spk
BAC009S0002W0124 S0002
BAC009S0002W0125 S0002
BAC009S0002W0126 S0002
```

spk2utt = [spk-id] + [utt-id-1 utt-id-2 …]

```
[root@localhost s5]# head -n 3 data/train/spk2utt
S0002 BAC009S0002W0122 BAC009S0002W0123 BAC009S0002W0124 …
S0003 BAC009S0003W0121 BAC009S0003W0122 BAC009S0003W0123 …
S0004 BAC009S0004W0121 BAC009S0004W0123 BAC009S0004W0124 …
```

text = [utt-id] + [transcript]

```
[root@localhost s5]# head -n 3 data/train/text
BAC009S0002W0124 自 六月 底 呼和浩特 市 率先 宣布 取消 限 购 后
BAC009S0002W0125 各地 政府 便 纷纷 跟进
BAC009S0002W0126 仅 一 个 多月 的 时间 里
```

在语音识别工程中，更重要的是文本标注 text 文件，因此在未用到说话人信息时，utt2spk 与 spk2utt 中的 utt-id 和 spk-id 可以一致，即每句话都可以对应一个说话人，比如音频 wav10001 的 spk-id 可以直接被命名为 wav10001，这样就可以忽略有些数据集没有统计说话人信息的问题。另外，由于 Kaldi 的一些排序算法的要求，utt-id 通常要包含 spk-id 字符串作为前缀。例如，使用 spk001-wav10001 字符串作为 wav10001 的 utt-id，否则当合并多个采用不同命名规范的数据集时，可能出现一些数据映射检查通不过的问题。

10.3.2　词典准备和 lang 目录生成

在 aishell 语音识别工程中，由于其基于中文的普通话音素级别建模，而我们的标注通常为汉字形式的字词级别，因此需要有一个中文到普通话音素的词典以建立映射。

自动准备词典：

```
>> run.sh
local/aishell_prepare_dict.sh $data/resource_aishell || exit 1;
```

词典每行格式如下：

lexicon.txt = [word] + [phone-sequence]

```
[root@localhost s5]# head -n 5 data/local/dict/lexicon.txt
SIL sil
<SPOKEN_NOISE> sil
啊 aa a1
啊 aa a2
啊 aa a4
[root@localhost s5]# tail -n 5 data/local/dict/lexicon.txt
坐诊 z uo4 zh en3
```

```
坐庄 z uo4 zh uang1
坐姿 z uo4 z iy1
座充 z uo4 ch ong1
座驾 z uo4 j ia4
```

aishell 工程使用的普通话音素和 kaldi/egs/thchs30/s5 工程使用的一致，其中音素集即静音音素 "sil" 与所有拼音的声母和韵母集合。声母包含真声母和虚拟声母（如 aa），虚拟声母使整体音节也可分解为两个音节，从而使得每个拼音的音节个数均为 2——这样既方便处理，也有利于减少解码时音素映射到汉字时的边界混淆。例如，可认为 "a o" 是 'a' 与 'o' 或者 "ao"，但 "aa a1 oo o1" 则显然有明确的含义。在英语等外语或者方言识别中，若基于音素级别建模，则同样需要准备适合该语种的音素集和词典。例如，英语识别工程 kaldi/egs/ librispeech/s5/以单词或词组为词，将音标作为音素。同时，词典中允许出现多音词和同音词，音素也可以按声调进一步划分，建模粒度非常自由。值得注意的是，与静音音素 "sil" 对应的词<SIL>和<SPOKEN_NOISE>，即使被添加到词典中，但是如果在语言模型中未添加这两个词，在解码时它们也始终不会出现在搜索路径中。另外，静音音素 "sil" 除了表示真正的静音，还起到一个特殊的作用，即作为任何音素之间的可选插入音素。这意味着，即使两个音素之间出现一段静音，也不会影响解码时把一个音素序列合成一个特定的词，此时的 "sil" 并非对应到<SIL>这个词，而是对应到有限状态转换器中的<eps>。比如在英文识别中，一个单词可能很长，在念该单词时中途即使出现停顿，也依然可以解码出这个单词。

在与词典相关的准备中，最终目标是生成与语法相关的 lang 目录，以使得 Kaldi 程序能够将词和音素等信息联系起来。实际上，只需要先准备好 data/local/dict，就可以通过相关脚本自动生成 lang 目录。而 data/local/dict 中除了包含上面所讲的词典文件 lexicon.txt 或 lexiconp.txt（包含概率的词典，准备两者中的一个即可），还需要包含另外 4 个文件。

查看 aishell 工程中为生成 lang 目录准备的文件：

```
[root@localhost s5]# ls data/local/dict/
extra_questions.txt lexiconp.txt lexicon.txt nonsilence_phones.txt
optional_silence.txt silence_phones.txt
```

额外需要准备的 4 个文件如下。

- silence_phones.txt：包含所有静音音素，一般仅有 "sil"。

```
[root@localhost s5]# cat data/local/dict/silence_phones.txt
sil
```

- nonsilence_phones.txt：包含所有非静音音素，在 aishell 工程中为所有声韵母。若音素出现在同一行，则在后面训练中生成决策树分支时，会依据该定义先将它们划分成一个小类，这相当于在基于数据驱动的决策树聚类中加入了一些有明显联系的先验信息。显然，aishell 工程将声母作为一类，并将不同音调的韵母分为一类。如无特殊定义，每个音素可单独占一行。

```
[root@localhost s5]# cat data/local/dict/nonsilence_phones.txt
a1 a2 a3 a4 a5
aa
ai1 ai2 ai3 ai4 ai5
an1 an2 an3 an4 an5
ang1 ang2 ang3 ang4 ang5
......
```

- optional_silence.txt：可选音素，一般仅有"sil"。

```
[root@localhost s5]# cat data/local/dict/optional_silence.txt
sil
```

- extra_questions.txt：问题集，用于在产生决策树分支时，定义一些音素之间的其他联系。比如在 aishell 工程中，先将"sil"单独分为一类，然后将声母分为一类，最后将韵母按 5 种不同音调（后缀'5'表示轻声）各自分为一类。如无特殊定义，该文件可置空。

```
[root@localhost s5]# ls data/local/dict/
```

在准备好 data/local/dict 后，自动生成 lang 目录：

```
>> run.sh
utils/prepare_lang.sh --position-dependent-phones false data/local/dict \
"<SPOKEN_NOISE>" data/local/lang data/lang || exit 1;
[root@localhost s5]# ls data/lang/
L_disambig.fst  L.fst  oov.int  oov.txt  phones  phones.txt  topo  words.txt
```

在 lang 目录中,phones.txt 和 words.txt 文件分别定义了音素和词的索引(0-based)，以方便程序使用。而集外词文件 oov.txt 包含了生成 lang 目录时脚本参数指定的 <SPOKEN_NOISE>词，其作用是在处理标注时，将词典中没有的词统一映射到专门的音素（此处为"sil"），以处理集外词的情况。然而，该词如前所述，通常在解码阶段不起作用，仅在训练阶段使用。

10.3.3　语言模型训练

在 Kaldi 中，语音识别解码用于构成静态搜索网络 HCLG 所用的语言模型为 n-gram 模型，而训练n-gram 语言模型分为 3 个步骤：收集并处理语料；使用相关工具训练n-gram 语言模型；将语言模型转换为有限状态转换器形式。

（1）收集并处理语料。

关于语料，应该收集适用于语音识别模型应用场景的文本。例如，对于一般的用于日常识别的语音识别模型，可下载公开的《人民日报》语料或收集日常口语等作为语言模型训练语料。语料收集完成后，先进行文本清洗，去除词典中不存在的字符，并将文本语料分句，再使用分词算法按词典中已有的词进行分词，比如使用最大正向匹配分词算法。值得注意的是，对词典的准备，也可以在语料收集完成之后进行，并根据一些比较好的分词算法制作一个特殊的词典。总之，文本语料的分词应和词典保持一致。用于训练语言模型的语料应至少包含所有词典中的词，这样才能保证每个词在解码时都有概率出现。

（2）使用相关工具训练 *n*-gram 语言模型。

训练 *n*-gram 语言模型的工具有很多。在 Kaldi 中，有两个工具比较好用：一个是经典的 SRILM 工具，另一个是 Kaldi 自带的语言模型训练工具 kaldi_lm。两者均需要在 kaldi/tools 中额外进行安装和编译，并需要将它们添加到相关的环境变量文件 kaldi/tools/env.sh 中（安装时一般自动添加，若未添加，则需要自行添加）。

安装 SRILM 工具：

```
[root@localhost s5]# cd /work/kaldi/tools
[root@localhost tools]# extras/install_srilm.sh
Installing libLBFGS library to support MaxEnt LMs
checking for a BSD-compatible install... /usr/bin/install -c
...
SRILM config is already in env.sh
Installation of SRILM finished successfully
```

安装 kaldi_lm 工具：

```
[root@localhost tools]# extras/install_kaldi_lm.sh
Installing kaldi_lm
...
Installation of kaldi_lm finished successfully
Please source tools/env.sh in your path.sh to enable it
```

在 aishell 工程中，默认使用 kaldi_lm 工具训练语言模型。安装完成后，开始训练语言模型：

```
>> run.sh
local/aishell_train_lms.sh || exit 1;
```

（3）将语言模型转换为有限状态转换器形式。

只有将语言模型转换为有限状态转换器形式，才能合成 HCLG。

```
>> run.sh
utils/format_lm.sh data/lang data/local/lm/3gram-mincount/lm_unpruned.gz \
    data/local/dict/lexicon.txt data/lang_test || exit 1;
```

将语言模型转换完成之后，再提取声学特征并训练声学模型。而在训练完成任意声学模型（如单音子和三音子等声学模型）后，就可将其和已准备好的词典、语言模型等合成 HCLG，并通过开发集和测试集的文本解码来测试当前声学模型的性能。

10.3.4 声学特征提取与倒谱均值归一化

Kaldi 支持的声学特征有很多，如 FBank、MFCC、PLP、Spectrogram 和 Pitch 等特征。在语音识别中，通常使用 MFCC、FBank 和 PLP 以获得更好的性能。不同的声学特征适合不同的模型。例如，GMM-HMM 比较适合带差分的低维 MFCC 特征；而

DNN-HMM 适合有更多维度的 MFCC 或者 FBank 特征，甚至结合卷积网络可直接使用语谱图（Spectrogram）特征。由于在 Kaldi 中 DNN-HMM 的训练并不是端到端的，所以在训练时仍然需要帧级别的对齐标注。DNN-HMM 的训练属于有监督的判别式模型训练，为了保证 DNN-HMM 的效果，我们需要先额外训练几轮 GMM-HMM 以获得足够可靠的对齐标注。而如前所述，不同的模型采用不同的声学特征，因此，在整个训练流程中，我们需要为 GMM-HMM 和 DNN-HMM 各自独立提取声学特征。配置声学特征可使用很多属性，如是否计算能量、采样率、上下截止频率、mel 滤波器数等。

在 aishell 工程中可以查看声学特征配置文件：

```
[root@localhost s5]# ls conf/
decode.config mfcc.conf mfcc_hires.conf online_cmvn.conf online_pitch.conf
pitch.conf
```

用于 GMM-HMM 训练的 MFCC 特征配置如下：

```
[root@localhost s5]# cat conf/mfcc.conf
--use-energy=false  # only non-default option.
--sample-frequency=16000
```

用于 DNN-HMM 训练的高精度 MFCC 特征配置如下：

```
[root@localhost s5]# cat conf/mfcc_hires.conf
# config for high-resolution MFCC features, intended for neural network training.
# Note: we keep all cepstra, so it has the same info as filterbank features,
# but MFCC is more easily compressible (because less correlated) which is why
# we prefer this method.
--use-energy=false  # use average of log energy, not energy.
--sample-frequency=16000 # Switchboard is sampled at 8kHz
--num-mel-bins=40    # similar to Google's setup.
--num-ceps=40     # there is no dimensionality reduction.
--low-freq=40   # low cutoff frequency for mel bins
--high-freq=-200 # high cutoff frequently, relative to Nyquist of 8000 (=3800)
```

MFCC 额外附带的 Pitch 特征配置如下：

```
[root@localhost s5]# cat conf/pitch.conf
--sample-frequency=16000
```

通常，Pitch 特征一共有 3 维，可附加在 MFCC、FBank 等主要声学特征后。Pitch 特征的采样率需要与主要声学特征的采样率一致。

提取用于 GMM-HMM 训练的 MFCC+Pitch 特征，以及计算相应的倒谱均值：

```
>> run.sh
mfccdir=mfcc
for x in train dev test; do
  steps/make_mfcc_pitch.sh --cmd "$train_cmd" --nj 10 data/$x exp/make_mfcc/$x
$mfccdir || exit 1; # 提取 MFCC+Pitch 特征
  # 计算倒谱均值
  steps/compute_cmvn_stats.sh data/$x exp/make_mfcc/$x $mfccdir || exit 1;
  utils/fix_data_dir.sh data/$x || exit 1; # 检查映射目录
done
```

在提取特征和计算倒谱均值之后，在 3 个数据映射目录中会分别生成 feats.scp 和 cmvn.scp 文件，其中，每行第二列的数据地址均指向已存储在 mfcc 目录中的以 ark 为后缀的数据文件，该数据文件中存储了压缩二进制矩阵数据。需要注意的是，倒谱均值是单独存储的，声学特征仍然是最原始的声学特征，而不是被归一化后的，真正的归一化在训练时动态进行。

10.3.5　声学模型训练与强制对齐

在声学模型的训练中，最初的对齐标注是在训练单音子模型中进行强制对齐时产生的，但是单音子模型的训练并没有使用对齐标注，而是采用了等距切分的方法，将一句话的总帧数平均分配给该句话对应的每个音素，然后通过不断的迭代训练以获得更精准的对齐。有了最初的标注，再通过几轮对基于三音子的 GMM-HMM 的继续优化，可以生成更精准的对齐标注，最终将这些对齐标注用于 DNN-HMM 的训练。

1. 训练 GMM-HMM

训练单音子模型，并强制对齐训练集，生成对齐标注：

```
>> run.sh
# 单音子模型训练
steps/train_mono.sh --cmd "$train_cmd" --nj 10 \
  data/train data/lang exp/mono || exit 1;
# 强制对齐
steps/align_si.sh --cmd "$train_cmd" --nj 10 \
  data/train data/lang exp/mono exp/mono_ali || exit 1;
```

训练三音子模型，并强制对齐训练集，生成对齐标注：

```
# 三音子模型训练
steps/train_deltas.sh --cmd "$train_cmd" \
2500 20000 data/train data/lang exp/mono_ali exp/tri1 || exit 1;
steps/align_si.sh --cmd "$train_cmd" --nj 10 \
  data/train data/lang exp/tri1 exp/tri1_ali || exit 1; # 强制对齐
```

反复训练三音子模型，并强制对齐训练集，生成对齐标注：

```
# 反复训练三音子模型
steps/train_deltas.sh --cmd "$train_cmd" \
 2500 20000 data/train data/lang exp/tri1_ali exp/tri2 || exit 1;
# 强制对齐
steps/align_si.sh --cmd "$train_cmd" --nj 10 \
  data/train data/lang exp/tri2 exp/tri2_ali || exit 1;
# 训练 LDA+MLLT 三音子模型
steps/train_lda_mllt.sh --cmd "$train_cmd" \
 2500 20000 data/train data/lang exp/tri2_ali exp/tri3a || exit 1;
# 强制对齐
steps/align_fmllr.sh --cmd "$train_cmd" --nj 10 \
  data/train data/lang exp/tri3a exp/tri3a_ali || exit 1;
```

```
# 训练基于 SAT+fMLLR 的三音子模型
steps/train_sat.sh --cmd "$train_cmd" \
  2500 20000 data/train data/lang exp/tri3a_ali exp/tri4a || exit 1;
# 强制对齐
steps/align_fmllr.sh  --cmd "$train_cmd" --nj 10 \
  data/train data/lang exp/tri4a exp/tri4a_ali
# 使用更多的数据集训练基于 SAT+fMLLR 的三音子模型
steps/train_sat.sh --cmd "$train_cmd" \
  3500 100000 data/train data/lang exp/tri4a_ali exp/tri5a || exit 1;
```

2. 训练 DNN-HMM

在训练完 GMM-HMM 之后，在训练 TDNN 模型之前，需要改用高精度的 MFCC 特征。此外，在 TDNN 模型的训练中，还可以做数据扩增来进一步提升效果。因此，我们首先对训练集做数据扩增。aishell 工程的 run.sh 脚本可以调用 local/nnet3/run_ivector_common.sh 来处理所有这些步骤。为了条理清晰，这里专门将相关脚本拿出来独立执行。

变速扩增数据：

```
[root@localhost s5]# utils/data/perturb_data_dir_speed_3way.sh data/train
data/train_sp
```

提取变速扩增数据的低精度声学特征并基于 GMM-HMM 生成对齐文件：

```
[root@localhost s5]# steps/align_fmllr.sh --nj 30 --cmd "run.pl" data/train_sp
data/lang exp/tri5a exp/tri5a_sp_ali
```

在变速扩增数据的基础上，额外加入音量扰动并提取高精度声学特征以用于训练：

```
[root@localhost s5]# utils/copy_data_dir.sh data/train_sp data/train_sp_hires
[root@localhost s5]# utils/data/perturb_data_dir_volume.sh data/train_sp_hires
[root@localhost s5]# steps/make_mfcc_pitch.sh --nj 10 --mfcc-config
conf/mfcc_hires.conf --cmd "run.pl" data/train_sp_hires exp/make_hires/
train_sp_hires mfcc
[root@localhost s5]# steps/compute_cmvn_stats.sh data/train_sp_hires
exp/make_hires/ train_sp_hires mfcc
```

神经网络的训练除需要准备应有的训练集、对齐标注和 Lattice 文件外，其余步骤均分为配置神经网络和训练模型两部分。有关模型的配置结构可查看 steps/libs/nnet3/xconfig/目录下关于神经网络层的 Python 定义，训练参数配置可查看 steps/nnet3/train*.py 和 steps/nnet3/chain/train*.py 系列脚本。

在 aishell 工程中训练 TDNN 模型和 Chain 模型：

```
>> run.sh
local/nnet3/run_tdnn.sh
local/chain/run_tdnn.sh # 以上步骤均包含在总脚本的调用中
```

需要注意的是，Chain 网络的训练基本同 TDNN 网络的训练，但需要额外使用 GMM-HMM 生成 Lattice 文件：

```
>> local/chain/run_tdnn.sh
```

```
steps/align_fmllr_lats.sh --nj $nj --cmd "$train_cmd" data/$train_set \
   data/lang exp/tri5a exp/tri5a_sp_lats
```

10.3.6　解码测试与指标计算

在 Kaldi 中，每个声学模型训练完成后，都可以进行解码测试。解码分为两步：
生成 HCLG 和生成 Lattice 文件并解码。生成 HCLG 使用含语言模型的 data/lang_test
目录。

生成 HCLG：

```
>> run.sh
# GMM-HMM 和普通 TDNN 的 HCLG 生成方式，示例为单音子模型
utils/mkgraph.sh data/lang_test exp/mono exp/mono/graph
>> local/chain/run_tdnn.sh
#基于 Chain 模型生成 HCLG，要附带额外的参数
utils/mkgraph.sh --self-loop-scale 1.0 data/lang_test $dir $dir/graph
```

开发集和测试集解码：

```
>> run.sh
# 无 fMLLR 的 GMM-HMM 解码
steps/decode.sh --cmd "$decode_cmd" --config conf/decode.config --nj 10 \
   exp/mono/graph data/dev exp/mono/decode_dev
steps/decode.sh --cmd "$decode_cmd" --config conf/decode.config --nj 10 \
   exp/mono/graph data/test exp/mono/decode_test
# 基于 fMLLR 的 GMM-HMM 解码
steps/decode_fmllr.sh --cmd "$decode_cmd" --nj 10 --config conf/decode.config \
   exp/tri4a/graph data/dev exp/tri4a/decode_dev
steps/decode_fmllr.sh --cmd "$decode_cmd" --nj 10 --config conf/decode.config \
   exp/tri4a/graph data/test exp/tri4a/decode_test


>> local/nnet3/run_tdnn.sh
# 普通 DNN-HMM 的解码
steps/nnet3/decode.sh --nj $num_jobs --cmd "$decode_cmd" \
      --online-ivector-dir exp/nnet3/ivectors_${decode_set} \
      $graph_dir data/${decode_set}_hires $decode_dir || exit 1;
>> local/chain/run_tdnn.sh
# 基于 Chain 的 DNN-HMM 的解码，需要额外增加参数
steps/nnet3/decode.sh --acwt 1.0 --post-decode-acwt 10.0 \
      --nj 10 --cmd "$decode_cmd" \
      $graph_dir data/${test_set}_hires $dir/decode_${test_set} || exit 1;
```

解码完成后，通过匹配测试集的真实标注，可以计算出 WER 和 CER 指标，其中，
前者通常用于英文，后者用于中文。

指标的计算通常由 decode*.sh 解码系列脚本调用 local/score.sh 来完成：

```
>> local/score.sh
# WER 指标的计算
local/score.sh $scoring_opts --cmd "$cmd" $data $graphdir $dir
```

```
# CER 指标的计算
steps/scoring/score_kaldi_cer.sh --stage 2 $scoring_opts --cmd "$cmd" $data
$graphdir $dir
```

从 scoring_kaldi 目录下的 best_wer 文件中，我们可以获得最优的 WER 指标，例如 Chain 模型的结果：

```
%WER 15.95 [ 10279 / 64428, 874 ins, 1704 del, 7701 sub ]
exp/chain/tdnn_1a_sp/decode_test/wer_12_0.5
```

从 scoring_kaldi 目录下的 best_cer 文件中，我们可以获得最优的 CER 指标，例如 Chain 模型的结果：

```
%WER 7.47 [ 7822 / 104765, 329 ins, 424 del, 7069 sub ]
exp/chain/tdnn_1a_sp/decode_test/cer_10_0.5
```

图 10-3 给出了 aishell-1（178 小时）的实验结果，同时对比了不同声学模型的 CER 指标。可以看出，从单音子（mono）、三音子（tri）的 GMM-HMM，到 DNN-HMM，再到 Chain 模型，ASR 的性能逐步提升，错误率越来越低，验证了三音子和神经网络的有效性。但由于训练步骤烦琐，也给语音识别工程化和落地应用带来困难。

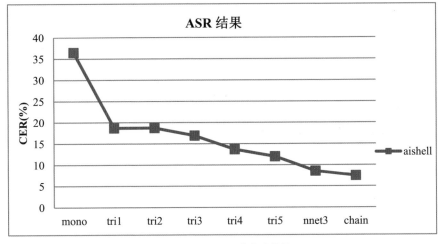

图 10-3   aishell-1 的实验结果

10.4   本章小结

本章详细介绍了 Kaldi 系统的构建过程，包括数据准备、特征提取、模型训练和解码过程。Kaldi 训练脚本众多，配置烦琐，入门比较困难，除了本章介绍的 aishell 例子，读者也可采用 LibriSpeech 训练脚本，逐步掌握 GMM-HMM、DNN-HMM 和 Chain 模型的训练流程。随着对 Kaldi 工程的深入学习，读者可再替换 DNN 结构为 TDNN-F 等配置，进一步对比不同网络的识别性能。

第 11 章
端到端语音识别

语音识别技术从最基础的动态时间规整（DTW），到使用混合高斯模型的 GMM-HMM，再到应用各类神经网络的 DNN-HMM，已经有了长足的发展。但是 GMM-HMM 没有利用帧的上下文信息，不能充分描述声学特征的状态空间分布，而 DNN-HMM 需要使用 GMM-HMM 的结果，对帧与状态进行对齐，这两种方法都有其局限性。同时，传统的 HMM 框架基于贝叶斯决策理论，需要声学模型、语言模型和发音词典这三大组件，而且需要分开设计每个组件，且不同模型要分开训练，然后通过 WFST 等解码器融合在一起，步骤甚为烦琐。由于每个组件的训练或设计均需要专业知识和技术积累，一部分没调好就会导致整体效果欠佳，因此传统的语音识别系统入门难，维护也难，迫切需要更简洁的框架。

自 2015 年以来，端到端（End-to-End，E2E）模型开始被应用于语音识别领域，并日益成为研究和应用的热点。E2E 语音识别只需要输入端的语音特征和输出端的文本信息，传统语音识别系统的三大组件被融合为一个网络模型，直接实现输入语音到输出文本的转换，如图 11-1 所示。

图 11-1   端到端语音识别

由于没有词典，也就没有分词，E2E 语音识别系统一般以字符（中文用字，英文用字母）作为建模单元。根据优化目标的不同，E2E 系统主要有连接时序分类（Connectionist Temporal Classification，CTC）和注意力（Attention）两种模型。2006 年，Graves 等人在 ICML 2006 上首次提出 CTC 方法[1]，该方法直接自动对齐输出标签和输入序列，不再像 DNN-HMM 那样需要对齐标注。CTC 假定输入符号是相互独立的，输出序列与输入序列按时间顺序单调对齐，然后通过动态规划来解决序列对齐的问题。对于一段语音，CTC 最后的输出是尖峰（Spike）的序列，而不关心每一个字符对应的时间长度。2012 年，Graves 等人又提出了循环神经网络变换器（RNN Transducer，RNN-T）[2]，它是 CTC 的一个扩展，能够整合输入序列与之前的输出序列，这相当于同时对声学模型和语言模型进行优化。2014 年，基于 Attention 的 Encoder-Decoder 方案在机器翻译领域中得到了广泛应用，并取得了较好的实验结果[3]，之后很快被大规模商用。2015 年，Chorowski 等人将 Attention 的应用扩展到语音识别领域[4]。基于 Attention 的 Encoder-Decoder 模型无须对输入序列、输出序列的对齐做任何预先假设，而是可以同时学习编码、解码和如何对齐，目前已成为主流的模型。

11.1 CTC

CTC 在输入序列 $X = \{x_1, x_2, \cdots, x_T\}$ 和输出序列 $Y = \{y_1, y_2, \cdots, y_U\}$ 之间直接建立多对一的映射关系，寻求最佳匹配。如图 11-2 所示，输出序列（"Hello World"）的字符个数与输入序列 X 的长度（这里是帧数 20）并不相等，无法将它们直接匹配，但通过中间的重复字符和空白字符（"-"）可以建立与输入序列的一一对应关系，这里的空白字符可用来表示单词"Hello"和"World"之间的间隔。在 CTC 识别后，需要去除空白字符和连续的重复字符，如"o-"变为"o"，"ee"变为"e"，最后得到精简后的输出序列 Y。

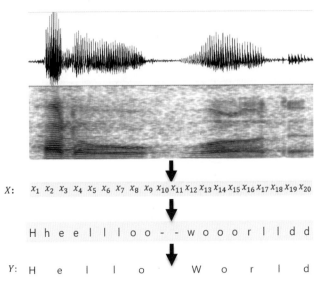

图 11-2　CTC 在输入序列 X 和输出序列 Y 之间实现多对一的匹配

CTC 直接对序列数据进行学习，不需要帧级别的标注，而是在输出序列和最终标签之间增加了多对一的空间映射，并在此基础上定义了 CTC 的损失函数，在训练过程中自动对齐并使损失函数最小化。

11.1.1　损失函数

定义 L 为建模单元集，建模单元可以是字符，如英文字母 $\{a, b, \cdots, z\}$，也可以是音素，如普通话的声韵母。为了对静音、字间停顿、字间混淆进行建模，CTC引入了额外的空白标签（"-"，建模单元可表示为<blank>），把L扩展为L'（$L' = L \cup \{"-"\}$）。在识别的最后需要剔除空白标签，如$(a,-,b,-,-,c)$和$(a,-,-,b,-,c)$均表示为(a,b,c)。

假设训练集为S，每个样本(X,Y)都由输入序列$X = \{x_1, x_2, \cdots, x_T\}$和输出序列$Y = \{y_1, y_2, \cdots, y_U\}$组成，其中，$T$是输入序列的长度，$U$是输出序列的长度，$Y$的每个标注均来自建模单元集$L$。如图11-3所示，CTC的训练目标是使$X$和$Y$尽量匹配，即最大化输出概率$P(Y|X)$。

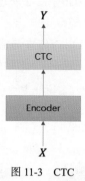

图 11-3　CTC

与 DNN-HMM 相比，基于 CTC 的端到端语音识别系统主要利用 CTC 作为损失函数。输入序列经过解码之后，通过 CTC 衡量其与真实的序列是否接近。

输出序列Y可由各种 CTC 路径$A_{CTC}(X,Y)$生成，这些路径包含了重复标签与空白标签各种可能的组合，例如，输出序列(a, b, c)可能来自以下序列：

a	a	b	b	b	c
a	b	b	c	c	c
a	-	b	-	-	c
-	a	-	b	-	c
-	a	b	b	-	c

其中，"-"表示空白标签，连续多个重复的字符表示连续多帧特征均对应同一个字符，如"aa"表示一个"a"。如果要表示"aa"，则序列为"a-a"。

穷举所有可能的路径$A_{CTC}(X,Y)$，则Y由X生成的概率为

$$P(Y|X) = \sum_{\hat{Y} \in A_{CTC}(X,Y)} P(\hat{Y}|X) \tag{11-1}$$

其中，$\hat{Y}$表示X和Y在 CTC 网络下的某条对齐路径，其长度与输入序列X的长度一致，即$\hat{Y} = \{\hat{y}_1, \hat{y}_2, \cdots, \hat{y}_T\}$。去除$\hat{Y}$的重复标签和空白标签后得到$Y$。

$\hat{Y}$路径出现的概率是每个时刻输出概率的乘积：

$$P(\hat{Y}|X) = \prod_{t=1}^{T} P(\hat{y}_t|x_t), \forall \hat{Y} \in L'^T \tag{11-2}$$

其中，$\hat{y}_t$ 表示 $\hat{Y}$ 路径在 t 时刻的输出标签（L' 中的一个），$P(\hat{y}_t|x_t)$ 是其对应的输出概率。

CTC 从原始输入 x_t 到最后输出 $\hat{y}_t$ 的计算过程如图 11-4 所示。

假如扩展建模单元集 L' 的个数为 K，则 CTC 输出层对应 K 个节点。如图 11-5 所示，每个节点的最后输出 p_t^k 都对应 t 时刻第 k 个建模单元的概率，其由 Encoder 的隐藏层输出 h_t^k 经过 Softmax 转换得到：

$$p_t^k = \frac{e^{h_t^k}}{\sum_{k'=1}^{K} e^{h_t^{k'}}} \tag{11-3}$$

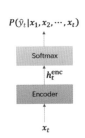

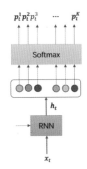

图 11-4　CTC 从原始输入 x_t 到最后输出 $\hat{y}_t$ 的计算过程 　　　图 11-5　CTC 的概率输出过程

对于某个时刻的输出 $\hat{y}_t$，根据其在建模单元集的索引选择 K 个输出值的其中一个，比如对应的索引是 3，则其值为 p_t^3，即 $P(\hat{y}_t|x_t) = p_t^3$。

基于输入序列 X，CTC 的某条对齐路径 $\hat{Y}$ 的输出概率 $P(\hat{Y}|X)$ 完整的计算过程如图 11-6 所示。为方便起见，对于每个时刻的输出 $\hat{y}_t$，根据其在建模单元集的索引，直接用 $\hat{y}_t$ 表示。

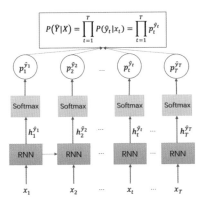

图 11-6　CTC 路径的输出概率计算过程

针对输入序列 $X = \{x_1, x_2, \cdots, x_T\}$，分别通过 RNN 得到隐藏层输出 $\left\{h_1^{\hat{y}_1}, h_2^{\hat{y}_2}, \cdots, h_T^{\hat{y}_T}\right\}$，通过 Softmax 转换得到每个时刻的输出概率 $p_t^{\hat{y}_t}$，再将这些概率连乘得到 $P(\hat{Y}|X)$。

X 和 Y 之间可能有很多条对齐路径，对于每条对齐路径 $\hat{Y} \in A_{\text{CTC}}(X, Y)$，都要单独计算其输出概率，然后通过式（11-1）累加得到总概率 $P(Y|X)$。

CTC 本质上还是声学模型，其损失函数被定义为训练集 S 中所有样本的负对数概率之和：

$$L(S) = - \sum_{(X,Y) \in S} \ln P(Y|X) \qquad (11\text{-}4)$$

CTC 训练优化的目标是使 $L(S)$ 最小化，但计算 $P(Y|X)$ 的复杂度非常高，需要穷举所有路径，类似于 HMM 状态的遍历过程。为了简化计算过程，我们可以参照 HMM 的前向—后向算法来求解 CTC 的局部概率和全局概率。

11.1.2 前向算法

在输出序列 $Y = \{y_1, y_2, \cdots, y_U\}$ 的句子开头和每个标签的中间加上空白字符，表示为 Y'，即 $Y' = \{b, y_1, b, y_2, b, \cdots, y_U, b\}$，其中 b 表示空白字符。Y 的长度为 U，则 Y' 的长度为 $2U + 1$。

用 $\alpha_t(s)$ 表示已经输入部分的观察值 $x_1, x_2, \cdots, x_t$，并且输出到达标签为 s 的状态的概率：

$$\alpha_t(s) = P(x_1, x_2, \cdots, x_t, s) \qquad (11\text{-}5)$$

前向算法按输入序列的时间顺序，从前向后递推计算输出概率。

（1）初始化。

$$\alpha_1(1) = P(b|x_1) \qquad (11\text{-}6)$$

$$\alpha_1(2) = P(y_1'|x_1) \qquad (11\text{-}7)$$

$$\alpha_1(s) = 0, \forall s > 2 \qquad (11\text{-}8)$$

（2）迭代计算。

$$\alpha_t(s) = \begin{cases} \big(\alpha_{t-1}(s) + \alpha_{t-1}(s-1)\big)P(y_s'|x_t), & \text{如果 } y_s' = b \text{ 或 } y_{s-2}' = y_s' \\ \big(\alpha_{t-1}(s) + \alpha_{t-1}(s-1) + \alpha_{t-1}(s-2)\big)P(y_s'|x_t), & \text{其他} \end{cases} \qquad (11\text{-}9)$$

（3）终止计算。

$$P(Y|X) = \alpha_T(2U + 1) + \alpha_T(2U) \qquad (11\text{-}10)$$

图 11-7 给出了英文单词 "dog" 的前向概率计算过程。首先为 "dog" 加上空白标

签变成 "-d-o-g-",其中 "-" 在图中表示为空白圆圈,"dog" 的三个字母分别用实心
圆圈表示。

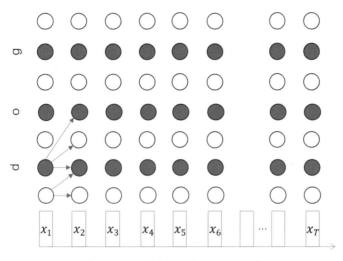

图 11-7　CTC 前向概率计算过程($t=2$)

根据式(11-9),空白圆圈(代表空白字符)只能向前或向上移动一格,即不能跳
到下一个空白字符。而实心圆圈除了可以向前或向上移动一格,如果和下一个字母不
同,也可移动两格,比如字母 "d" 可直接跳到 "o",这样允许非空白字符之间没有
停顿的衔接。

图 11-8 给出了 $t=3$ 的计算路径。从第 2 帧输入特征 x_2 转移到第 3 帧特征 x_3,空白
圆圈和实心圆圈除自身转移外,还可向上转移到更高的节点,其中实心圆圈最高到达
字符 "g"。

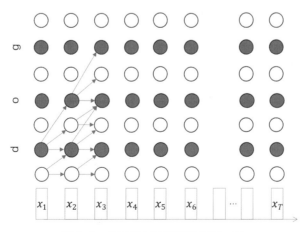

图 11-8　CTC 前向概率计算过程($t=3$)

图 11-9 给出了 $t=T$ 的计算路径，最后只计算字母"g"和最后一个空白标签（过滤后"g"为最后一个字符）的概率。根据式（11-10），最后计算概率 $P(Y|X)$。

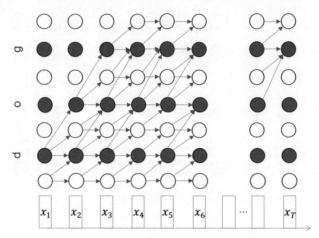

图 11-9　CTC 前向概率计算过程（$t=T$）

注意，如果是连续两个字符，则不能间隔跳转，如式（11-9）上半部分所示。比如单词"apple"的"pp"，为了避免与解码结果可能出现的重复字符混淆（最终会合并成一个，即"pp" => "p"），其实际路径表示为"p-p"，即中间加空白字符。

11.1.3　后向算法

后向算法由后向前推算输出概率。用 $\beta_t(s)$ 表示在 t 时刻输出标签为 s 及输入观察值序列为 $x_t, x_{t+1}, \cdots, x_T$ 的概率：

$$\beta_t(s) = P(x_t, x_{t+1}, \cdots, x_T, s) \tag{11-11}$$

扩展输出序列 $Y' = \{b, y_1, b, y_2, b, \cdots, y_U, b\}$ 的长度为 $2U + 1$。后向算法迭代过程如下。

（1）初始化。

$$\beta_T(2U + 1) = P(y'_{2U+1}|x_T) \tag{11-12}$$

$$\beta_T(2U) = P(y'_{2U}|x_T) \tag{11-13}$$

$$\beta_T(s) = 0, \forall s < 2U \tag{11-14}$$

（2）迭代计算。

$$\beta_t(s) = \begin{cases} (\beta_{t+1}(s) + \beta_{t+1}(s+1))P(y'_s|x_t), & \text{如果 } y'_s = b \text{ 或 } y'_{s+2} = y'_s \\ (\beta_{t+1}(s) + \beta_{t+1}(s+1) + \beta_{t+1}(s+2))P(y'_s|x_t), & \text{其他} \end{cases} \tag{11-15}$$

图 11-10 给出了英文单词 "dog" 的后向概率计算过程。

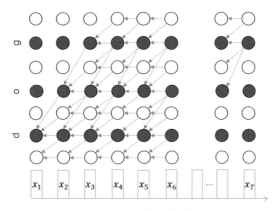

图 11-10　CTC 后向概率计算过程

11.1.4　求导过程

对于任意时刻t，利用前向概率和后向概率计算 CTC 的损失函数：

$$P(Y|X) = \sum_{s=1}^{2U+1} \frac{\alpha_t(s)\beta_t(s)}{P(y_s'|x_t)} \qquad (11\text{-}16)$$

$$L(S) = -\sum_{(X,Y)\in S} \ln P(Y|X) = -\sum_{(X,Y)\in S} \ln\left(\sum_{s=1}^{2U+1} \frac{\alpha_t(s)\beta_t(s)}{P(y_s'|x_t)}\right) \qquad (11\text{-}17)$$

训练 CTC 网络的目标是使损失函数$L(S)$最小化。如图 11-6 所示，令$P(k'|x_t) = p_t^{k'} = \frac{e^{h_t^{k'}}}{\sum_{k=1}^{K} e^{h_t^{k}}}$，对 Encoder 的输出$h_t^k$求偏导，过程如下：

$$\frac{\partial L(S)}{\partial h_t^k} = -\sum_{(X,Y)\in S} \frac{\partial \ln P(Y|X)}{\partial h_t^k} = -\sum_{(X,Y)\in S} \sum_{k'=1}^{K} \frac{\partial \ln P(Y|X)}{\partial p_t^{k'}} \frac{\partial p_t^{k'}}{\partial h_t^k} \qquad (11\text{-}18)$$

其中

$$\frac{\partial \ln P(Y|X)}{\partial p_t^{k'}} = \frac{1}{P(Y|X)p_t^{k'^2}} \sum_{s\in\text{lab}(Y',k')} \alpha_t(s)\beta_t(s) \qquad (11\text{-}19)$$

$s\in\text{lab}(Y',k')$表示在Y'序列中s位置的输出为k'，即$y_s' = k'$。

$$\frac{\partial p_t^{k'}}{\partial h_t^k} = \frac{\partial \frac{e^{h_t^{k'}}}{\sum_{i=1}^{K} e^{h_t^i}}}{\partial h_t^k} = \begin{cases} p_t^{k'} - p_t^{k'}p_t^k, & k' = k \\ -p_t^{k'}p_t^k, & k' \neq k \end{cases} \qquad (11\text{-}20)$$

把式（11-19）和式（11-20）代入式（11-18），进一步整理得到

$$\frac{\partial L(S)}{\partial h_t^k} = -\sum_{(X,Y)\in S}\left(p_t^k - \frac{1}{P(Y|X)p_t^k}\sum_{\text{selab}(Y',k)}\alpha_t(s)\beta_t(s)\right) \quad （11\text{-}21）$$

综上所述，CTC 的训练过程如下。

算法 11.1：CTC 的训练过程

1. 初始化

通过前向算法和后向算法分别计算 $\alpha_t(s)$ 和 $\beta_t(s)$。

2. 求导

通过 $\alpha_t(s)$ 和 $\beta_t(s)$ 计算导数 $\frac{\partial L(S)}{\partial h_t^k}$。

3. 反向传播

通过反向传播每层参数进行逐层优化。

4. 迭代

重复步骤 2 和步骤 3，直到 CTC 损失代价收敛，即可完成端到端训练。

11.1.5 CTC 解码

CTC 解码是基于已经训练好的 CTC 模型，对输入序列进行解码的，得到识别结果。给定输入序列 X，CTC 的解码目标是找到概率最大的输出序列 Y^*，即

$$Y^* = \arg\max_Y\{P(Y|X)\} \quad （11\text{-}22）$$

为了求解 Y^*，一种贪婪搜索（Greedy Search）方法是在每个时刻 t 计算概率最大的输出单元，然后删除重复字符和空白字符得到输出序列 Y^*。

$$Y^* = \arg\max_Y\prod_{t=1}^{T}P(y_t|x_t) \quad （11\text{-}23）$$

但是这样得到的最大概率只是来自单条路径的最大概率，Y^* 并不代表最优输出序列，因为该输出序列可能由多条路径组成，其输出概率是每条路径的概率和。

如图 11-11 所示，解码单元为 {a,b,-}，输入序列的长度为 3，栅格中数值为对应时刻解码单元的输出概率。

	$t=1$	$t=2$	$t=3$
a	0.2	0.5	0.1
b	0.5	0.4	0.6
-	0.3	0.1	0.3

图 11-11　CTC 解码例子对应的时间栅格表

如果按照贪婪搜索方法，选出每个时刻的最大概率对应的解码单元，分别如下：

```
t=1, 0.5, b
t=2, 0.5, a
t=3, 0.6, b
```

因此，最后的解码输出为{bab}，其概率为 0.5×0.5×0.6=0.15。但这个输出其实不是最优结果。

我们要清楚，每条解码路径上连续的解码单元都会被合并成一个，如"abb"被合并成"ab"；而空白字符"-"最后会被剔除，如"b--"被转换为"b"。图 11-11 中可能的解码序列及对应概率包括：

$P(Y=\text{blank}) = P(---) = 0.3×0.1×0.3 = 0.009$

$P(Y=a) = P(a--) + P(-a-) + P(--a) + P(aa-) + P(-aa) + P(aaa) = 0.2×0.1×0.3 + 0.3×0.5×0.3 + 0.3×0.1×0.1 + 0.2×0.5×0.1 + 0.3×0.1×0.1 + 0.2×0.5×0.1 = 0.077$

$P(Y=b) = P(b--) + P(-b-) + P(--b) + P(bb-) + P(-bb) + P(bbb) = 0.5×0.1×0.3 + 0.3×0.4×0.3 + 0.3×0.1×0.1 + 0.5×0.4×0.3 + 0.3×0.4×0.6 + 0.5×0.4×0.6 = 0.306$

$P(Y=aa) = P(a-a) = 0.2×0.1×0.1 = 0.002$

$P(Y=ab) = P(ab-) + P(a-b) + P(-ab) + P(aab) + P(abb) = 0.2×0.4×0.3 + 0.2×0.1×0.6 + 0.3×0.5×0.6 + 0.2×0.5×0.6 + 0.2×0.4×0.6 = 0.234$

$P(Y=ba) = P(ba-) + P(b-a) + P(-ba) + P(bba) + P(baa) = 0.5×0.5×0.3 + 0.5×0.1×0.1 + 0.3×0.4×0.1 + 0.5×0.4×0.1 + 0.5×0.5×0.1 = 0.137$

$P(Y=bb) = P(b-b) = 0.5×0.1×0.6 = 0.03$

$P(Y=aba) = 0.2×0.4×0.1 = 0.008$

$P(Y=bab) = 0.5×0.5×0.6 = 0.15$

总共有 9 种解码序列，其中输出概率最大的是 $P(Y=b)$，即最优解码序列Y^*是{b}。

从以上例子可以看出，CTC 解码过程并不简单，每一步都需要穷举所有路径（如图 11-12 所示）。节点扩展可采用前缀搜索（Prefix Search）法，即基于图中蓝色节点标出的前缀部分进一步扩展，在解码的最后合并输出标签一致的路径，再选出总概率最大的解码序列。

假如解码单元有K个，输入序列的长度是T，则穷举搜索的时间复杂度为指数级的K^T。因此解码速度将会相当慢，该方法无法使用。为了加快解码速度，一种方法是在每个时刻，只基于概率最大的一个前缀扩展，但这种方法只能找到次优解。

更普遍的做法是采用前缀剪枝搜索（Prefix Beam Search）算法，在每一时刻先合并前缀一样的路径，然后扩展只保留 Top–N 条候选的路径。如图 11-13 所示的剪枝过程只保留前 3 条候选的路径，在每一时刻未被选中的节点就不再扩展了（图中灰色节点）。

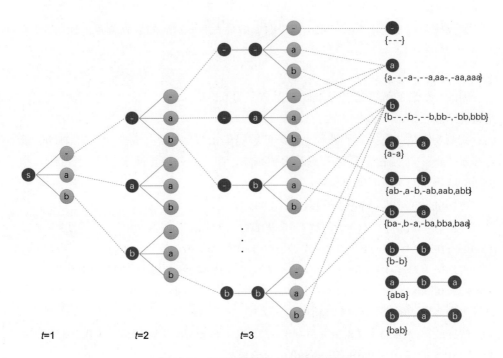

图 11-12　CTC 解码网络（蓝色表示前缀）

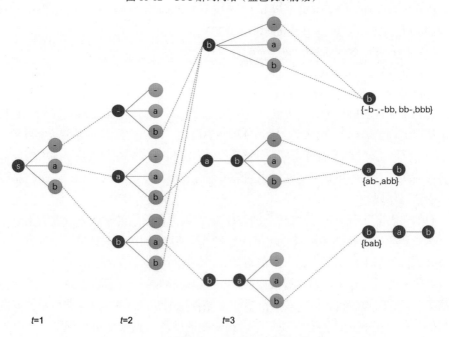

图 11-13　CTC 解码剪枝（只保留前 3 条候选的路径）

采用剪枝策略会有一定的精度损失，不一定能找出最优解，因此需要选择合适的阈值，在速度和精度上进行平衡。

CTC 一般以字为建模和解码单元，而且假定解码单元之间是相互独立的，因此没有考虑词与词之间的组合关系，相当于没有语言模型，这会导致解码准确率较低。为了提高准确率，可以在 CTC 解码过程中集成语言模型，将解码目标修改如下：

$$Y^* = \arg\max_Y \{P(Y|X)P(Y)\} \qquad （11-24）$$

其中，$P(Y)$ 代表语言模型。

为了集成语言模型，可以将 CTC 解码和 WFST 结合起来，分别编译 3 个子模块：

- 语言模型 G.fst。
- 词典 L.fst：从音素或字符到词的映射。
- 令牌 T.fst：从 CTC 标签到词典单元。

然后合并，得到搜索图：

$$S = T \circ \min(\det(L \circ G)) \qquad （11-25）$$

其中，o 代表 WFST 的合并（Composition）操作，det 代表确定化（Determinization）操作，min 代表最小化（Minimization）操作。

从式（11-24）可以看出，如果加上语言模型，CTC 的解码目标与训练目标并不一致，解码目标是使 $P(Y|X)P(Y)$ 最大化，而训练目标是使 $P(Y|X)$ 最大化，即在训练阶段没有同时优化语言模型，没有考虑词与词之间的依赖关系。下面介绍结合语言模型的 RNN-T。

11.2 RNN-T

为了联合优化声学模型与语言模型，Graves 等人在 2012 年提出了循环神经网络变换器（RNN Transducer，RNN-T）[2]。RNN-T 能更好地对输出结果前后词之间的依赖关系进行建模。

如图 11-14 所示，RNN-T 包含以下 3 个部分。

（1）编码器（Encoder）：把输入特征序列 $X = \{x_1, x_2, \cdots, x_T\}$ 转换为隐藏向量序列 $\boldsymbol{h}^{\text{enc}} = \{\boldsymbol{h}_1^{\text{enc}}, \boldsymbol{h}_2^{\text{enc}}, \cdots, \boldsymbol{h}_T^{\text{enc}}\}$。这部分相当于声学模型。

（2）预测网络（Prediction Network）：RNN 把上一个输出标签 y_{u-1} 作为输入，并输出 p_u。这部分相当于语言模型。

（3）联合网络（Joint Network）：输入 $\boldsymbol{h}^{\text{enc}}$ 和 p_u，输出联合隐藏向量 $\boldsymbol{z}_{t,u}$。最后通过 Softmax 层输出下一个标签 $\hat{y}_{t,u}$ 的概率。

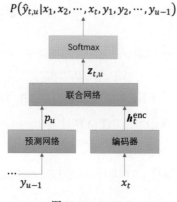

$$P(\hat{y}_{t,u}|x_1, x_2, \cdots, x_t, y_1, y_2, \cdots, y_{u-1})$$

图 11-14　RNN-T

RNN-T 输出序列 Y 由 X 生成的概率为

$$P(Y|X) = \sum_{\hat{Y} \in A_{RNN-T}(X,Y)} \prod_{t=1}^{T} P(\hat{y}_{t,u}|x_1, x_2, \cdots, x_t, y_1, y_2, \cdots, y_{u-1}) \qquad (11\text{-}26)$$

其中，$\hat{Y} = \{\hat{y}_1, \hat{y}_2, \cdots, \hat{y}_T\}$ 是对 Y 扩充空白标签后得到的序列，表示 X 和 Y 在 RNN-T 网络下的某条对齐路径；$\hat{y}_{t,u}$ 表示 t 时刻的对齐标签（对应第 u 个非空标签）。注意 RNN-T 与 CTC 的输入、输出的差异。

研究表明，预测网络的 RNN 作用不大，可替换为无状态预测网络（Stateless Prediction Network）[5]，如图 11-15 所示。

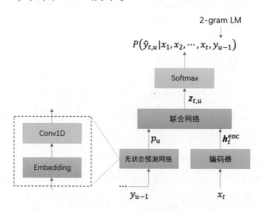

图 11-15　带无状态预测网络的 RNN-T

无状态预测网络相当于文本解码器，仅用来对齐，即只依赖上一个输出结果，相当于 2-gram 语言模型（LM）。图中用 Conv1D 替代了 RNN。因此，RNN-T 已经不是原来的架构，准确的表述应去掉 RNN，只保留 Transducer。Transducer 的概率输出过程如图 11-16 所示。其中，输出符号可能是 $\emptyset, a, \cdots, z$，$\emptyset$ 表示空白标签。在 t 时刻，已

知输出 $u-1$ 个符号的条件下，对应的输出概率分别为 $P_{t,u-1}[\emptyset], P_{t,u-1}[\text{a}], \cdots, P_{t,u-1}[\text{z}]$，总的概率和等于 1。

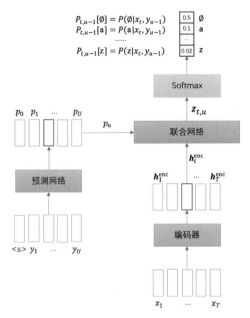

图 11-16　Transducer 的概率输出过程

假定标注文本为"dog"，用<s>表示句子开头。有多条对齐路径，图 11-17 给出了两条路径示例（红线表示），其概率分别计算如下。

对齐路径 1：$\hat{\boldsymbol{Y}}$ =d, $\emptyset$, o, $\emptyset$, g, $\emptyset$, $\emptyset$

概率 $P(\hat{\boldsymbol{Y}}|\boldsymbol{X}) = P_{1,0}[\text{d}]P_{1,1}[\emptyset]P_{2,1}[\text{o}]P_{2,2}[\emptyset]P_{3,2}[\text{g}]P_{3,3}[\emptyset]P_{4,3}[\emptyset]$

对齐路径 2：$\hat{\boldsymbol{Y}}$ = $\emptyset$, d, $\emptyset$, o, g, $\emptyset$, $\emptyset$

概率 $P(\hat{\boldsymbol{Y}}|\boldsymbol{X}) = P_{1,0}[\emptyset]P_{2,0}[\text{d}]P_{2,1}[\emptyset]P_{3,1}[\text{o}]P_{3,2}[\text{g}]P_{3,3}[\emptyset]P_{4,3}[\emptyset]$

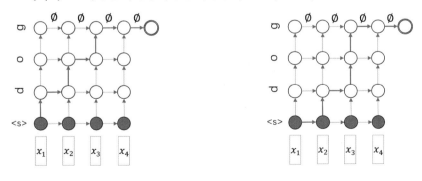

图 11-17　Transducer 对齐路径

定义输入帧序列为 X，帧长为 T，输出序列为 Y，该序列可由各种 RNN-T 路径 $A_{\text{RNN-T}}(X, Y)$ 生成，则 Y 由 X 生成的概率为

$$P(Y|X) = \sum_{\widehat{Y} \in A_{\text{RNN-T}}(X,Y)} P(\widehat{Y}|X) \tag{11-27}$$

设训练集为 S，RNN-T 损失函数为

$$L(S) = - \sum_{(X,Y) \in S} \ln P(Y|X) \tag{11-28}$$

RNN-T 训练优化的目标是使 $L(S)$ 最小化。与 CTC 类似，也要采用前向—后向算法求解 RNN-T 的局部概率和全局概率。

RNN-T 的训练很困难，因为其输出张量（Tensor）很大，包含 4 个维度：$[B, T, U, C]$，对应的含义如下。

B：批大小（Batch Size）

T：帧数（Frame Number）

U：序列长度（Sequence Length）

C：类别数（Class Number）

RNN-T 在训练时，内存占用正比于 B, T, U, C 这 4 个数的乘积。例如 B=32, T=1000, U=100, C=1000，则需要 3.2×10^9，即 12.8GB 的内存，一般机器无法承受。较可行的办法是采用剪枝的 Transducer（Pruned Transducer）[6]，缩减 U 的大小到比较小的值，如 4 或 5，这样输出变为 $[B, T, S, C]$，降为原来的 1/25 或 1/20，可极大地减少内存占用。Pruned Transducer 如图 11-18 所示，经过剪枝后，图中前向算法的计算路径已经大为缩减，只考虑最多 4 个输出位置。

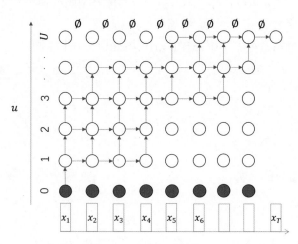

图 11-18　Pruned Transducer

经过以上改造，包括无状态预测网络和剪枝的 Transducer，RNN-T 训练速度大为加快，真正能够面向工业级应用。RNN-T 是针对每帧或片段输入特征进行预测输出的，即不用等语音全部说完再出结果，因此其天然适用于流识别，特别是在嵌入式设备中。RNN-T 的编码器可采用不同的网络结构，如 Conformer、Zipformer[7]，其中 Zipformer 与 Transducer 的组合可以达到很好的效果。

11.3　基于 Attention 的 Encoder-Decoder 模型

类似于机器翻译，语音识别也可被看作序列对序列（Seq2Seq）问题，即输入语音特征到识别结果的转化问题。大部分 Seq2Seq 模型都无须对输入序列、输出序列的对齐做任何预先假设，而是可以同时学习编码、解码和如何对齐。

如图 11-19 所示，Seq2Seq 通过 Encoder 和 Decoder 对输入特征和输出结果进行序列建模。

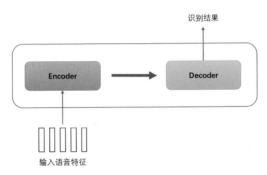

图 11-19　Seq2Seq 用于对输入特征和输出结果建模的 Encoder-Decoder 结构

Encoder 结果被直接传递给 Decoder，因此 Encoder 的信息完备性非常关键。如果 Encoder 丢失很多细节信息，那么 Decoder 的结果也将变得很差。

Encoder 和 Decoder 之间的关联可通过注意力（Attention）机制加强[8]。Attention 模仿人的视觉注意力机制，通过聚焦某个特定区域得到细节信息，并根据重要性赋予相应的权重。2016 年，卡耐基梅隆大学和谷歌提出了 Listen, Attend and Spell（LAS）模型[9-10]，率先引入了 Attention 机制。

如图 11-20 所示，基于 Attention 的 Encoder-Decoder 模型（简称 AED）是一种改进版的 Seq2Seq 方案。通过 Attention，使得 Decoder 的输出符号与 Encoder 各个阶段的编码建立关联。由于一般需要根据整个句子上下文环境来获取注意力权重，因此 Attention 与 Seq2Seq 是完美结合的。

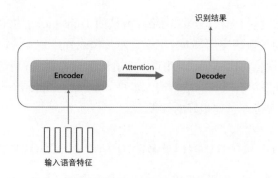

图 11-20　基于 Attention 的 Encoder-Decoder 结构

类似于 RNN-T，基于 Attention 的 Encoder-Decoder 模型也不需要对输出序列做相互独立的假设。但不同于 CTC 和 RNN-T，Attention 不要求输出序列和输入序列按时间顺序对齐。

针对语音识别，图 11-21 给出了 Attention 模型输出概率的计算过程，其包括以下三个部分。

（1）Encoder：通过循环神经网络把输入特征序列 $X = \{x_1, x_2, \cdots, x_T\}$ 转换为隐藏向量序列 $h^{\text{enc}} = \{h_1^{\text{enc}}, h_2^{\text{enc}}, \cdots, h_T^{\text{enc}}\}$。这部分相当于声学模型。

（2）Decoder：计算输出符号 $\hat{y}_u$ 基于之前预测标签和输入特征序列的概率分布 $P(\hat{y}_u | X, y_1, y_2, \cdots, y_{u-1})$。这部分相当于语言模型。

（3）Attention：从 Encoder 输出所有向量序列，计算注意力权重（可理解为重要性），并基于此权重构建 Decoder 网络的上下文向量，进而建立输出序列与输入序列之间的对齐关系。

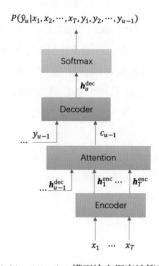

图 11-21　Attention 模型输出概率计算过程

因此，Attention 模型通过接收 Encoder 传递过来的高层特征表示，学习输入特征和模型输出序列之间的对齐信息，并指导 Decoder 的输出。

Attention 模型是对整个句子进行建模的，在 Encoder 层需要输入全部特征序列 $x_1, x_2, \cdots, x_T$，而每一个输出标签 $\hat{y}_u$ 都是基于整个句子进行预测得到的。因此，Attention 模型的输出序列和输入序列不一定按顺序严格对齐，这一点类似于机器翻译。Attention 机制比 RNN/CNN 具有更强的上下文建模能力，因此潜力巨大，得到越来越多的应用。

11.4 Hybrid CTC/Attention

Attention 模型的对齐关系没有先后顺序的限制，如图 11-22 所示，完全靠数据驱动得到，这给 Attention 模型的训练带来困难——它需要足够多的数据，对齐的盲目性也会导致训练时间很长。

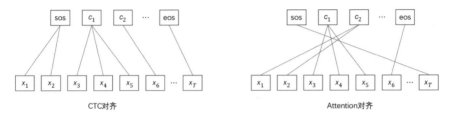

图 11-22 CTC 和 Attention 的对齐差异

而 CTC 的前向—后向算法可以引导输出序列与输入序列按时间顺序对齐。因此，CTC 和 Attention 模型各有优势，可以把两者结合起来，构建 Hybrid CTC/Attention 模型[11]，采用多任务学习，通过 CTC 避免对齐关系过于随机，以加速训练过程。

如图 11-23 所示，Hybrid CTC/Attention 模型的 Loss 计算是 CTC-Loss 与 Attention-Loss 做加权相加，其中 Encoder 部分由 CTC 和 Attention 共用。

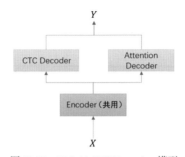

图 11-23 Hybrid CTC/Attention 模型

Hybrid CTC/Attention 模型的训练过程是多任务学习，将 CTC 与基于 Attention 机制的交叉熵 $L(\text{CTC})$ 和 $L(\text{Att})$ 相结合，如下所示：

$$L = \lambda L(\text{CTC}) + (1 - \lambda)L(\text{Att})$$（11-29）

在多任务学习中，CTC 是用来辅助 Attention 对齐的，因此 λ 一般小于 0.5，可设为 0.2 或 0.3。

Hybrid CTC/Attention 模型的解码过程仍然借助 CTC 来加快，因此所得结果是两者输出结果的融合。但由于 CTC 是按输入帧计算分数的，而 Attention 是根据输出符号计算分数的，因此对于两者的融合过程需要做专门的转换处理。

另一种方式是 Two-pass 解码，如图 11-24 所示。在 First pass 阶段，采用 CTC 解码，得到 N-best 结果；在 Second pass 阶段，利用 Attention 解码对 N-best 结果重打分。这种解码方式兼顾 CTC 和 Attention 各自的优势，使端到端系统的实时性和准确率得到更好的平衡，也非常适合用于流识别。

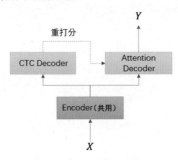

图 11-24　Two-pass 解码

11.5　本章小结

端到端模型的创新和便捷之处在于，它可以轻松地将之前传统系统的很多纷繁的步骤融合进一个模型里，而不需要额外准备各种复杂的音素词典和声学模型，这是语音行业的重大技术革新，已促成越来越多的产品成功落地，同时在一定程度上决定了智能语音未来的发展方向。本章详细介绍了三种典型的端到端模型，包括 CTC、RNN-T 和 AED。端到端模型减少了对专业语言学知识的依赖，降低了语音识别系统的搭建难度，但是纯数据驱动的端到端语音识别系统需要耗费更多的标注语料、计算资源，以及付出更大的时间代价来对神经网络进行训练。如何更精细化地建模、更有效地适配新场景，以及支持流识别等，仍是实际应用需要面对和解决的问题。

参考文献

[1]　GRAVES A, FERNÁNDEZ S, GOMEZ F, et al. Connectionist Temporal Classification: Labelling Unsegmented Sequence Data with Recurrent Neural Networks[J]. Proceedings of the 23rd International Conference on Machine Learning. ACM, 2006: 369-376.

[2] GRAVES A. Sequence Transduction with Recurrent Neural Networks[J]. arXiv preprint arXiv: 1211.3711, 2012.

[3] CHO K, MERRIËNBOER B V, GULCEHRE C, et al. Learning Phrase Representations Using RNN Encoder-Decoder for Statistical Machine Translation[J]. arXiv preprint arXiv:1406.1078, 2014.

[4] CHOROWSKI J, BAHDANAU D, SERDYUK D, et al. Attention-based Models for Speech Recognition[J]. Advances in Neural Information Processing Systems, 2015: 577-585.

[5] GHODSI M, LIU X, APFEL J, et al. RNN-Transducer with Stateless Prediction Network[C]. IEEE International Conference on Acoustics, Speech, and Signal Processing (ICASSP), 2020.

[6] KUANG F, GUO L, KANG W, et al. Pruned RNN-T for Fast, Memory-efficient ASR Training[C]. Conference of the International Speech Communication Association (INTERSPEECH), 2022.

[7] YAO Z, GUO L, YANG X, et al. Zipformer: a Faster and Better Encoder for Automatic Speech Recognition[C]. ICLR, 2024.

[8] BAHDANAU D, CHOROWSKI J, SERDYUK D, et al. End-to-End Attention-based Large Vocabulary Speech Recognition[C]. IEEE International Conference on Acoustics, Speech, and Signal Processing (ICASSP), 2016.

[9] CHAN W, JAITLY N, LE Q V, et al. Listen, Attend and Spell: A Neural Network for Large Vocabulary Conversational Speech Recognition[C]. IEEE International Conference on Acoustics, Speech, and Signal Processing (ICASSP), 2016: 4960-4964.

[10] CHIU C C, SAINATH T, WU Y, et al. State-of-the-art Speech Recognition with Sequence-to-Sequence Models[C]. IEEE International Conference on Acoustics, Speech, and Signal Processing (ICASSP), 2018.

[11] WATANABE S, HORI T, KIM S, et al. Hybrid CTC/Attention Architecture for End-to-End Speech Recognition[J]. IEEE Journal of Selected Topics in Signal Processing, 2017, 11(8): 1240-1253.

思考练习题

1. 请写出 CTC 的损失函数，包括每条对齐路径概率的计算公式，并对隐藏层输出求偏导。

2. CTC 是怎么解码的？请基于以下时间栅格（输入序列的长度为 2），给出详细的前缀搜索和剪枝搜索过程。

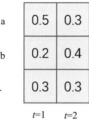

	t=1	t=2
a	0.5	0.3
b	0.2	0.4
-	0.3	0.3

3. 描述 RNN-T 的基本原理，并对比它与 CTC 的区别。

4. 详细了解 Attention 的原理和相关网络结构，并查阅最新论文。

第 12 章
Transformer 结构

　　神经网络有多种类型，各有优缺点，如 CNN 侧重提取局部特征，适合用于图像处理，而 RNN 和 LSTM 擅长上下文建模，适合用于语音和文本序列处理，但必须按先后顺序操作，即当前输出依赖上一个输出结果，难以并行处理，训练速度会很慢。

　　2017 年，谷歌和多伦多大学的研究人员在论文 *Attention Is All you Need* [1]中提出了一种称为 Transformer 的全新架构，这种架构在每个编码器（Encoder）和解码器（Decoder）中均采用注意力（Attention）机制，特别是在 Encoder 层，传统的 RNN 完全用 Attention 替代，从而在机器翻译任务中获得了更优的结果，而且可以并行处理，引起了极大的关注。随后，研究人员把 Transformer 应用到端到端语音识别系统中[2-4]，也取得了非常明显的改进效果。尤其是 OpenAI 开源的 Whisper[5]，更是典型的Transformer 结构。

　　本章将介绍针对语音识别的 Transformer 模型结构，包括卷积下采样、位置编码、注意力等关键模块。

12.1　模型结构

　　Transformer 建立输入语音特征和识别结果之间的序列对应关系，其本质上还是序列到序列（Seq2Seq）结构，包含多组编码器和解码器。Transformer 的完整结构如图 12-1所示。

　　针对语音识别，由于语音特征帧数比文本字符数多很多，因此，一般通过卷积网络对输入语音特征进行下采样，使帧数减少，使之与文本长度更匹配，同时转化为嵌入向量形式。为了建立前后关联，图中位置编码（Positional Encoding）为每个标签引入位置信息，并叠加到嵌入向量中，使得自注意力机制能够判断不同位置的相同标签代表的含义。注意，该位置信息的获取是独立的，不需要依赖前后递归或卷积操作。

　　Transformer 由多个编码器和解码器堆叠而成。编码器的每一层有 3 种操作，分别是自注意力(Self-Attention)、层归一化(Layer Normalization)和前馈层(Feed Forward)；而解码器的每一层有 4 种操作，分别是掩蔽注意力（Masked Attention）、层归一化、交叉注意力（Cross Attention）和前馈层。其中，掩蔽注意力和交叉注意力是自注意力的变种，在编码器和解码器中，自注意力和前馈层都有残差（Residual）连接，这样可直接将上一层的信息传递到下一层。一方面，这可以为下一层提供更多的特征信息；

另一方面，也使得训练时反向传播更加稳定。层归一化通过对层的激活值进行归一化，可加速模型的训练过程，使其更快地收敛。

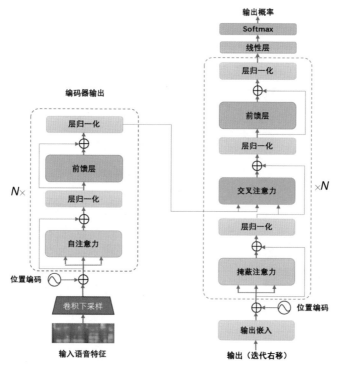

图 12-1   Transformer 的完整结构

Transformer 使用注意力代替需要上下文递归处理的 RNN，使得所有的计算都可以并发进行，而不像 RNN 那样需要依赖前一时刻的输出来进行计算，因而大大加快了运行速度。

12.2 卷积下采样

卷积下采样（Convolution Subsampling）的目的是使输入帧数减少，使之与识别文本更匹配，可以进行 2 倍下采样或 4 倍下采样，即帧数降为原来的 1/2 或 1/4。

卷积包含一维卷积（1D Conv）、二维卷积（2D Conv）等形式，其中一维卷积只沿一个方向移动，一般用于时间序列处理；二维卷积沿两个方向移动，一般用于图像处理。本章重点介绍一维卷积。

如图 12-2 所示，以 Whisper 的配置为例，输入 30s 语音，按帧移 10ms 计算，提取得到 3000 帧 80 维的 FBank 特征（3000×80），经过两个一维卷积，输出 1500 个 512 维向量，即 2 倍下采样，每个卷积输出计算如下：

第一个一维卷积（$512 \times 80 \times 3$, stride=1, padding=1）：

$$\frac{3000 + 2 - 3}{1} + 1 = 3000$$

第二个一维卷积（$512 \times 512 \times 3$, stride=2, padding=1）：

$$\frac{3000 + 2 - 3}{2} + 1 \approx 1500$$

图中激活函数为 GeLU，在处理负数时不会将输入裁剪为 0，相较于 ReLU 更加平滑，有助于加快训练的收敛。

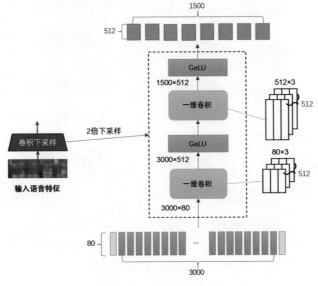

图 12-2　卷积下采样

12.3　位置编码

Transformer 位置编码通过正弦函数和余弦函数生成，假设 pos 是位置，i 是维度索引，d_{model} 是模型的嵌入向量维度，奇偶数位置分别计算如下：

$$\text{偶数位置：} \mathrm{PE}_{(pos,2i)} = \sin\left(\frac{pos}{10000^{2i/d_{\mathrm{model}}}}\right) \tag{12-1}$$

$$\text{奇数位置：} \mathrm{PE}_{(pos,2i+1)} = \cos\left(\frac{pos}{10000^{2i/d_{\mathrm{model}}}}\right) \tag{12-2}$$

通过 pos 和 i 的不同组合，可以得到不同的位置输出，确保位置编码的有效性。例如，输入 3 帧特征，对应的词向量维度 d_{model}=4，则编码值计算如下：

$$\begin{bmatrix} \sin\left(\frac{0}{10000^{0/4}}\right) & \cos\left(\frac{0}{10000^{0/4}}\right) & \sin\left(\frac{0}{10000^{2/4}}\right) & \cos\left(\frac{0}{10000^{2/4}}\right) \\ \sin\left(\frac{1}{10000^{0/4}}\right) & \cos\left(\frac{1}{10000^{0/4}}\right) & \sin\left(\frac{1}{10000^{2/4}}\right) & \cos\left(\frac{1}{10000^{2/4}}\right) \\ \sin\left(\frac{2}{10000^{0/4}}\right) & \cos\left(\frac{2}{10000^{0/4}}\right) & \sin\left(\frac{2}{10000^{2/4}}\right) & \cos\left(\frac{2}{10000^{2/4}}\right) \end{bmatrix}$$

具体对应的位置编码值如图 12-3 所示。

pos	$i=0$	$i=0$	$i=1$	$i=1$
0	0.000000	1.000000	0.000000	1.000000
1	0.841471	0.540302	0.010000	0.999950
2	0.909297	-0.416147	0.019999	0.999800

图 12-3　位置编码值

3 帧特征分别对应位置 0、1、2。可以看到，除位置 0 之外，不同位置、不同维度的编码值是不同的，具有明确的区分性。

位置编码PE计算后，与特征嵌入向量X相加，得到向量X'。

$$X' = X + \text{PE} \tag{12-3}$$

图 12-4 以 3 帧特征为例，给出了两种向量的相加过程，每帧分别处理，得到带位置编码的特征输入，图中合并为 3×4 的矩阵（绿色）。

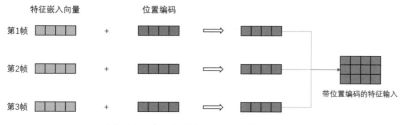

图 12-4　嵌入向量与位置编码的相加过程

12.4　自注意力机制

12.4.1　自注意力

自注意力是 Transformer 的核心模块，使得模型能够在处理输入序列时关注任意位置的其他元素，从而捕捉长距离依赖关系。Transformer 通过查询（Query）、键（Key）、值（Value）实现上下文的关联，自注意力的结构如图 12-5 所示。输入带位置编码的特征矩阵X（3×4 矩阵），与代表查询、键、值的 3 个矩阵W_Q、W_K和W_V相乘，分别得到Q、K和V。图中Q、K、V都是 3×3 矩阵。

在自注意力网络中，首先对矩阵K进行 Transpose 即转置操作，然后通过 MatMul 操作与矩阵Q相乘，即QK^T。注意，Q的列数要与K的列数相等。对QK^T相乘结果再通过 Scale 操作进行必要的缩放，一般除以矩阵K的列数开平方，以避免值过大，导致 Softmax 函数梯度很小，难以优化。

经过 Softmax 层输出 0-1 分布的概率矩阵，这个概率矩阵再与矩阵V相乘，得到最后的注意力输出结果$\mathbf{Z}$（图中所示为 3×3 矩阵）。完整的自注意力计算公式如下：

$$\mathbf{Z} = \text{Attention}(\mathbf{Q}, \mathbf{K}, \mathbf{V}) = \text{Softmax}\left(\frac{\mathbf{Q}\mathbf{K}^{\mathrm{T}}}{\sqrt{d_k}}\right)\mathbf{V} \qquad (12\text{-}4)$$

其中，d_k 是矩阵$\mathbf{K}$的列数。

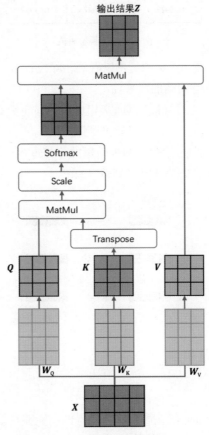

图 12-5　自注意力的结构

输出结果$\mathbf{Z}$的每一行$\mathbf{Z}_i$代表一个位置的结果，这个位置对应输入语音特征序列$\mathbf{X}$的某一帧$\mathbf{X}_i$，但这个位置的输出结果还包含了其他帧$\mathbf{X}_j$的信息，其计算过程如下：

$$\mathbf{Z}_i = \sum_j \text{Softmax}\left(\frac{\mathbf{Q}_i \cdot \mathbf{K}_j}{\sqrt{d_k}}\right)\mathbf{V}_j \qquad (12\text{-}5)$$

例如，针对输入的第 1 帧特征，其注意力分数输出为$\mathbf{Z}_1 = \sum_j \text{Softmax}\left(\frac{\mathbf{Q}_1 \cdot \mathbf{K}_j}{\sqrt{d_k}}\right)\mathbf{V}_j$，计算过程如图 12-6 所示。$\mathbf{Q}_1$分别与$\mathbf{K}_1$、$\mathbf{K}_2$、$\mathbf{K}_3$相乘，相当于对第 1 帧（自身）、第 2 帧、第 3 帧求位置关联信息，得到不同的注意力分数。

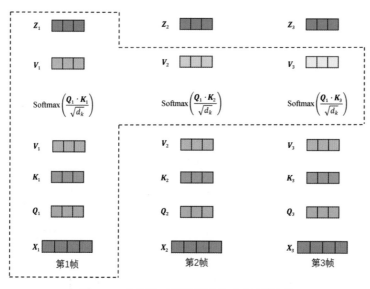

图 12-6　针对第 1 帧特征的自注意力计算过程

针对输入的第 2 帧特征，其注意力分数输出为 $Z_2 = \sum_j \text{Softmax}\left(\frac{Q_2 \cdot K_j}{\sqrt{d_k}}\right) V_j$，计算过程如图 12-7 所示。$Q_2$ 分别与 K_1、K_2、K_3 相乘，相当于对第 1 帧、第 2 帧（自身）、第 3 帧求位置关联信息，得到不同的注意力分数。

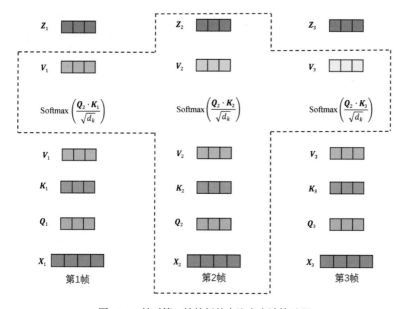

图 12-7　针对第 2 帧特征的自注意力计算过程

其他帧的计算以此类推。因此，当前节点输出结果包含了整个句子的上下文信息，即不仅关注当前的帧，还能获取前后其他帧的信息，这些信息的重要性通过注意力分数来调节。

12.4.2　多头注意力机制

为了精细化建模，Transformer 还可通过多头（Multi-Head）注意力机制得到不同组的 Q、K 和 V 表示，它们相当于不同空间的特征，最后将结果结合起来，形成多头注意力。图 12-8 所示的多头注意力是由 h 个注意力模块并联而成的，输入特征在这里被传入多个子空间进行特征建模，最后将各个子空间的输出进行合并，得到更高层次的特征编码。注意，其中 Scale 操作的 d_k 值要除以 h，即注意力的头数。

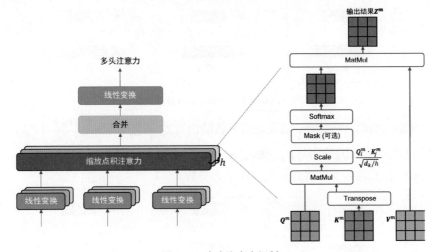

图 12-8　多头注意力机制

多头注意力输出拼接后，一般再通过线性变换进行整合，其计算公式如下：

$$Z^m = \text{Attention}(Q^m, K^m, V^m) \tag{12-6}$$

$$\text{MultiHead}(Q, K, V) = \text{Concat}(Z^1, Z^2, \cdots, Z^h)W^O \tag{12-7}$$

其中，W^O 用于线性变换，以综合不同头部的注意力输出 Z^m，并进行必要的降维操作。W^O 是网络权重参数，要与网络一起训练。通过多个头并行学习，可以在不同的特征维度捕捉更丰富的上下文信息。

12.5　编码器结构

Transformer 编码器（Encoder）接收带位置编码的输入向量，然后进行一系列的前向传播，得到编码向量。如图 12-9 所示，编码器有 N 层，多层串行能够逐步构建输入的表示，使得模型能够处理更复杂的依赖关系和特征。每一层有 3 种操作，分别是自注意力、层归一化和前馈层，其中层归一化进行了两次，分别位于自注意力和前馈层之后。另外，图中自注意力和前馈层均有残差连接。

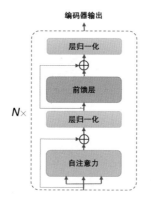

图 12-9　编码器结构

12.5.1　残差连接

残差连接直接将上一层的信息传递到下一层，即跳连接。一方面，这可以为下一层提供更多的特征信息；另一方面，也可以缓解梯度消失现象，使得训练时反向传播更加稳定。残差连接表示如下：

$$x' = f(x) + x \tag{12-8}$$

12.5.2　层归一化

层归一化通过对层的激活值的归一化，可加速模型的训练过程，使其更快地收敛。其公式表示如下：

$$\text{LN}(x) = a \cdot \frac{x - \mu}{\sigma} + b \tag{12-9}$$

其中，μ 和 σ 分别表示均值和方差，用于将数据规整到均值为 0、方差为 1 的标准分布；a 和 b 是可学习的参数。

12.5.3　前馈层

前馈层通过全连接对输入序列进行更复杂的变换，包含两个线性变换和一个 ReLU 激活函数。其公式表示如下：

$$\text{FFN}(x) = \text{ReLU}(xW_1 + b_1)W_2 + b_2 \tag{12-10}$$

其中，W_1、b_1、W_2、b_2 是可学习的参数。

12.6　解码器结构

Transformer 解码器（Decoder）结构如图 12-10 所示，以已有的输出结果（迭代右移，确保未来信息不被见到）作为输入，并加上位置编码，中间结合编码器输出，最后得到各个分类单元的概率。图中解码器也有 N 层，每一层有 4 种操作，分别是掩蔽注意力、层归一化、交叉注意力和前馈层。其中层归一化和前馈层与编码器的相似，主要差异是注意力形式不同。

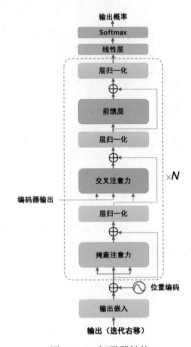

图 12-10　解码器结构

在 Transformer 中，注意力机制有 3 种：

（1）编码器的自注意力机制，关注输入序列本身。

（2）编码器和解码器之间的交叉注意力机制。

（3）解码器的掩蔽注意力机制，只关注已输出的目标序列，而不考虑未来的输出。

后两种注意力机制是在第一种注意力机制的基础上做了修改，接下来介绍解码器用到的交叉注意力和掩蔽注意力。

12.6.1　交叉注意力

解码器的交叉注意力同时接收编码器和解码器的输出，查询 Q 来自解码器前一层的输出，键 K 和值 V 来自编码器的输出。这样使得解码器关注编码器的输出，从而建立输出序列和输入序列之间的上下文关系。

图 12-11 展示了交叉注意力的计算过程。编码器的输出是 3×3 矩阵，与代表键、值的权重矩阵 W_K、W_V 相乘（图中共用一个），分别得到 K 和 V，均为 3×3 矩阵。解码器的输出与代表查询的权重矩阵 W_Q 相乘，得到 Q 矩阵，也为 3×3 矩阵。

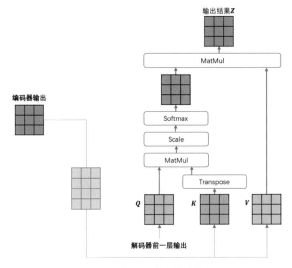

图 12-11　交叉注意力的计算过程

12.6.2　掩蔽注意力

在解码器的预测中，需要进行掩蔽（Mask）操作，以确保当前位置只依赖先前位置的信息，因此又称因果掩蔽（Casual Mask）。注意力掩蔽可以采用点积的方式，QK^T矩阵与 Mask 矩阵按位相乘，需要掩蔽的部分乘以 0。如图 12-12 所示，句子"你好吗？"的每个字符只与之前的字符建立注意力关系，即"你"前面是句子开头，"好"关注前面的"你"，"吗"关注前面的"你好"，"？"关注前面的"你好吗"。

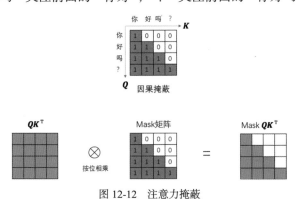

图 12-12　注意力掩蔽

掩蔽更常采用的是相加方式，掩蔽部分被设置成负无穷大，如图 12-13 所示，Mask 矩阵用-inf 表示无效部分，灰色是有效部分（值为 0）。QK^T矩阵与 Mask 矩阵相加后，有效值保持不变（如 0.5+0=0.5），为图中的橙色方框；无效值变为-inf，为图中的白色部分。带掩蔽的注意力计算如图 12-13 所示，将 Mask 操作放在 Scale 操作之后，对有效值做 Softmax 运算，再与矩阵V相乘，公式表示如下：

$$\text{MaskedAttention}(\boldsymbol{Q}, \boldsymbol{K}, \boldsymbol{V}) = \text{Softmax}\left(\frac{\boldsymbol{Q}\boldsymbol{K}^{\text{T}}}{\sqrt{d_k}} + M\right)\boldsymbol{V} \tag{12-11}$$

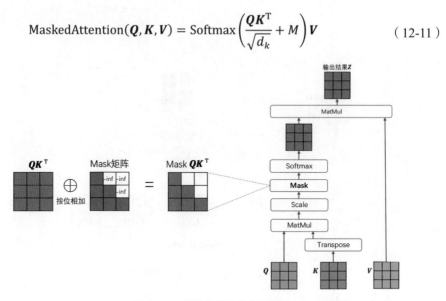

图 12-13　带掩蔽的注意力计算

12.7　训练和推理

Transformer 在训练和推理时，解码器（Decoder）均需要文本输入，但处理方式不同。假如建模单元是字符，在推理阶段，要把上一个识别结果作为输入，再产生下一个字符，因此有严格的前后依赖关系，如"你好吗"的推理过程如图 12-14 所示。

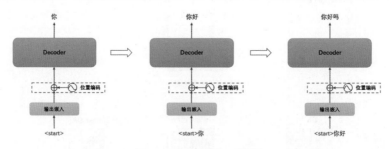

图 12-14　Transformer 推理

而在训练阶段，如果也逐个字符循环解码，那么将无法并行处理，速度会非常慢。既然标注文本是已知的，就没必要等解码完成再处理下一个字符，即不需要逐个字符输入，而是将标注文本即目标序列输入解码器，并右移一个字符，针对每个位置，把未来信息掩蔽掉，如图 12-15 所示，然后强制采用教师学习方式，相当于给一个正确提示，这样即使当前位置预测错了，也可以用输入的目标序列来预测下一个字符。通过并行处理多个位置的输出，训练速度将大大加快。

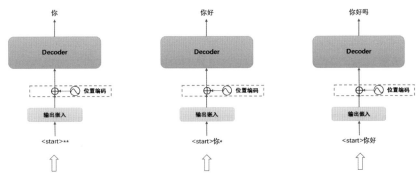

图 12-15 Transformer 训练

12.8 Whisper 实例

Whisper 是基于大规模数据多任务训练的端到端 Transformer 模型，其训练使用 68 万小时网络采集的音频数据和对应文本，采用多任务学习，集成了多语种 ASR、语音翻译、语种识别等功能，支持 99 种语言，具有很好的鲁棒性，无须微调就可在多个测试集上有非常优秀的识别性能。

Whisper 论文[5]给出了 5 种不同的模型尺寸，包括不同的层数（Layers）、节点数（Width）、头数（Heads）和参数量（Parameters），如表 12-1 所示。

表 12-1 Whisper 的模型尺寸[5]

模型	层数（个）	节点数（个）	头数（个）	参数量（百万个）
Tiny	4	384	6	39
Base	6	512	8	74
Small	12	768	12	244
Medium	24	1024	16	769
Large	32	1280	20	1550

Whisper 固定以 30s 语音作为输入，不够就补 0，然后采用一维卷积下采样，具体见 12.2 节的介绍。

如果要测试 Whisper，则可在 Linux 环境下运行安装命令：

```
pip install -U openai-whisper
```

运行后，可通过以下命令查看帮助信息：

```
whisper --help
```

如果显示正常，则可进行测试。例如，采用 Base 模型进行识别：

```
whisper test.wav --model base
```

会显示以下结果：

```
Detecting language using up to the first 30 seconds. Use `--language` to specify
the language
Detected language: Chinese
```

```
[00:00.000 --> 00:02.480] 今天晚上我们出去吃饭
[00:02.480 --> 00:04.080] 小孩子要吃花甲粉
[00:04.080 --> 00:06.280] 我要吃牛肉饺子
```

若想了解更多的 Whisper 模型细节，可从 GitHub 下载源代码，通过 Visual Code 等工具查看。

Whisper 的官方代码是 Python 版本，不适合工程部署，有专门的 C/C++版本，读者可从 GitHub 另外下载 whisper.cpp 工程。另外，也有专门的加速版本，需要结合 OpenNMT 的 CTranslate2 工程来用。

12.9 本章小结

Transformer 使用注意力代替需要上下文递归处理的 RNN，使得所有的计算都可以并发进行，而不像 RNN 那样需要依赖前一时刻的输出进行计算，因而大大加快了运行速度。Transformer 本身不能利用输入单元的顺序信息，因此需要在输入中添加位置编码。Transformer 的核心模块是自注意力结构，通过 Q、K 和 V 矩阵得到整个句子的上下文信息。Transformer 采用多头注意力机制，实现不同注意力空间的整合。本章还给出了 Whisper 实例。

参考文献

[1] VASWANI A, SHAZEER N, PARMAR N, et al. Attention Is All You Need[C]. Proceedings of the 31st International Conference on Neural Information Processing Systems, 2017.

[2] DONG L, XU S, XU B. Speech-transformer: a No-recurrence Sequence-to-sequence Model for Speech Recognition[C]. IEEE International Conference on Acoustics, Speech, and Signal Processing (ICASSP), 2018.

[3] ZHOU S, DONG L, XU S, et al. Syllable-based Sequence-to-sequence Speech Recognition with the Transformer in Mandarin Chinese[C]. IEEE International Conference on Acoustics, Speech, and Signal Processing (ICASSP), 2018.

[4] ZHOU S, XU S, XU B. Multilingual End-to-End Speech Recognition with a Single Transformer on Low-resource Languages[J]. arXiv preprint arXiv: 1806.05059, 2018.

[5] RAFORD A, KIM J-W, XU T, et al. Robust Speech Recognition via Large-Scale Weak Supervision[C]. Proceedings of the 40th International Conference on Machine Learning, 2023.

思考练习题

1. Transformer 为何要做降采样？请基于一维卷积描述其过程。

2. 理解位置编码的作用，并编写一个程序，计算 4 个位置、5 维向量的位置编码值。

3. 注意力有哪些类型？掩蔽注意力是怎么操作的？

4. Transformer 是如何训练和推理的？为何需要采用教师学习方式？

5. 基于 Transformer，编程实现一个语音识别系统。

第13章
Conformer 流识别

Transformer 通过自注意力机制，具有很强的上下文建模能力，但仍缺乏局部特征的提取能力，难以区分语音信号不同频率段之间的差异。2020 年，Google 提出了卷积增强版的模型——Conformer[1]，通过卷积强化局部特征的提取，同时保留了 Transformer 的全局刻画能力，获得更优的识别性能，如今已成为语音识别领域的主流模型。Conformer 采用了相对位置编码，常用于流识别，即语音片段输入，边说边识别的场景。本章将结合流识别，详细介绍 Conformer 的模型细节和计算过程，包括相对位置编码和缓存机制。

13.1　Conformer 结构

Conformer 对 Transformer 做了局部改动,只替换了 Transformer 的编码器(Encoder) 部分，如图 13-1 所示。编码器的每一层是一个 Conformer Block，主要加入了卷积模块（Convolutional Module），并且自注意力（Self-Attention）使用相对位置编码取代了绝对位置编码，以适配更长时序关系的建模。Conformer 能够兼容流识别场景，即边说边出结果，更适合语音识别任务。

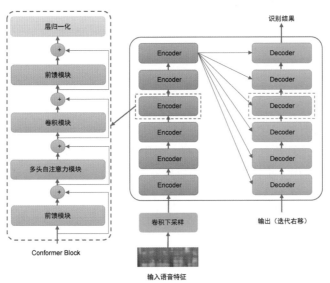

图 13-1　Conformer 结构

Conformer 的解码器（Decoder）与 Transformer 保持一致，因此其模型结构实际为 Conformer 编码器+ Transformer 解码器。另外，Google 论文中 Conformer 的卷积下采样也有专门设计，采用了 4 倍下采样。

13.2　卷积下采样

卷积下采样（Convolution Subsampling）有多种方式，常用的有 2 倍下采样和 4 倍下采样。如图 13-2 所示，Conformer 的卷积下采样比之前介绍的 Transformer 输入〔采用一维卷积（1D Conv）〕更复杂，采用了两组二维卷积（2D Conv），即在两个维度均有卷积操作，实现输入语音特征的 4 倍下采样。注意，这种二维卷积下采样不是 Conformer 模型专属的，Transformer 输入也可采用。

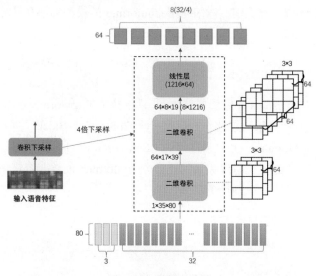

图 13-2　卷积下采样

以流识别场景为例，假设输入语音片段为 320ms，帧移为 10ms，即输入 32 帧特征，同时考虑到卷积需要的上下文，外加 3 帧缓存，因此共 35 帧 80 维的 FBank 特征（1×35×80），经过两个二维卷积下采样，采用不同的卷积核，最后输出 8 个 64 维的向量。每个二维卷积（步长为 2）输出维度数计算如下：

第一个二维卷积（64×1×3×3）：$\frac{80-3}{2}+1\approx39$，$\frac{35-3}{2}+1=17$

第二个二维卷积（64×64×3×3）：$\frac{39-3}{2}+1=19$，$\frac{17-3}{2}+1=8$

第一个二维卷积针对输入特征，采用 1 个通道，包含 64 个卷积核（3×3），处理 35×80 输入矩阵（1 个通道），输出 64 组 17×39 矩阵。

第二个二维卷积采用 64 个通道，对应第一个二维卷积输出的 64 组，每个通道

64 个卷积核（3×3），处理 17×39 输入矩阵，所有通道的输出相加，得到 64 组 8×
19 矩阵。

第二个二维卷积的输出矩阵进一步转为 8×1216 矩阵，再与线性层矩阵相乘，最
后得到 4 倍下采样的特征，即 8 个 64 维的向量。卷积下采样的计算过程如图 13-3 所示。

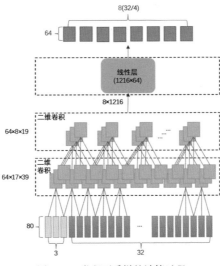

图 13-3　卷积下采样的计算过程

13.3　编码器结构

在编码器结构中，每个 Conformer Block 都由 4 个核心模块堆叠而成，它们分别
是第一个前馈模块（Feed Forward Module）、多头自注意力模块（Multi-Head Self Attention
Module）、卷积模块（Convolution Module）和第二个前馈模块，如图 13-4 所示。

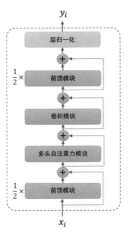

图 13-4　Conformer Block

整个 Conformer Block 从输入 x_i 到输出 y_i 的计算过程如下：

$$\tilde{x}_i = x_i + \frac{1}{2}\text{FFN}(x_i) \tag{13-1}$$

$$x_i' = \tilde{x}_i + \text{MHSA}(\tilde{x}_i) \tag{13-2}$$

$$x_i'' = x_i' + \text{Conv}(x_i') \tag{13-3}$$

$$\widetilde{x_i''} = x_i'' + \frac{1}{2}\text{FFN}(x_i'') \tag{13-4}$$

$$y_i = \text{Layernorm}(\widetilde{x_i''}) \tag{13-5}$$

13.3.1 前馈模块

前馈模块如图 13-5 所示，采用带有可调参数的 Swish 激活函数，并且加入了 Dropout 防止过拟合。

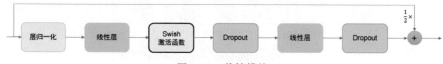

图 13-5　前馈模块

Swish 激活函数是 Sigmoid 和 ReLU 的改进版，具备无上界有下界、平滑、非单调的特点，Swish 也被称为 SiLU 激活函数，其公式表示如下：

$$\sigma(z) = \frac{z}{1+e^{-z}} \tag{13-6}$$

$$\text{Swish}(x) = x \cdot \sigma(\beta x) \tag{13-7}$$

13.3.2 多头自注意力模块

多头自注意力模块如图 13-6 所示，其中相对位置编码采用了 Transformer-XL[2]思想，能够适配流识别场景的片段（chunk）输入，具体细节在后面介绍。

图 13-6　多头自注意力模块

13.3.3 卷积模块

Conformer Block 中的卷积模块如图 13-7 所示，其包括层归一化、逐点卷积（Pointwise Conv）、GLU 激活函数、逐通道卷积（Depthwise Conv）、批归一化（Batch Normalization）和 Swish 激活函数。

图 13-7　卷积模块

GLU 激活函数表示如下：

$$A = xW + b \tag{13-8}$$

$$B = xV + c \tag{13-9}$$

$$\text{GLU}(x) = A \otimes \sigma(B) \tag{13-10}$$

卷积模块中通过两个逐点卷积和一个逐通道卷积的结合，实现每个通道的计算和不同通道的特征融合。逐点卷积和逐通道卷积合起来称为深度可分离卷积（Depthwise Separable Convolution），与常规卷积相比，其参数量更少，运算成本更低。

针对第一个逐点卷积，以 8×64 矩阵输入为例，先转置成 64×8 矩阵，然后拼接 14 列缓存（此处针对流识别设计），得到 64×22 矩阵，再送入逐点卷积，其计算过程如图 13-8 所示，逐点卷积采用 64×1 卷积核，共 128 个。

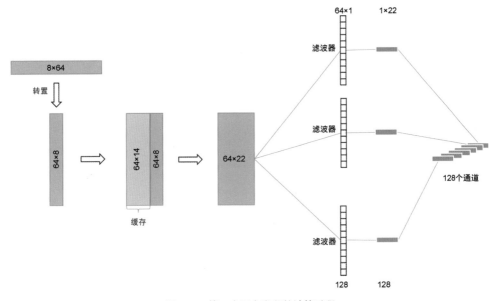

图 13-8　第一个逐点卷积的计算过程

逐通道卷积的计算过程如图 13-9 所示。第一个逐点卷积后得到 128 个通道的 1×22 矩阵，经过 GLU 激活函数后，降为 64 个通道，再送入逐通道卷积。逐通道卷积的一个卷积核只负责一个通道，图中包含 64 个通道，每个通道采用一个 1×15 卷积核，步长为 1，最后输出 64×8 矩阵。

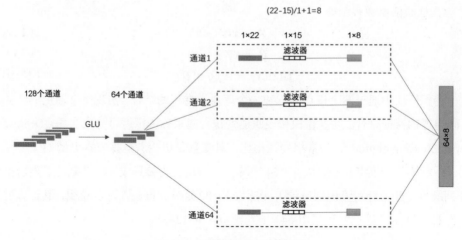

图 13-9　逐通道卷积的计算过程

逐通道卷积结果经过归一化和 Swish 激活函数后，送入第二个逐点卷积。第二个逐点卷积的计算过程如图 13-10 所示。该逐点卷积采用 64 个 64×1 卷积核，输入是 64×8 矩阵，中间得到 64 个 1×8 矩阵，输出合并得到一个 64×8 矩阵，再转置成 8×64 矩阵。

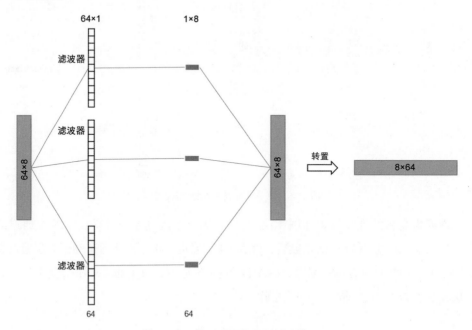

图 13-10　第二个逐点卷积的计算过程

为了更直观地理解，图 13-11 给出了卷积模块的整个计算过程，包括每个操作的输入矩阵和输出矩阵，整个模块的输入是 8×64 矩阵，经过深度可分离卷积操作，以及批归一化和残差连接，最后的输出也是 8×64 矩阵。

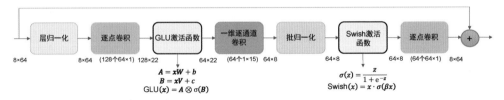

图 13-11　卷积模块的整个计算过程

深度可分离卷积的参数量为三部分相加：

$$128 \times 64 \times 1 + 64 \times 1 \times 15 + 64 \times 64 \times 1 = 13248$$

13.4　相对位置编码

原始 Transformer 采用绝对位置编码，不同位置对应的向量不同，反映顺序关系，但难以体现相同间隔距离的差异。如图 13-12 所示，前后片段的窗长一样，其中的 x_2 和 x_6 与各自片段的起始位置间隔一样，无法体现两个位置在不同上下文的差异。绝对位置编码的另一个缺点是没有外推性，如果输入长度超过训练数据所覆盖的长度范围，就无法处理。

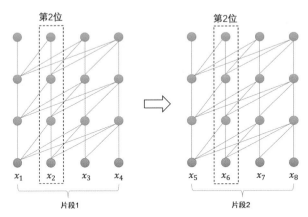

图 13-12　原始 Transformer 采用的绝对位置编码

为了解决长度上限和相对位置的问题，Transformer-XL[2]提出了相对位置编码思想。原始 Transformer 的绝对位置编码公式如下所示。

$$A_{i,j}^{\text{abs}} = q_i^{\text{T}} k_j = \left(W_Q(X_i + \text{PE}_i) \right)^{\text{T}} \cdot \left(W_K(X_j + \text{PE}_j) \right)$$
$$= X_i^{\text{T}} W_Q^{\text{T}} W_K X_j + X_i^{\text{T}} W_Q^{\text{T}} W_K \text{PE}_j + \text{PE}_i^{\text{T}} W_Q^{\text{T}} W_K X_j + \text{PE}_i^{\text{T}} W_Q^{\text{T}} W_K \text{PE}_j \quad （13-11）$$

其中，X 表示输入 Embedding，下标 i 和 j 表示对应的位置，PE_i 表示第 i 个位置编码。W_Q、

$\boldsymbol{W}_{\mathrm{K}}$是查询$\boldsymbol{Q}$和键$\boldsymbol{K}$对应的权重矩阵。

不同于图 13-12 所示的固定片段分割，Transformer-XL 采用了循环机制，即在训练或推理当前片段的时候，会使用上一个片段的输出向量，如图 13-13 所示，新片段节点的上文用到了固定片段的节点，这样就建立了前后片段的关联。

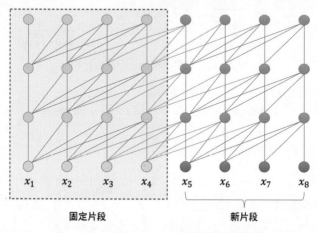

固定片段　　　　　　　　　新片段

图 13-13　Transformer-XL 采用的循环机制

针对位置编码，Transformer-XL 对$\boldsymbol{A}_{i,j}^{\mathrm{abs}}$公式做了修改，替换了绝对位置$\boldsymbol{PE}_j$，采用相对位置编码$\boldsymbol{R}_{i-j}$，并引入了新的参数，如下式所示。

$$\begin{aligned}
\boldsymbol{A}_{i,j}^{\mathrm{rel}} &= \boldsymbol{X}_i^{\mathrm{T}}\boldsymbol{W}_{\mathrm{Q}}^{\mathrm{T}}\boldsymbol{W}_{\mathrm{K},\boldsymbol{x}}\boldsymbol{X}_j + \boldsymbol{X}_i^{\mathrm{T}}\boldsymbol{W}_{\mathrm{Q}}^{\mathrm{T}}\boldsymbol{W}_{\mathrm{K},\mathrm{R}}\boldsymbol{R}_{i-j} + \boldsymbol{u}^{\mathrm{T}}\boldsymbol{W}_{\mathrm{K},\boldsymbol{x}}\boldsymbol{X}_j + \boldsymbol{v}^{\mathrm{T}}\boldsymbol{W}_{\mathrm{K},\mathrm{R}}\boldsymbol{R}_{i-j} \\
&= \boldsymbol{Q}_i\boldsymbol{K}_j + \boldsymbol{Q}_i\boldsymbol{W}_{\mathrm{K},\mathrm{R}}\boldsymbol{R}_{i-j} + \boldsymbol{u}^{\mathrm{T}}\boldsymbol{K}_j + \boldsymbol{v}^{\mathrm{T}}\boldsymbol{W}_{\mathrm{K},\mathrm{R}}\boldsymbol{R}_{i-j} \\
&= (\boldsymbol{Q}_i + \boldsymbol{u}^{\mathrm{T}})\boldsymbol{K}_j + (\boldsymbol{Q}_i + \boldsymbol{v}^{\mathrm{T}})\boldsymbol{W}_{\mathrm{K},\mathrm{R}}\boldsymbol{R}_{i-j}
\end{aligned} \tag{13-12}$$

其中，$\boldsymbol{u}$和$\boldsymbol{v}$是可训练的参数。Conformer 采用了这种相对位置编码，结合$\boldsymbol{u}$和$\boldsymbol{v}$，图 13-14 展示了相对位置的注意力计算过程。

设$\boldsymbol{Q}_i + \boldsymbol{u}^{\mathrm{T}}$为 q_with_bias_u，$\boldsymbol{Q}_i + \boldsymbol{v}^{\mathrm{T}}$为 q_with_bias_v，$\boldsymbol{W}_{\mathrm{K},\mathrm{R}}\boldsymbol{R}_{i-j}$为 P，相对位置的注意力计算伪代码如下：

```
1. input * attn_linear_q = Q
2. input * attn_linear_k = K
3. input * attn_linear_v = V
4. Q + pos_bias_u = q_with_bias_u
5. Q + pos_bias_v = q_with_bias_v
6. q_with_bias_u * K = QK
7. pos_emb(+offset) * linear_pos_w = P
8. q_with_bias_v * P = QP
9. softmax((QK + QP)/sqrt(d_k)) = score
10. score * V
```

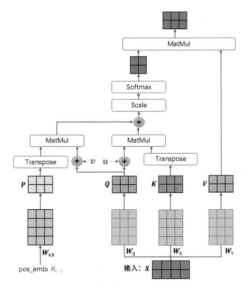

图 13-14　相对位置的注意力计算过程

13.5　流识别机制

在基于 Conformer 的语音识别中，CTC 输出经过贪婪搜索（Greedy Search）或前缀剪枝搜索（Prefix Beam Search），后续可接两种解码器：

（1）Transformer 的解码器，进行二次解码得到识别结果。

（2）带语言模型的 FST 解码器，进行重打分得到识别结果。

Conformer 流识别框架如图 13-15 所示，其中流识别以片段（chunk）输入，chunk 大小可自己设置，如 320ms。在流输入过程中，位置需要加入偏移（offset）信息，用来更新 Conformer 的相对位置编码。

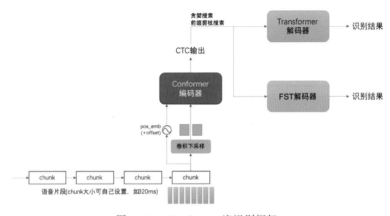

图 13-15　Conformer 流识别框架

对于流识别，输入是一个个 chunk，但网络需要左侧上文的依赖，为了减少计算量，可以对之前的输出进行缓存。如图 13-16 所示，Conformer Block 的卷积模块和多头自注意力模块的左侧均采用有限长度，因此所需缓存大小不变。

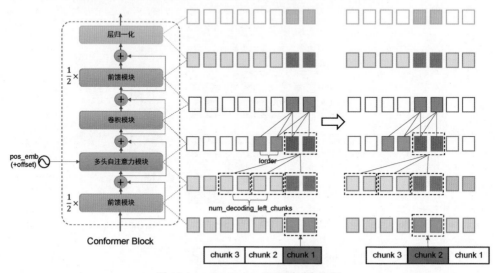

图 13-16 Conformer 流识别缓存机制

为了避免高时延，流识别采用因果卷积，每一步的输出只依赖之前的时间点，图中缓存大小由 lorder 设定。num_decoding_left_chunks 是自注意力依赖的左侧 chunk 数，图中设为 2 个。

为了支持流识别，Conformer 在训练时，采用动态 chunk 大小，每个 batch 随机在设定的列表中选择 chunk 大小和左依赖帧数，这使得在推理时可以设置不同的流式配置。

13.6 本章小结

Conformer 与 Transformer 的差异部分在编码器，并且 Conformer 没有采用绝对位置编码。Conformer 的编码器主要包括多头自注意力模块和卷积模块，其中多头自注意力模块加入了相对位置编码，卷积模块包括逐点卷积和逐通道卷积操作，可有效减少计算量。Conformer 的一大难点是流识别，需要按 chunk 输入，提供相应的位置偏移信息，并对注意力和卷积计算进行必要的缓存。

参考文献

[1] GULATI A, QIN J, CHIU C C, et al. Conformer: Convolution-augmented Transformer for Speech Recognition[C]. Conference of the International Speech Communication Association (INTERSPEECH),

2020.

[2] DAI Z, YANG Z, YANG Y, et al. Transformer-XL: Attentive Language Models Beyond a Fixed-length
   Context[C]. ACL, 2019.

思考练习题

1. 描述二维卷积降采样过程，结合实际例子，画图示意。
2. 理解相对位置编码，并描述其在 Conformer 中的实现过程。
3. Conformer 流识别是怎么实现的？请描述其解码过程。
4. 基于 WeNet 开源工具，熟悉 Conformer 模型和流识别代码。

第 14 章
语音大模型

语音大模型本质上是语音文本大模型，依靠大语言模型（LLM）的理解生成能力帮助甚至替代语音识别与合成系统，实现全双工的语音交互，即能听会说的功能，并可实时打断。大模型技术带来新的研究范式，传统语音识别框架必将受到冲击，是固守原有的技术路线，还是拥抱新的变化，是语音研究人员面临的现实问题。

本章将介绍语音大模型涉及的 LLM、音频离散化、语音文本对齐、流式打断等功能模块。由于技术迭代非常快，新的框架层出不穷，本章更多的是一些基础介绍，力求梳理脉络，给读者一些有价值的参考。

14.1 LLM

LLM 的典型代表是 GPT。2018 年，OpenAI 团队在论文 *Improving Language Understanding by Generative Pre-Training* 中提出了一种称为 GPT-1 的模型，它是 GPT 语言模型的最初版本。这种模型基于生成式预训练（Generative Pre-Training）的 Transformer 架构，采用了 Transformer 模型的解码器部分。2022 年 11 月，OpenAI 发布了基于强化学习的 ChatGPT，具备类人的理解交互能力，引起世界轰动，预示强人工智能时代的到来。2024 年 5 月，OpenAI 推出了多模态大模型 GPT-4o，采用端到端建模，支持低延迟的语音模式交互，其效果非常惊艳，带动了语音大模型的研究热潮。GPT 系列大语言模型的发展历程如图 14-1 所示。

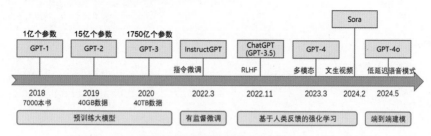

图 14-1　GPT 系列大语言模型的发展历程（截至 2024 年 5 月）

GPT 具有强大的生成能力，可用于语言理解、文本生成、文本摘要、问答系统等任务。继 GPT 模型之后，国内外涌现出许多开源大语言模型，如 Meta 的 Llama 大模型、百川智能的百川大模型、智谱 AI 的 ChatGLM、阿里巴巴的 Qwen 系列等。如图 14-2 所示，Llama 和百川大模型以 Transformer 架构为基础，通常由 32 个 Transformer

的解码器堆叠而成，相对于编码器，解码器在计算QK时引入了 Mask（掩蔽），以确保当前位置只能关注前面已经生成的内容。相比于标准 Transformer Block，Llama 和百川大模型采用均方根层归一化（RMSNorm）、旋转位置编码（RoPE）、SiLU 激活函数等方法来提高性能。

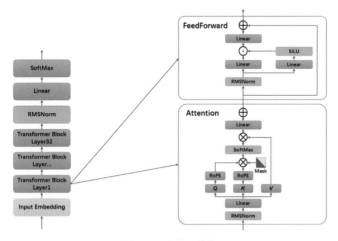

图 14-2　大模型结构

RMSNorm 在训练过程中，通过移除层归一化的均值项，仅计算输入特征的均方根来提高模型的收敛速度和稳定性，其公式表示如下：

$$y = \frac{x}{\sqrt{\frac{1}{N}\sum_{i=1}^{N}x_i^2}}\gamma \tag{14-1}$$

其中，γ为可学习的参数。

Transformer 的绝对位置编码不能很好地编码 Token 之间的相对位置距离，RoPE 通过复数编码相对位置信息，使得下列式子成立：

$$< f_q(x_m, m), f_k(x_n, n) >= g(x_m, x_n, m-n) \tag{14-2}$$

其中，$f_q(x_m, m)$和$f_k(x_n, n)$是添加位置信息后的queries和keys；x_m和x_n是词嵌入向量，其位置分别为m和n。

SiLU 是 Sigmoid 和 ReLU 的改进版，具备无上界有下界、平滑、非单调的特点。SiLU 也被称为 Swish 激活函数，其公式表示如下：

$$y = x \cdot \text{Sigmoid}(x) \tag{14-3}$$

其中，$\text{Sigmoid}(x)$ 是标准的Sigmoid函数，其值在 0 和 1 之间。

训练 LLM 需要海量数据，规模达数十 TB 甚至更多，除了开源数据，还要从互联网爬取数据，经过质量过滤、冗余去除、隐私消除、词元（Token）切分等步骤后，进行基于 Transformer 的预训练，得到通用大模型。

若要提升大模型在某个特定任务上的表现，则可通过微调训练来提高性能。比如 Llama 大模型在英文领域表现优秀，但其中文能力较弱，则可通过微调来提升其在中文领域的表现。微调通常需要耗费大量的计算资源，可通过 LoRA 或带量化的 QLoRA 微调来达到节约资源的目的，其本质是一个降维再升维的过程。对于一个预先训练好的权重矩阵 $W_0 \in \mathbb{R}^{d \times k}$，对其使用低秩分解来约束 ΔW 的更新：

$$W_0 + \Delta W = W_0 + BA \tag{14-4}$$

其中，$B \in \mathbb{R}^{d \times r}$，$A \in \mathbb{R}^{r \times k}$ 且 $r \ll \min(d, k)$。在训练的过程中，权重矩阵 W_0 被冻结且不接受梯度更新，A 和 B 包含可训练参数，所以只需要对 A 和 B 两个矩阵进行训练即可。

在实际应用中，通过领域数据的微调训练、检索增强生成（Retrieval Augmented Generation，RAG）等方法可以提升模型在特定任务上的表现，同时可以通过推理加速框架如 vLLM 等来加速模型推理。

2025 年 1 月前后，中国 AI 初创公司杭州深度求索接连发布 DeepSeek V3 和 DeepSeek R1，直接对标 OpenAI o1，以其惊艳的效果轰动全球，并迅速登上中美免费应用榜第一的位置。DeepSeek 模型有两大创新：通过多头潜在注意力（MLA）降低缓存和采用混合专家（MoE）模型有效训练。同时进行大量的工程优化，如采用 FP8 减小精度。根据 DeepSeek 论文的介绍，DeepSeek V3 的训练成本仅 557.6 万美元。相对于 DeepSeek V3 版本，DeepSeek R1 弱化有监督微调（SFT），主要采用奖励模型进行强化学习（RL）；使用数据蒸馏（Distillation）生成高质量数据，提升了训练效率。DeepSeek 兼具"低成本+高性能+高开放度"三重优点，极大地降低了大模型的部署门槛，但仍需要 GPU 支撑。

14.2 音频离散化

在文本 LLM 中，Token 是进行分割和编码的最小单元，它可以是以下形式：
- 字符，如 'h'。
- 单词，如 "hello"。
- 子词，可以是 BPE（Byte-Pair Encoding），如 "ello"，也可以是 BBPE（Byte-level Byte-Pair Encoding），即 UTF-8 编码+BPE。

综合分词和训练效率，BPE 是最常用的编码方式；如果是多语种场景，由于 UTF-8 兼容各国语言，则建议采用 BBPE，可以不受语种约束。

音频离散化的目的是将音频编码，即将连续的语音信号编码为离散的语音 Token 序列，使其能融入 LLM 的建模框架中，并与文本模态打通，实现联合优化，最终可以通过语音直接与 LLM 实时交互。其中离散编码 Token 即为数据离散化后的标记，通常用一个整数表示。为了将离散编码转回高维表征，我们需要借助码本（Codebook）来实现，码本可被看作是一个 $N \times D$ 的向量表（其中 N 表示向量数目，D 表示向量维度），借助码本和离散化后的标记就可以获得相应的高维空间中的表征。音频离散编码可通过聚类（Clustering）来实现。

聚类方法主要通过将音频特征向量进行分组，使每个分组代表不同的音频特征类别。在音频离散化中常用 K-均值（K-means）聚类来进行离线的离散化，其基本思想是初始随机给定 K 个簇中心，将每个训练样本分配到距离最近的中心点代表的簇类，然后按平均法重新计算每个簇的中心点，从而确定新的簇中心；反复迭代这两个步骤直至收敛，聚类之后即得到码本。如图 14-3 所示，每个数据点代表一个样本，根据特征的相似性被分为三类。不同颜色表示不同的聚类标签，而红色的"×"标记表示每个簇的中心点。

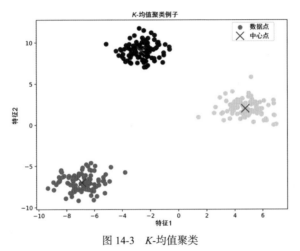

图 14-3 K-均值聚类

此外，也可以采用在线离散化方法——矢量量化变分自编码器（Vector Quantization Variational Autoencoder，VQ-VAE[1]），学习潜在空间语音特征的离散表示。VQ-VAE 由编码器、解码器和码本三部分组成，通过重建损失（Reconstruction Loss）、贡献度损失（Commitment Loss）和码本损失（Codebook Loss）来共同优化模型。

$$L_{\text{Reconstruction}} = \log p\left(x \middle| z_{\text{q}}(x)\right) \tag{14-5}$$

$$L_{\text{Commitment}} = \beta \| z_{\text{e}}(x) - \text{sg}[e] \|_2^2 \tag{14-6}$$

$$L_{\text{Codebook}} = \| \text{sg}[z_{\text{e}}(x)] - e \|_2^2 \tag{14-7}$$

其中，x 表示样本点，β 表示权重超参数，e 表示码本向量，$\text{sg}[\cdot]$ 表示梯度截断，$z_{\text{e}}(x)$ 表示编码器输出的潜在表征，$z_{\text{q}}(x)$ 表示经过离散化的潜在表征。

训练完成后，由编码器生成特征向量，然后从码本中为输入向量选择最佳近似值，这一过程可通过计算输入向量与码本中所有向量的距离来完成。然而，单一量化器信息损失较大，无法有效表示原始向量，此时可以引入多个量化器（码本）来增加信息量。残差向量量化（Residual Vector Quantization，RVQ）通过逐步分解数据的残差来进行量化[2]。首先将输入向量通过第一个量化器量化，得到一个较为粗略的近似值，然后计算原始数据和近似值之间的差异（残差）。接着对残差应用第二个量化器，得到更精确的近似值，并继续计算残差。这个过程可以重复多次，通过多个量化器逐层逼近原始数据，减少量化误差。其流程如图 14-4 所示。

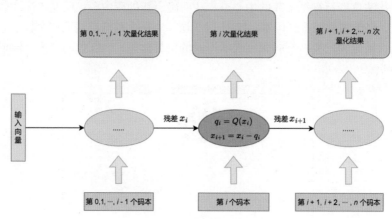

图 14-4　残差向量量化

14.3　语音文本对齐

通过聚类，我们可以将连续的语音特征转换为离散语音编码，从而在离散空间中表示连续语音，这样就可以仿照训练文本大模型的方式，直接使用音频数据来训练一个语音语言模型（SpeechLM），使得其具有处理音频数据的能力，如图 14-5 所示，其中离散语音编码可用 unit 表示，uLM 表示对应的语言模型。

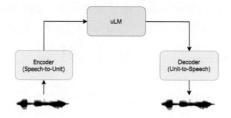

图 14-5　基于离散语音编码的语言模型

由于有海量的文本数据作为支撑，文本大语言模型在各种文本类任务上表现出色，再结合预训练文本大语言模型卓越的生成能力，能够显著提升语音语言模型的表现，并能够真正实现语音对话。为了达到这个目的，关键的一点就是将语音模态与文本模态对齐,把语音模态集成到 LLM 中。而这最直接的方式是扩展 LLM 的词表,将离散的语音 Token 融入文本词表中,使语音模态和文本模态共享同一个词汇空间[3]。另外,可以通过语音编码器(如 Whisper 编码器)得到输入音频对应的嵌入(Embedding),随后通过音频适配器将其与文本嵌入(Text Embedding)对齐,如图 14-6 所示。

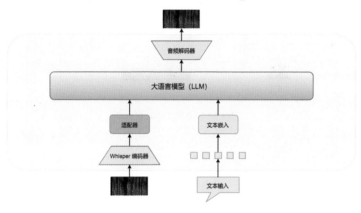

图 14-6　语音文本对齐

最后,通过多个微调任务来实现语音与文本的联合建模,如图 14-7 所示。通过在预训练的文本 LLM 上进行微调,使其能够同时处理文本和语音信息,赋予模型跨模态的理解和生成能力,从而在多模态场景中自然地理解语音和文本并生成相应的输出。

图 14-7　跨模态微调

14.4　流式打断

流式打断是语音大模型中的一项关键技术,在实时对话场景中非常重要,特别是需要及时响应和动态交互的应用场景,如语音助手、智能客服等。这意味着语音大模型不仅要能直接以语音的形式接受输入和流式输出(能听会说),还需要在用户输入特殊指令时中途打断输出的内容并给出反馈,实时处理和响应语音输入,从而实现更加灵活和自然的交互体验。例如,在智能语音助手的应用场景中,用户可能中途更改命令,并期望立即得到反馈。

因此,语音大模型必须以一种全双工的形式运行,即模型可以同时具有听和说的能力,实时处理两条音频流[4],如图 14-8 所示。图中包含两条音频流:模型输出的音频和用户的指令音频。此时,模型不仅需要根据用户先前的指令及已经输出的内容继续进行后续内容的流式输出，同时还需要流式输入外界的声音，判断是否需要停止输出现有的内容，并开启新一轮的指令回复。

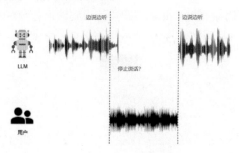

图 14-8　全双工语音交互

14.5　对话大模型

随着 AI 的快速发展，用户在与 LLM 进行文本交互时，不再感到传统程序交互的僵硬，反而体验到如同与真人交流的感觉。语音是人们交流最直接的方式之一，人们也希望能直接通过语音与 AI 沟通，以获得更接近"真人"对话的体验。这一目标也是 AI 发展中不可或缺的组成部分。目前的语音大模型可分为两类，其中一类是以 Qwen2-Audio 为代表的辅助工具类模型，不需要声音交互，但可用于处理 ASR、TTS 等多种传统声音任务。如图 14-9 所示，这类模型通常会在大量的多模态数据上进行预训练，学习文本和音频的联合表示，随后通过微调等方式，提高模型在特定应用场景下的性能。另一类则是以 GPT-4o 为代表的对话 Agent 类模型，即对话大模型，这类模型需要具备听与说的能力，从而实现语音交互。本节将围绕对话大模型进行探讨。

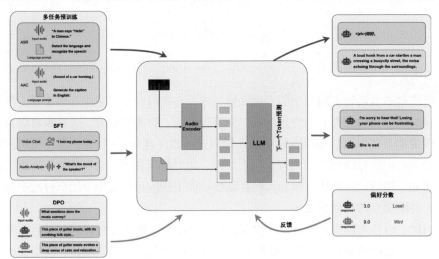

图 14-9　Qwen2-Audio 框架示意图[5]

最基础的语音对话系统包含三个核心模块：语音识别（ASR）、大语言模型（LLM）和语音合成（TTS）（如图 14-10 所示）。系统通过语音识别模型将输入的语音转录成文本，再传递给大语言模型生成文本输出，最后由语音合成模型生成语音输出。业内猜测，早期的 GPT-4 便采用了这种级联式的结构来实现语音交互功能。

图 14-10　"ASR + LLM + TTS"框架示意图[6]

然而，这种简单的解决方案主要存在以下三个问题。

（1）信息丢失。语音信号不仅包含语义信息（语音的含义），还包含副语言信息（如音高、音色、音调等）。在中间加入一个仅用于处理文本的 LLM，会导致输入语音中的副语言信息完全丢失。

（2）错误累积。这样的分阶段方法很容易导致整个流程中出现累积性错误，尤其是在 ASR-LLM 阶段。例如，在 ASR 模块中将语音转换为文本时发生的转录错误，会对 LLM 的语言生成性能产生负面影响。

（3）高延迟。由于数据需要在多个模块间传递，系统响应时间较长，复杂性高，不利于实时语音交互。

为了解决上述问题，实现更好的人机交互体验，需要实现一个端到端的语音文本大模型，如图 14-11 所示，通过语音编码器将语音离散化，由大语言模型直接处理语音数据，实现多个模态实时输入和输出。

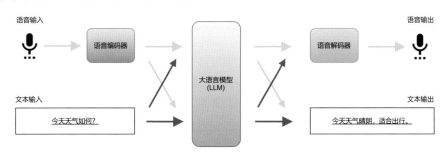

图 14-11　端到端语音文本大模型[6]

OpenAI 团队率先提出了一个结合多模态的端到端实时交互大模型——GPT-4o。该模型在 GPT-4 的基础上，增强了文本、视觉和音频的处理能力，能够在最短 232ms 内响应音频输入，平均响应时间为 320ms，已接近人类水平。然而，由于技术细节尚未公布，其具体模型架构仍不为人知。尽管如此，国内外仍涌现出不少端到端语音大模型，如 SpeechGPT、Moshi、Mini-Omni、LLaMA-Omni 和 GLM-4-Voice 等。其中，Moshi[7]作为 GPT-4o 之后较早发布的开源模型，在参数量较小的情况下具备类似功能，理论延迟仅为 160ms，并支持 70 多种情绪和说话风格，以及英语和法语的实时交互。

此外，智谱 AI 推出了 GLM-4-Voice[8]，这是一款端到端实时情感语音模型，能够直接理解和生成中英文语音，并根据用户指令灵活调整语音的情感、语调、语速和方言等特征。GLM-4-Voice 同样由三部分组成：GLM-4-Voice-Tokenizer、GLM-4-Voice-9B 和 GLM-4-Voice-Decoder。GLM-4-Voice-Tokenizer 用于实现语音离散化，将每秒音频转化为 12.5 个离散 Token，由 OpenAI 的 Whisper 模型的编码器加上向量量化实现。GLM-4-Voice-9B 是在预训练的 GLM-4-9B 模型上进行语音文本对齐，从而能够理解和生成语音数据。GLM-4-Voice-Decoder 则将大模型输出的语音离散 Token 转换为连续的语音输出，基于流匹配（Flow Matching）架构来实现流式推理。

在预训练方面，为了攻克模型在语音模态下的智商和合成表现力两个难关（模型生成语音 Token 的表现不如文本 Token），GLM-4-Voice 将 Speech2Speech 任务解耦合为 Speech2Text（根据用户音频做出文本回复）和 Text2Speech（根据文本回复和用户语音合成回复语音）两个任务，并设计两种预训练目标适配这两种任务形式。

（1）Speech2Text：从文本数据中，随机选取文本句子转换为音频 Token。

（2）Text2Speech：从音频数据中，随机选取音频句子加入文本标注（Transcription）中。

GLM-4-Voice 使用数百万小时的音频和数千亿个 Token 的音频文本交错数据预训练，提升模型的音频理解和建模能力。同时设计了一套流式思考架构：输入用户语音，GLM-4-Voice 流式交替输出文本和语音两个模态的内容，其中语音模态以文本作为参照保证回复内容的高质量，并根据用户的语音指令变化做出相应的声音变化，在保证智商的情况下仍然具有端到端建模 Speech2Speech 的能力，同时保证低延迟性。

14.6　本章小结

本章探讨了语音大模型的发展背景及其关键技术模块。在全双工实时语音交互的需求驱动下，语音大模型逐渐转向通过 LLM 的理解与生成能力，以一种新的研究范式重新定义语音识别与合成系统。LLM 的引入使得传统的语音处理流程发生了显著变化，为全新的语音交互体验提供了可能性，其最终目标是构建 Speech2Speech 端到端系统。本章具体介绍了音频离散化、语音文本对齐、流式打断等关键技术，以及 GPT-4o 和 GLM-4-Voice 两个代表性模型。

参考文献

[1]　VAN D, VINYALS O. Neural Discrete Representation Learning[J]. Advances in Neural Information

Processing Systems, 2017: 30.

[2] D'EFOSSEZ A, COPET J, SYNNAEVE G, et al. High Fidelity Neural Audio Compression[J]. arXiv preprint arXiv:2210.13438, 2022.

[3] ZHANG D, LI S, ZHANG X, et al. SpeechGPT: Empowering Large Language Models with Intrinsic Cross-Modal Conversational Abilities[C]. Proceedings of the Conference on Empirical Methods in Natural Language Processing (EMNLP), 2023.

[4] MA Z, SONG Y, DU C, et al. Language Model Can Listen While Speaking[J]. arXiv preprint arXiv:2408.02622, 2024.

[5] CHU Y, XU J, YANG Q, et al. Qwen2-Audio Technical Report[J]. arXiv preprint arXiv:2407.10759, 2024.

[6] CUI W, YU D, JIAO X, et al. Recent Advances in Speech Language Models: A Survey[J]. arXiv preprint arXiv:2410.03751, 2024.

[7] D'EFOSSEZ A, MAZAR'E L, ORSINI M, et al. Moshi: A Speech-Text Foundation Model for Real-Time Dialogue[J]. arXiv preprint arXiv:2410.00037, 2024.

[8] ZENG A, DU Z, LIU M, et al. GLM-4-Voice: Towards Intelligent and Human-Like End-to-End Spoken Chatbot[J]. arXiv preprint arXiv:2412.02612, 2024.

第 15 章
WeNet 实践

在端到端语音识别领域中，面向工业应用落地的语音识别工具包 WeNet[1-2]设计简洁，部署方便，解决了不少痛点，因此一经推出就颇受欢迎，迅速得到普及。该工具使用 Transformer/Conformer 网络结构和 CTC/Attention 联合优化方案，模型训练完全基于 PyTorch 生态，不依赖 Kaldi 等安装复杂的工具，很容易上手。本章将基于 aishell-1 数据集，介绍在 WeNet 平台上搭建端到端语音识别系统的实验过程。

15.1　数据准备

WeNet 的数据准备很简便，包括以下几个步骤：映射文件准备、CMVN 计算、词典生成、数据打包。下面我们将详细介绍这几个步骤。

15.1.1　映射文件准备

映射文件主要需要准备两个文件，分别是 wav.scp 和 text。对于不同的数据集，需要自行编写脚本来获得这两个映射文件。在 WeNet 的实验中，使用 aishell_data_prep.sh 脚本来生成这两个映射文件。

wav.scp 文件保存了语音编号和该语音在系统中的绝对路径，其格式如下：

```
<语音编号>                    <语音绝对路径>
BAC009S0002W0124    /data_aishell/wav/train/S0002/BAC009S0002W0122.wav
```

该文件的作用是将语音编号和该语音的绝对路径对应起来，以便在声学特征提取以及数据扩增阶段能够访问到该条语音，进而对语音进行处理。

text 文件保存了语音编号和与该语音对应的转录文本，其格式如下：

```
<语音编号>                 <与语音对应的转录文本>
BAC009S0002W0124     自六月底呼和浩特市率先宣布取消限购后
```

该文件的作用是将语音编号和与该语音对应的转录文本关联起来，以便在计算 CTC 或者 Attention 的损失时能够访问到对应的转录文本。

WeNet 训练没有用到说话人信息，因此无须准备 utt2spk 和 spk2utt 文件。

15.1.2　CMVN 计算

在语音识别任务中，一般需要对特征进行倒谱均值归一化（CMVN），使特征服从均值为 0、方差为 1 的高斯分布。在 WeNet 中，使用 compute_cmvn_stats.py 脚本来进行 CMVN 的计算，这样的处理能够让神经网络更容易对语音特征进行学习。

15.1.3 词典生成

在 WeNet 中，使用 text2token.py 脚本，通过映射文件 text 来生成词典，得到每个字符的唯一数字表示，其格式如下：

```
<字符>        <字符对应的数字>
 字            1
```

在训练过程中，通过这个词典，将每条语音对应的转录文本转换为数字，我们将其称为 Token。

15.1.4 数据打包

在 WeNet 的模型训练中，不直接使用 wav.scp 或者 text 映射文件，而是提供了两种数据打包格式，分别是针对大数据量的 shard 格式和针对小数据量的 raw 格式。对于 aishell-1 数据集，使用 raw 格式即可。这里使用 make_raw_list.py 脚本把训练所需的映射文件写入 data.list 文件中，以其中一条语音为例，其格式如下：

```
{"key": "BAC009S0002W0122", "wav":
"/data1/data/aishell_1//data_aishell/wav/train/S0002/BAC009S0002W0122.wav", "txt":
"而对楼市成交抑制作用最大的限购"}
```

其中包含音频 id、音频路径和其对应的转录文本。

通过以上 4 个步骤，我们就完成了进行端到端语音识别训练的数据准备。接下来，我们将介绍训练过程中的一些配置文件。

15.2 WeNet 配置文件

在 WeNet 的 aishell 示例的 conf 目录下，存放了一系列模型训练的配置文件，如图 15-1 所示。

train_conformer.yaml	2KB	YAML 文件	2022/3/9, 23:16	-rw-r--r--
train_conformer_no_pos.yaml	2KB	YAML 文件	2022/3/9, 23:16	-rw-r--r--
train_transformer.yaml	2KB	YAML 文件	2022/3/9, 23:16	-rw-r--r--
train_u2++_conformer.yaml	2KB	YAML 文件	2022/3/9, 23:16	-rw-r--r--
train_u2++_transformer.yaml	2KB	YAML 文件	2022/3/9, 23:16	-rw-r--r--
train_unified_conformer.yaml	2KB	YAML 文件	2022/3/9, 23:16	-rw-r--r--
train_unified_transformer.yaml	2KB	YAML 文件	2022/3/9, 23:16	-rw-r--r--

图 15-1 模型训练配置文件

在训练过程中，我们可以通过配置这些文件来选择不同的声学模型并调整网络结构。以 Conformer 模型的配置文件 train_conformer.yaml 为例，其网络配置如下：

```
# network architecture
# encoder related
encoder: conformer
```

```
encoder_conf:
    output_size: 256    # dimension of attention
    attention_heads: 4
    linear_units: 2048  # the number of units of position-wise feed forward
    num_blocks: 12      # the number of encoder blocks
    dropout_rate: 0.1
    positional_dropout_rate: 0.1
    attention_dropout_rate: 0.0
    input_layer: conv2d # encoder input type, you can choose conv2d, conv2d6 and
conv2d8
    normalize_before: true
    cnn_module_kernel: 15
    use_cnn_module: True
    activation_type: 'swish'
    pos_enc_layer_type: 'rel_pos'
    selfattention_layer_type: 'rel_selfattn'

# decoder related
decoder: transformer
decoder_conf:
    attention_heads: 4
    linear_units: 2048
    num_blocks: 6
    dropout_rate: 0.1
    positional_dropout_rate: 0.1
    self_attention_dropout_rate: 0.0
    src_attention_dropout_rate: 0.0
```

可见，只需改动 WeNet 的模型配置参数，就能够实现一个基本的端到端语音识别网络。

15.3　声学模型训练

前面我们讲解了 WeNet 在训练过程中的一系列配置文件，可以发现，使用 WeNet 的配置文件进行网络配置非常方便。接下来，我们将详细介绍 WeNet 支持的几种端到端声学模型的训练过程，包括 Transformer、Conformer、Unified Conformer 和 U2++ Conformer。

15.3.1　声学模型训练脚本

在 WeNet 中，使用 bin 目录下的 train.py 程序来进行模型的训练。这里以 aishell-1 的模型训练为例，脚本内容如下：

```
python wenet/bin/train.py --gpu $gpu_id \
    --config $train_config \
    --data_type $data_type \
```

```
--symbol_table $dict \
--train_data data/$train_set/data.list \
--cv_data data/dev/data.list \
${checkpoint:+--checkpoint $checkpoint} \
--model_dir $dir \
--ddp.init_method $init_method \
--ddp.world_size $world_size \
--ddp.rank $rank \
--ddp.dist_backend $dist_backend \
--num_workers 1 \
$cmvn_opts \
--pin_memory
```

在 train.py 所有的参数中，我们需要准备的文件有 4 个，其中第一个文件就是模型训练的配置脚本文件，对应上面的 train_config 脚本；第二个和第三个文件分别是训练集数据和验证集数据的 data.list；第四个文件是词典，对应上面的 symbol_table，该词典将训练文本和验证文本转换成相应的数字表示进行训练。其他几个参数只需要进行配置，而不需要事先准备文件。其中，gpu 表示训练时调用的 GPU 编号；data_type 表示数据准备的 raw 或 shard 格式；checkpoint 表示当模型要继续上一次的训练时，需要加载的上一次训练结束后保存的模型的路径；model_dir 表示模型保存的路径；ddp 相关参数表示 GPU 多卡训练的相关配置，通常不需要手动调整；num_workers 表示加载数据的线程数量；cmvn_opts 表示当模型需要使用 cmvn 文件时，其指向 cmvn 文件路径，否则为空；pin_memory 表示是否使用锁页内存。

运行 train.py，待训练过程结束后，我们便能在相应的输出路径中得到训练好的模型，如图 15-2 所示。

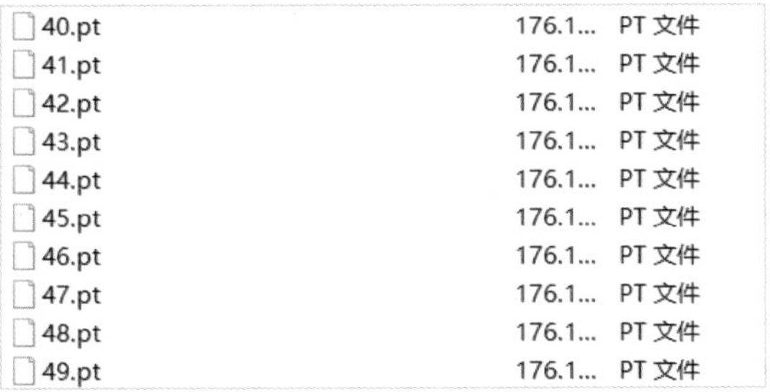

📄 40.pt	176.1...	PT 文件
📄 41.pt	176.1...	PT 文件
📄 42.pt	176.1...	PT 文件
📄 43.pt	176.1...	PT 文件
📄 44.pt	176.1...	PT 文件
📄 45.pt	176.1...	PT 文件
📄 46.pt	176.1...	PT 文件
📄 47.pt	176.1...	PT 文件
📄 48.pt	176.1...	PT 文件
📄 49.pt	176.1...	PT 文件

图 15-2　训练好的模型

WeNet 在模型训练过程中会保存每个 epoch 训练好的模型，如上面的 40.pt~49.pt 就是 epoch 40~49 保存的各个模型。

15.3.2　Transformer 模型训练

Transformer 模型是目前端到端语音识别较先进的模型，WeNet 同样集成了

Transformer 模型，我们可以通过配置文件的方式进行模型参数配置。aishell-1 中 Transformer 模型的部分训练配置文件如下：

```
# network architecture
# encoder related
encoder: transformer
encoder_conf:
    output_size: 256    # dimension of attention
    attention_heads: 4
    linear_units: 2048 # the number of units of position-wise feed forward
    num_blocks: 12      # the number of encoder blocks
    dropout_rate: 0.1
    positional_dropout_rate: 0.1
    attention_dropout_rate: 0.0
    input_layer: conv2d # encoder architecture type
    normalize_before: true

# decoder related
decoder: transformer
decoder_conf:
    attention_heads: 4
    linear_units: 2048
    num_blocks: 6
    dropout_rate: 0.1
    positional_dropout_rate: 0.1
    self_attention_dropout_rate: 0.0
    src_attention_dropout_rate: 0.0

# hybrid CTC/attention
model_conf:
    ctc_weight: 0.3
    lsm_weight: 0.1     # label smoothing option
    length_normalized_loss: false
```

以编码器层的 encoder_conf 参数为例，其中，num_blocks 表示 Transformer 模型中编码器的层数；linear_units 表示 Transformer 模型编码器中前馈层的神经元个数；output_size 表示多头注意力（Multi-head Attention）的上下文向量的维度；attention_heads 表示编码器中多头注意力的头数。同时，为了防止编码器过拟合，加入了 0.1 的 dropout。其中，dropout_rate 表示对前馈神经网络层输出进行处理的 dropout 值；positional_dropout_rate 表示加在位置编码后的 dropout；self_attention_dropout_rate 表示多头自注意力机制中对注意力目标的随机失活率。这里使用 input_layer 表示编码器的网络结构，Transformer 中使用了二维卷积网络 cov2d。如果 normalize_before 为 true，则对每个子层的输入进行层标准化，对每个子层的输出进行 dropout 和残差连接；否则（normalize_before 为 false），对每个子层的输入不进行处理，只对每个子层的输出进行 dropout、残差连接和层标准化。解码器参数和编码器参数的种类基本相同，其中 src_attention_dropout_rate 表示常规注意力层的 dropout。

同时，WeNet 也实现了 Transformer-CTC 混合模型，上面配置文件中的 ctc_weight 就表示 CTC 的权重。另外，使用 lsm_weight 设置标签平滑为 0.1，length_normalized_loss 表示长度归一化损失。

WeNet 的特征提取在 DataLoader 中利用 torchaudio 工具包完成，不需要额外的特征提取步骤。不过，该模式仅使用 FBank 特征。动态提取特征的相应配置参数同样在模型训练配置文件中定义，如下所示：

```
# dataset_conf:
    filter_conf:
        max_length: 40960
        min_length: 0
        token_max_length: 200
        token_min_length: 1
    resample_conf:
        resample_rate: 16000
    speed_perturb: true
    fbank_conf:
        num_mel_bins: 80
        frame_shift: 10
        frame_length: 25
        dither: 0.1
    spec_aug: true
    spec_aug_conf:
        num_t_mask: 2
        num_f_mask: 2
        max_t: 50
        max_f: 10
    shuffle: true
    shuffle_conf:
        shuffle_size: 1500
    sort: true
    sort_conf:
        sort_size: 500  # sort_size should be less than shuffle_size
    batch_conf:
        batch_type: 'static' # static or dynamic
        batch_size: 26
```

其中，filter_conf 定义了针对数据集音频帧数和标注长度的过滤；resample_conf 表示将音频重采样到相同的采样率；speed_perturb 表示音速扰动；fbank_conf 定义了提取音频 FBank 特征的维度、帧长和帧移；spec_aug 表示频谱扩增；spec_aug_conf 定义了频谱扩增的相关参数。此外，shuffle 和 sort 分别表示对数据进行打乱和重排。WeNet 支持动态 batch 和静态 batch 两种训练方式，通过 batch_conf 参数进行配置。

至此，Transformer 模型的训练配置脚本配置完成，调用 WeNet 的声学模型训练脚本 train.py 即可开始模型训练。

15.3.3 Conformer 模型训练

Conformer 模型是在 Transformer 模型的基础上改进而来的，其主要在编码器网络中引入了卷积层，能够更好地关注局部信息。Conformer 模型的网络配置相较于 Transformer 模型只需要改动编码器部分，如下所示：

```
# encoder related
encoder: conformer
encoder_conf:
    output_size: 256    # dimension of attention
    attention_heads: 4
    linear_units: 2048 # the number of units of position-wise feed forward
    num_blocks: 12      # the number of encoder blocks
    dropout_rate: 0.1
    positional_dropout_rate: 0.1
    attention_dropout_rate: 0.0
    input_layer: conv2d # encoder input type, you can choose conv2d, conv2d6 and
conv2d8
    normalize_before: true
    cnn_module_kernel: 15
    use_cnn_module: True
    activation_type: 'swish'
    pos_enc_layer_type: 'rel_pos'
    selfattention_layer_type: 'rel_selfattn'
```

其中，将 use_cnn_module 参数设置为 true 表示加入卷积模块；cnn_module_kernel 表示卷积模块中卷积核的大小；activation_type 表示激活函数类型；pos_enc_layer_type 表示编码器层相对位置编码类型；selfattention_layer_type 表示编码器注意力层类型。

训练配置文件设置完成后，同样调用声学模型训练脚本 train.py 即可进行模型训练。

15.3.4 Unified Conformer 模型训练

WeNet 开发人员在 Conformer 模型的基础上做了进一步研究，提出了一种流式和非流式统一的 Unified Conformer 模型。

Unified Conformer 模型的训练配置脚本与 Conformer 模型的训练配置脚本类似，其主要在编码器层进行了改进，设计了一种动态块训练方法，同时卷积层使用了因果卷积（Causal Convolutional），以支持流式识别。具体的编码器配置如下：

```
# encoder related
encoder: conformer
encoder_conf:
```

```
    output_size: 256    # dimension of attention
    attention_heads: 4
    linear_units: 2048  # the number of units of position-wise feed forward
    num_blocks: 12      # the number of encoder blocks
    dropout_rate: 0.1
    positional_dropout_rate: 0.1
    attention_dropout_rate: 0.0
    input_layer: conv2d # encoder input type, you can choose conv2d, conv2d6 and
conv2d8
    normalize_before: true
    cnn_module_kernel: 15
    use_cnn_module: True
    activation_type: 'swish'
    pos_enc_layer_type: 'rel_pos'
    selfattention_layer_type: 'rel_selfattn'
    causal: true
    use_dynamic_chunk: true
    cnn_module_norm: 'layer_norm' # using nn.LayerNorm makes model converge faster
    use_dynamic_left_chunk: false
```

我们可以看到，Unified Conformer 模型的编码器配置相比 Conformer 模型只是做了部分改变，这里主要介绍变化的配置参数。其中，causal 表示是否采用因果卷积；use_dynamic_chunk 表示是否采用动态块进行训练；cnn_module_norm 表示卷积层采用的归一化类型；use_dynamic_left_chunk 表示在动态块训练中是否使用动态上文块。

以上是 Unified Conformer 模型的配置文件和 Conformer 模型不同的地方，接下来同样调用模型训练脚本 train.py 即可开始模型训练。

15.3.5　U2++ Conformer 模型训练

WeNet 开发人员在 Unified Conformer 模型的基础上提出了 U2++ Conformer 模型，其错误率更低。

U2++ Conformer 模型的解码器结构与 Unified Conformer 模型的相同，区别主要在于其增加了一个从右到左的注意力解码器。具体的解码器配置如下：

```
# decoder related
decoder: bitransformer
decoder_conf:
    attention_heads: 4
    linear_units: 2048
    num_blocks: 3
    r_num_blocks: 3
    dropout_rate: 0.1
    positional_dropout_rate: 0.1
    self_attention_dropout_rate: 0.1
    src_attention_dropout_rate: 0.1
```

我们可以看到，U2++ Conformer 模型的解码器类型为 bitransformer。其中，num_blocks 表示从左到右的注意力解码器；r_num_blocks 表示从右到左的注意力解码器。接下来同样调用模型训练脚本 train.py 即可开始模型训练。

15.4 Python 环境解码

WeNet 支持 Python 环境的模型性能评估，方便在正式部署前进行模型调试。在解码之前，我们会使用 average_model.py 脚本生成一个平均最优模型进行解码。该脚本的使用方法如下：

```
python wenet/bin/average_model.py \
    --dst_model $decode_checkpoint \
    --src_path $dir \
    --num ${average_num} \
    --val_best
```

其中，dst_model 表示生成的平均最优模型的路径；src_path 表示所有的训练模型保存路径；num 表示选取出来生成平均最优模型的模型个数；val_best 表示选取方法为挑选在开发集上表现最优的模型。

WeNet 的语音识别解码使用 recognize.py 脚本来实现，可以使用 GPU 进行解码。我们依然以 aishell-1 的解码为例，该脚本的使用方法如下：

```
python wenet/bin/recognize.py --gpu 0 \
    --mode $mode \
    --config $dir/train.yaml \
    --data_type $data_type \
    --test_data data/test/data.list \
    --checkpoint $decode_checkpoint \
    --beam_size 10 \
    --batch_size 1 \
    --penalty 0.0 \
    --dict $dict \
    --ctc_weight $ctc_weight \
    --reverse_weight $reverse_weight \
    --result_file $test_dir/text \
    ${decoding_chunk_size:+--decoding_chunk_size $decoding_chunk_size}
```

其中，gpu 表示用来解码的 GPU 编号；mode 表示解码模式，WeNet 主要提供了 4 种解码模式，分别为 ctc_greedy_search、ctc_prefix_beam_search、attention 和 attention_rescoring；config 表示模型训练的配置文件；data_type 表示数据准备格式；test_data 表示测试集数据的 data.list 文件；checkpoint 表示调用的模型；beam_size 表示束搜索（Beam Search）的宽度；batch_size 表示每个 batch 的音频数量；penalty 表示长度惩罚参数；dict 表示词典文件；ctc_weight 表示 CTC 解码权重；reverse_weight 表示从右到左的解码权重；result_file 表示解码结果文件存放路径；decoding_chunk_size 表示解码时的 chunk 大小。

解码后，使用 compute-wer.py 脚本计算 WER，该脚本的使用方法如下：

```
python tools/compute-wer.py --char=1 --v=1 \
    data/test/text $test_dir/text > $test_dir/wer
```

其中，char 表示是否以字为建模单元做分隔；v 表示是否打印计算过程信息。该脚本
执行完成后，就能在 wer 文件中找到测试结果了。

15.5 WeNet 模型部署

在 WeNet 中，基于 LibTorch 提供了云端 x86 和嵌入式端 Android 的落地方案，同
时还引入了语言模型辅助解码。这里简单介绍如何部署训练好的模型。

15.5.1 模型导出

为了方便模型部署，WeNet 使用 export_jit.py 脚本将模型打包，还提供了一种动
态量化方案对模型进行压缩。该脚本的使用方法如下：

```
python wenet/bin/export_jit.py \
    --config $dir/train.yaml \
    --checkpoint $dir/avg_${average_num}.pt \
    --output_file $dir/final.zip \
    --output_quant_file $dir/final_quant.zip
```

其中，config 表示模型的训练配置参数；checkpoint 表示打包的模型路径；output_file
和 output_quant_file 分别表示原模型打包生成路径和量化压缩模型打包生成路径。

15.5.2 语言模型训练

在 WeNet 中选择基于 n-gram 的统计语言模型，结合 WFST（加权有限状态转换
器）解码技术，实现对定制语言模型的支持。具体的语言模型训练方法如下：

```
# Prepare dict
unit_file=$dict
mkdir -p data/local/dict
cp $unit_file data/local/dict/units.txt
tools/fst/prepare_dict.py $unit_file ${data}/resource_aishell/lexicon.txt \
    data/local/dict/lexicon.txt
exit 0


# Train lm
lm=data/local/lm
mkdir -p $lm
tools/filter_scp.pl data/train/text \
    $data/data_aishell/transcript/aishell_transcript_v0.8.txt > $lm/text
local/aishell_train_lms.sh


# Build decoding TLG
tools/fst/compile_lexicon_token_fst.sh \
```

```
    data/local/dict data/local/tmp data/local/lang
  tools/fst/make_tlg.sh data/local/lm data/local/lang data/lang_test || exit 1;
```

　　WeNet 使用 prepare_dict.py 脚本将中文字词按字进行切分，然后使用 aishell_train_lms.sh 脚本训练语言模型，再使用 compile_lexicon_token_fst.sh 脚本将词典和 CTC 的 Token 编译为 FST，最后使用 make_tlg.sh 脚本将 Token、词典和语言模型 FST 结合生成最终的 TLG 解码图。

15.5.3　结合语言模型的解码

　　在生成 TLG 解码图后，使用 decode.sh 脚本进行解码。该脚本内容如下：

```
# Decoding with runtime
chunk_size=-1
./tools/decode.sh --nj 16 \
    --beam 15.0 --lattice_beam 7.5 --max_active 7000 \
    --blank_skip_thresh 0.98 --ctc_weight 0.5 --rescoring_weight 1.0 \
    --chunk_size $chunk_size \
    --fst_path data/lang_test/TLG.fst \
    data/test/wav.scp data/test/text $dir/final.zip \
    data/lang_test/words.txt $dir/lm_with_runtime
```

其中，引入 max_active 来避免某一时刻状态数目过大；blank_skip_thresh 表示 CTC 中 WFST 的空白跳过阈值。

15.6　WeNet 解码结果可视化

　　为了使解码结果更加方便使用者查看，在每次解码结束后，WeNet 都会在用户设定的解码文件输出路径下输出最终的解码结果。在解码文件输出路径下，会生成对应解码模式的文件夹，如图 15-3 所示。

test_attention	文件夹
test_attention_rescoring	文件夹
test_ctc_greedy_search	文件夹
test_ctc_prefix_beam_search	文件夹

图 15-3　对应解码模式的文件夹

　　每个文件夹中均包含 text 和 wer 两个文件。在 text 文件中，我们可以查看每条语音对应的预测句子，如图 15-4 所示。

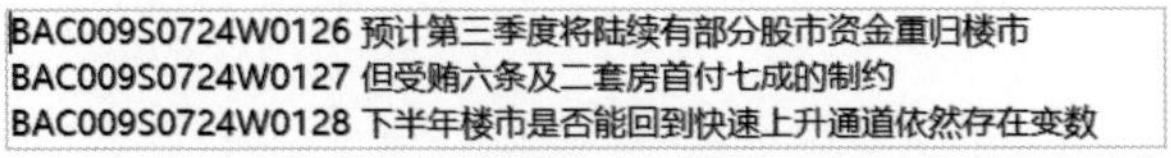

```
BAC009S0724W0126 预计第三季度将陆续有部分股市资金重归楼市
BAC009S0724W0127 但受贿六条及二套房首付七成的制约
BAC009S0724W0128 下半年楼市是否能回到快速上升通道依然存在变数
```

图 15-4　每条语音对应的预测句子

　　在 WeNet 中也可以查看预测句子和真实句子的对照情况。在 wer 文件中，我们可以查看每条语音对应的预测句子，以及真实句子及其打分。在 wer 文件的末尾，我们

可以看到测试集整体错误情况，如图 15-5 所示，其中的 5.01%即为该 Conformer 模型
（ctc_greedy_search 解码模式）在测试集上的总体字错误率（CER）。

```
utt: BAC009S0724W0126
WER: 0.00 % N=20 C=20 S=0 D=0 I=0
lab: 预计第三季度将陆续有部分股市资金重归楼市
rec: 预计第三季度将陆续有部分股市资金重归楼市|
========================================

Overall -> 5.01 % N=307258 C=292198 S=14742 D=318 I=344
Mandarin -> 5.01 % N=307251 C=292198 S=14735 D=318 I=344
Other -> 100.00 % N=7 C=0 S=7 D=0 I=0
========================================
```

图 15-5　测试集整体错误情况

15.7　本章小结

本章详细介绍了使用 WeNet 进行目前主流的端到端语音识别模型的训练和解码
过程，包括数据准备、模型配置、解码方法以及模型部署方法。本章还专门介绍了
Transformer 模型、Conformer 模型、Unified Conformer 模型、U2++ Conformer 模型，
以及结合语言模型的解码实验过程，同时对 WeNet 解码过程中的可视化结果分析进行
了详细介绍。

参考文献

[1] YAO Z, WU D, WANG X, et al. WeNet: Production Oriented Streaming and Non-streaming
End-to-End Speech Recognition Toolkit[C]. Conference of the International Speech Communication
Association (INTERSPEECH), 2021.

[2] ZHANG B, WU D, PENG Z, et al. WeNet 2.0: More Productive End-to-End Speech Recognition
Toolkit[C]. Conference of the International Speech Communication Association (INTERSPEECH),
2022.

第 16 章
工业应用实践

语音识别包括声学模型、语言模型和 WFST 解码器等核心模块，以及端到端模型的主流框架，基于 Kaldi、WeNet、FunASR 或 icefall 开源工具，可以进行相应的实践操作，特别是模型训练和测试过程。掌握这些理论知识和实践技能，对于设计和实现一套完整的语音识别系统是非常有必要的。

在实际应用中，我们还要学会如何把解码器等在线程序封装集成语音识别引擎，做成动态库，方便部署在服务器或嵌入式平台中。在线部署后，语音识别响应速度（实时率）和识别准确率是很重要的指标，根据应用需求还得优化提升。在工业应用中，为了保证语音识别效率，普遍采用 C++调用方式。Kaldi 核心代码本身就是使用 C++ 开发的，因此可直接用于部署。WeNet、FunASR 等开源工具则是基于 PyTorch 构建的，训练部分采用 Python 代码，解码部分另外提供专门的 Runtime 部分，配套 LibTorch 或 ONNX 实现 C++调用。

如图 16-1 所示，我们将介绍工业应用的部署过程。首先我们将了解语音识别的应用场景，包括 8kHz 和 16kHz 的语音识别，以及服务部署方式，然后重点介绍如何进行引擎优化。针对识别引擎的加速优化，我们将介绍一些具体方案，然后针对实际应用场景，介绍如何训练出高性能的声学模型和语言模型，如何进行热词增强，有效提高识别准确率。最后是工业部署，我们将讲解引擎动态库的封装过程，并介绍语音云平台 HTTP 接口的交互流程，以及 WebSocket 和 gRPC 等服务实现。除了云端部署，我们还将介绍 Kaldi、WeNet、FunASR、sherpa-onnx 部署过程。

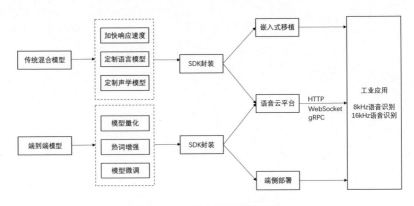

图 16-1　工业应用的部署过程

16.1 应用场景

语音识别在工业界的应用越来越广泛，包括消费级市场和企业级市场，面向不同行业、不同终端，涵盖智能家居、智能客服、智能办公、智能汽车、智慧医疗等场景，例如，很多家庭的电视机已支持采用语音遥控的方式，快速选择电视节目；越来越普及的电动汽车，智能座舱的语音交互功能已成为标配。随着智能设备的普及，语音识别的应用将更加广泛，走进千家万户。

根据音频采样率，工业应用主要分为 8kHz 电话信道和 16kHz 麦克风信道两大类。针对电话信道，具体应用有智能导航、智能外呼、智能质检等。针对麦克风信道，具体应用有语音搜索、语音输入法、智能音箱、智能机器人、视频字幕生成、会议录音转写、车站语音购票等。

如图 16-2 所示，为了适应不同行业的应用，语音识别需要提供一句话识别、实时语音流识别等核心引擎，还要有针对性地提供语言模型定制、声学模型定制、专业词汇优化等个性化服务。在很多应用场景中，还需要热词增强功能，即给定热词列表进行有针对性的定制，并在不更新模型的条件下快速生效，达到更好的识别效果，尤其是一些特殊地名、人名、俗语表达等。

图 16-2 语音识别工业应用

如图 16-3 所示，语音识别服务可以被部署在云端服务器，实现语音搜索、语音输入法等应用。为了保护用户隐私，或减少云端服务器的运算压力，也可以在嵌入式平台进行端侧部署，即不再联网，而是采用离线语音识别。

（a）云端部署   （b）端侧部署

图 16-3 语音识别部署方式

针对会议录音或通话录音的语音转写，即多说话人语音识别，还需要加入说话人日志模块，实现角色分离，以判断每个时间段是谁在说话，如图 16-4 所示。例如：

说话人 1：今天天气很好，我们出去玩吧？

说话人 2：好啊，去哪里？

说话人 1：中山公园不错。

图 16-4　多说话人语音识别流程

语音端点检测（VAD）可以采用窗能量判断，过滤大段的静音，其优点是计算简单，轻量级部署。针对复杂的噪声，也可基于神经网络设计 DNN-VAD，但其鲁棒性非常依赖训练数据的多样性，否则误判反而影响后端的识别。WeNet 则是在 ASR 阶段做端点检测的，鲁棒性较好，但不能及时过滤静音或噪声，减少不必要的识别运算。

对于语音识别结果，一般还要进行后处理，包括文本规整和加标点等操作。文本规整包括数字显示处理，把识别后的汉字转换为阿拉伯数字。例如：

二零二二年八月二日 => 2022 年 8 月 2 日

一一零 => 110

普通话主要有"，。！？"4 种标点。加标点的技术方案包括 WFST 加标点和神经网络加标点，这两种方案均需要有规范标点的训练文本，其中 WFST 加标点方案是训练标点语言模型（生成 G.fst），然后对分词后的文本加标点；神经网络加标点方案则采用 Transformer 等模型预测标点。

16.2　引擎优化

识别引擎的优化目标是提升识别准确率和加快响应速度。由于实际应用采集设备和采样格式的多样化，不一定是 16kHz, 16bit 的宽带录音或 8kHz, 16bit 的窄带录音，或者录音涉及很多专业术语，使用通用模型效果不一定好。为了有效提升识别准确率，需要针对实际场景进行有针对性的优化。接下来将基于 Kaldi 和 WeNet，分别介绍传统混合模型和端到端模型的优化方案。

16.2.1　Kaldi 方案

1．定制声学模型

如果采集设备比较特殊，与常用的 PC 或手机的麦克风差异较大，而声学模型的训练数据没有覆盖到这种录音，则识别性能会急剧下降，这也是一种跨信道问题。

　　一种解决方案是扩大声学模型的训练数据覆盖范围，使其包含与实际场景类似的录音。但这种方案代价较大，需要重新训练 GMM-HMM 或 DNN-HMM 模型，也包括 Chain 模型，时间周期长，难以匹配项目进度。

　　还有一种解决方案是采用迁移学习，基于源领域已有的通用模型，使用目标领域的小批量训练数据（建议 50 小时以上）重新训练，得到更匹配的声学模型。迁移学习的原理很简单，保持 DNN 的隐藏层参数不变，只改变输出层，然后用目标数据重新微调（finetune）训练。

　　实际应用表明，如果训练数据（包括采集设备和采样格式）匹配，迁移学习可使识别准确率大幅提升，改进效果非常明显。

　　信道差异最明显的是 16kHz 采样的麦克风录音和 8kHz 采样的电话录音，它们之间相互兼容性不强，即使把 16kHz 录音降采样到 8kHz 录音，再去训练声学模型，所得到的识别效果也不一定会改善。由于现在很多 App 都是用手机麦克风采集录音的，即采样格式为 16kHz, 16bit 的宽带录音，所以针对近场手机的场景，识别效果很好，准确率大多可达到 95% 以上。而 8kHz 电话信道的录音普遍很少，难以训练出一个鲁棒性很好的声学模型，再加上电话通话一般是聊天式的口语化表达，语言模型较难覆盖，因此电话语音识别效果仍不太理想，准确率一般为 80%~90%，难以超过 90%，与 16kHz 录音效果的差距还较大。

　　在 8kHz 的一些受限场景下，语言表达相对固定，采集信道固定，此时仍然可以用 16kHz 声学模型作为基准模型，用实际场景带标注的录音语料做迁移学习，这在一定程度上可以提升识别效果。

　　在实际应用中，还存在口音重、语速快、双语混杂等问题，导致识别率急剧下降，对此问题建议采用匹配训练数据的方法来解决。

　　方言和普通话之间存在一些共性，从普通话模型到方言模型的迁移学习，也是非常有效的手段。

2．定制语言模型

　　通用语言模型一般是使用日常生活、工作、新闻等范畴的文本语料训练而成的，对书面语或日常用语识别较好，但对于口语化表达或特定行业，如司法、证券、电力、医疗等，因为有其专业的术语，往往识别不好。因此需要有针对性地扩充语料，甚至减小通用语料的比重，以使语言模型更好地匹配应用场景。

　　表 16-1 对比了不同语料组合的语言模型的困惑度（PPL）和字错误率（CER），可以看出匹配语料的重要性。

表 16-1　不同语料效果对比

训练文本	业务场景 1		业务场景 2	
	PPL	CER（%）	PPL	CER（%）
通用	192.01	20.10	845.57	48.82
通用+业务相关_1	183.88	19.64	568.51	46.46
通用+业务相关_2	187.49	19.74	492.97	46.00
通用+业务相关_3	156.14	18.58	489.69	45.94
通用+业务相关+业务标注	86.79	15.49	91.61	33.29

专用语言模型可以只用特定行业的句子表达来训练，但语料规模一般偏小，需要人为地设计一些类似的句子，尽可能覆盖实际可能用到的表达，使训练出来的统计模型覆盖更全面。

另一种办法是把使用小规模语料训练的语言模型，如数字字母模型，与通用模型进行线性加权融合，这样可以避免特定语料因数据太少而无法在大规模的通用语料上呈现统计意义的问题。

重新训练完语言模型后，要将其与声学模型重新合并，生成 HCLG。采用更多元的语言模型，识别效果一般会有所提升，但 HCLG 会急剧增大。表 16-2 对比了多元 n-gram 语言模型的识别效果和 HCLG 大小，可以看出 5-gram 的优势并不明显。

表 16-2　多元 n-gram 语言模型效果对比

训练文本	通用测试集 CER（%）	业务场景 1 CER（%）	业务场景 2 CER（%）	HCLG 大小（GB）
通用 3-gram	11.10	20.10	48.82	1.21
通用 4-gram	10.95	19.96	48.84	5.18
通用 5-gram	10.93	19.95	49.02	12.98

3. 加快解码速度

语音识别的响应速度可用实时率（RTF）来衡量，即识别时间与语音时长的比值，这个值越小越好。响应速度也可采用倍实时指标，倍实时与 RTF 正好相反，是语音时长与识别时间的比值，这个值越大越好。

为了加快解码速度，可以从工程优化和算法优化两个方面入手。工程优化主要采用流识别方式，这也可以用在嵌入式语音识别中。算法优化则主要针对 WFST 解码器优化。WFST 的令牌传播机制和 Lattice 解码都有剪枝过程，默认的最大活跃节点数和剪枝阈值为

```
max-active=7000
beam=15.0
lattice-beam=8.0
```

对解码速度影响较大的是前两个参数。实验表明，在识别率略微变差的情况下，

max-active 和 beam 的值可以减小，如下所示：

```
max-active=3000
beam=10.0
lattice-beam=8.0
```

修改后解码速度可大幅提高，比如 3s 语音只要 0.5s 即可识别出结果，即 RTF<0.2。

矩阵运算用到了线性代数运算加速库，可用版本包括 ATLAS、OpenBLAS 和 MKL，离线测试结果显示 MKL 的加速性能最优。

另外，采用 GPU 解码，也可大幅加快解码，提高响应速度。

16.2.2　WeNet 方案

1. 模型量化

量化是指把浮点（float）模型转换为整型（int）模型。量化包括动态量化和静态量化两种方式。动态量化的缩放因子和零点是在推理时计算的，因此更准确，但引入了额外的计算开销。静态量化采用固定的缩放因子和零点，计算速度更快，但需要额外的校准数据集，通过离线计算得到参数值。

WeNet 训练的端到端模型，可导出动态量化版本，把 32 位的 float 数据转换成 8 位的 int 数据，对模型进行压缩，加快推理速度，同时准确率损失较小。量化版本通过 export_jit.py 导出，默认是 LibTorch 模型，具体操作在第 15 章中有介绍。

把训练好的模型转换为 ONNX 格式，也可加速，并且不受模型训练框架的约束，方便在更多的平台上部署。对于 ONNX 模型，可进一步量化。

2. 热词增强

针对地名、人名等专用术语，语音识别靠事先训练的语言模型难以覆盖齐全，解码也容易受近似发音干扰，导致识别出错。为了提高准确率，可采用热词增强（Contextual Biasing）技术，包括拼音替换和语言模型两种方案。

拼音替换方案采用模糊音判断，对近似发音或同音字进行替换。例如：

"安想混合" => "安享混合"

其中，"安享"是设定的热词，其带声调的拼音为 an1 xiang3，只要是发音为 an xiang（不限声调）的词就会被转换为该热词。

语言模型方案可以支持更多的词，在解码过程中，通过语言模型分（cost）来提高特定词（热词）的概率，使之更容易被识别出来。语言模型方案的实现过程如下：

（1）根据热词集构建一元模型，并生成热词增强的 G2.fst。

（2）在解码过程中，每当解码出现热词时，就立即加上 G2.fst 中的语言模型权重。

WeNet 的 Runtime 部分实现了热词增强功能，测试脚本如下：

```
context_score=5.0
context_path=/work/hotword.txt
```

```
#Decoding with runtime
./tools/decode.sh --nj 16 \
    --context_score $context_score \
    --context_path $context_path \
    --ctc_weight 0.5 --rescoring_weight 1.0 --chunk_size -1 --reverse_weight 0.0 \
    /work/wenet/data/$dataset/wav.scp \
    /work/wenet/data/$dataset/text $dir/final_avg.zip $dir/lang_char.txt \
    $dir/${dataset}_context_${context_score}
```

其中，context_score 用来设定热词的权重，可根据实际场景调整。热词文件 hotword.txt 中包含具体的热词，一行一个词。例如：

现代家园

火炬路

火炬一路

图文快印店

测试脚本 decode.sh 调用了 C++解码程序 decoder_main，具体实现如下：

```
tools/run.pl JOB=1:$nj $dir/split${nj}/log/decode.JOB.log \
    decoder_main \
    $onnx_model \
    $context_opts \
    --output_nbest=$output_nbest \
    --sample_rate $sample_rate \
    --reverse_weight $reverse_weight \
    --rescoring_weight $rescoring_weight \
    --ctc_weight $ctc_weight \
    --chunk_size $chunk_size \
    --num_left_chunks $num_left_chunks \
    --wav_scp ${dir}/split${nj}/wav.JOB.scp \
    $model_path \
    --dict_path $dict_file \
    $wfst_decode_opts \
    --result ${dir}/split${nj}/JOB.text
```

其中，context_opts 包含了热词权重参数，由外部传入。热词增强也适用于 WFST（端到端模型，又称 TLG）解码。

热词增强模型的优点是即插即用，快速匹配，即原有的声学模型和语言模型不变，在识别前先导入自定义的热词列表，在解码过程中提高热词权重，使得对应的专用术语更容易被识别出来。

16.2.3 Whisper 微调

Whisper 是 OpenAI 开源的语音识别模型，基于经典的 Transformer 架构，采用 68 万小时的互联网数据进行弱监督训练，支持 99 个语种，可以执行多语种语音识别、语音翻译和语种识别等任务，具有很好的鲁棒性，无须微调就可在多个测试集上有良好的性能。Whisper 有不同的模型尺寸，如表 16-3 所示。其中 Tiny、Base、Small、Medium 模型具有纯英文和多语种对应的版本，Large 有 3 个版本，Turbo 是 Large-v3 的优化加速版本，都是多语种模型。

表 16-3　Whisper 的模型尺寸

模　　型	参数量（百万个）	运行所需内存（GB）	相对速度
Tiny	39	~1	~10x
Base	74	~1	~7x
Small	244	~2	~4x
Medium	769	~5	~2x
Large	1550	~10	1x
Turbo	809	~6	~8x

针对英语、普通话、西班牙语、意大利语等训练数据丰富的语种，Whisper 模型的性能十分优秀，但在一些数据时长较短的语种上，识别效果仍不理想。训练集中不存在的语种，模型完全无法有效转录。因此，需要开发针对特定语种的 Whisper 微调方案，如图 16-5 所示，其中 LANGUAGE 是语种信息，如"zh"表示中文，"en"表示英文；TRANSCRIBE 是对应的标注，比如目标语种不在支持的语种列表中，如闽南语，可以修改 Whisper 所使用的 Tokenizer，扩充其中特殊 Token 的语种部分，加入未被包含的语种标签。

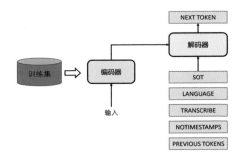

图 16-5　Whisper 微调方案

开源工具 icefall 提供了针对 aishell-1 的微调脚本，具体可参考 GitHub 工程代码。微调好的 Whisper 模型，可以使用后面介绍的 sherpa-onnx 部署。

16.3　工程部署

16.3.1　SDK 封装

我们以 Kaldi 源码为例，介绍 C++动态库的封装和编译过程，包括 Linux 的 so 和 Windows 的 dll 两种类型。WeNet 或其他工具可采用类似的接口封装方式。动态库要以软件开发包（SDK）的形式让外部调用。

下面介绍在线解码涉及的函数接口。

1. 函数接口

针对在线解码，Kaldi 虽然提供了 online2-wav-nnet2-latgen-faster 等程序，但输入是离线文件，而且要按列表形式提供，输出是直接显示在屏幕上的，使用起来并不灵活。合理的方案是，输入语音缓冲区和对应的长度，然后使用参数输出识别结果，方便调用程序进行后续处理，因此需要改写函数接口。假设引擎名为 ASR，我们定义 ASR_recSpeechBuf 函数接口如下：

```
/********************************************************************/
/*
            基于语音缓冲区的语音识别（非特定人）
        @ handle     ：线路资源标识（必须是已打开）
        @ buffer     ：待识别语音缓冲区
        @ length     ：待识别语音缓冲区长度
        @ text       ：识别的文本内容
        @ scoreASR   ：语音识别得分
        @ return     ：成功识别返回 SUCCESS
                                                              */
/********************************************************************/
    return_ASR_Code ASR_recSpeechBuf(Handle handle, short* buffer, unsigned long
length, char* text, float &scoreASR);
```

其中，handle 参数用来支持多线程调用，每个线程对应一个句柄号，用来区分不同的解码过程，以防止占用资源冲突；text 参数是字符串，用来输出识别结果；scoreASR 参数用来输出语音识别得分（一般使用置信度，得分越高，结果越可靠）。

函数返回结果是 return_ASR_Code 类型，其包含运行中可能出现的各种情况，使用枚举类型定义如下：

```
enum return_ASR_Code
{
    ASR_SUCCEEDED_OK=0,             //   0：操作成功
    ASR_WORKINGDIR_NOT_FIND,        //   1：工作目录不存在
    ASR_CONFIG_FILE_NOT_FOUND,      //   2：配置文件未找到
    ASR_MODEL_FILE_NOT_FOUND,       //   3：模型文件未找到
    ASR_LICENSE_ERROR,              //   4：授权有误
    ASR_HANDLE_ERROR,               //   5：句柄标识有误
    ASR_STATE_ERROR,                //   6：句柄状态有误
    ASR_TOO_SHORT_BUFFER,           //   7：语音太短
    ASR_EXTRACT_FEAT_ERROR,         //   8：特征提取出错
    ASR_MODEL_LOAD_ERROR,           //   9：模型加载出错
    ASR_MODEL_SAVE_ERROR,           //  10：模型保存出错
    TSASR_BUSY,                     //  11：线路正忙
    TSASR_IDLE,                     //  12：线路空闲
    TSASR_CLOSE,                    //  13：线路关闭
```

```
    ASR_OTHER_ERROR                    //    14：其他错误
};
```

其中，ASR_SUCCEEDED_OK 对应的值为 0，表示函数运行成功，此时可以从输出参数中获取输出值。其他情况涉及工作目录不存在、语音太短、线路正忙等状态，根据 return_ASR_Code 返回值可以帮助诊断引擎出现的问题。

对于引擎初始化，我们专门定义了一个 ASR_Init 函数，如下所示：

```
/***********************************************************/
/*
                      初始化引擎
      @ working_dir : 在工作目录下有引擎操作所必需的文件
      @ max_lines   : 引擎支持最大线路数
      @ return      : 成功初始化返回 SUCCESS
                                                          */
/***********************************************************/
return_ASR_Code ASR_Init(const char* config_file,int max_lines);
```

ASR_Init 函数除了进行引擎文件的加载，同时也检查线路授权，分配能并发的线路数，以支持多路调用。在调用 ASR_Init 函数后，如果返回值为 ASR_SUCCEEDED_OK，则表示初始化成功。如果要关闭语音识别服务，则需要调用 ASR_Release 函数释放相关资源。

```
/***********************************************************/
/*
           关闭引擎：改变各线路状态为 CLOSE
                                                          */
/***********************************************************/
return_ASR_Code ASR_Release();
```

由于涉及多线程调用，需要为每个线程分配专门的句柄，因此还需要 ASR_Open 和 ASR_Close 两个函数。在调用 ASR_Open 函数分配句柄后，执行完相关操作，还要及时调用 ASR_Close 函数释放句柄。这两个函数属于标准化的操作，这里不再细述。

```
/***********************************************************/
/*
           打开线路：h 是线路资源标识
                                                          */
/***********************************************************/
return_ASR_Code ASR_Open(Handle &h);
/***********************************************************/
/*
           关闭线路：h 是线路资源标识
                                                          */
/***********************************************************/
return_ASR_Code ASR_Close(Handle &h);
```

2. 动态库编译

在完成函数接口的定义后，需要把引擎代码编译成动态库。接下来，我们将介绍在 Linux 环境下 so 的编译过程。

在 Linux 环境下不方便修改及调试代码，为了便于操作，建议采用跨平台工具。开发环境可采用 CodeBlocks，下载其最新版本并安装到 Windows 系统中。这里以 CodeBlocks 16.01 为例来讲解。在安装完成后，在 File 菜单中选择 New→Project→DLL 命令，打开 CodeBlocks 动态库创建窗口。根据提示一步步创建，选择存放的目录，输入工程名，直到工程环境创建成功。这时在工程目录中会生成一个 .cbp 工程文件，如 asr.cbp。根据 Kaldi 函数调用关系，把在线解码需要的源程序全部加载到工程中，并加入必要的外部支撑文件，用来读取配置文件、输出日志信息等。整个工程配置完成后，保存工程，这时会更新 asr.cbp 工程文件。在保存好工程后，把整个工程目录传到 Linux 环境中，在 Linux 环境下编译需要 Makefile 配置文件。为了提高效率，可以采用 cbp2make 工具（可从网上下载）把 asr.cbp 工程文件转换为 Makefile 文件。有了 Makefile 文件，即可在 Linux 环境下进行编译了。

在 Windows 环境下编译的是 dll 动态库，主要采用 Visual Studio 开发工具。为了支持跨平台编译，现在更多的是采用 CMake 工具，根据不同平台生成相应的 Makefile 文件。

3. 动态库调用

在编译好动态库之后，外部程序调用动态库，首先要初始化引擎，然后分配句柄，再调用相关的识别函数，识别完成后关闭句柄。最后还要关闭引擎，释放资源。具体代码如下：

```
// 初始化引擎
if(ASR_SUCCEEDED_OK == ASR_Init(config_asr_file.c_str(),3))
{
    cout<<"ASR init success!"<<endl;
}
else
{
    cout<<"ASR init fails!"<<endl;
    return -1;
}

// 打开句柄
Handle tsASR;
ASR_Open(tsASR);

float scoreASR;
char rec_text[10240];

// 语音识别
if(ASR_SUCCEEDED_OK == ASR_recSpeechBuf(tsASR,pWavBuffer,length,rec_text,
scoreASR))
```

```
{
    cout<<"Recognized text: "<<rec_text<<endl;
    cout<<"scoreASR: "<<scoreASR<<endl;
}
else
{
    cout<<"Recognize "<<wave_full_file.c_str()<<"error!"<<endl;
}

// 关闭句柄
ASR_Close(tsASR);

// 关闭引擎
ASR_Release();
```

16.3.2　语音云平台

语音云平台可通过 RESTful 的方式为开发者提供一个通用的 HTTP 接口。如图 16-6 所示，系统通过 HTTP 接口协议来进行调用。客户端采用 HTTP POST，发送 POST 请求到服务器，然后获取服务器的响应，根据响应的代码判断操作是否成功。客户端负责语音的采集，并将采集后的语音上传到服务器，由服务器进行语音识别，并将结果返回客户端。

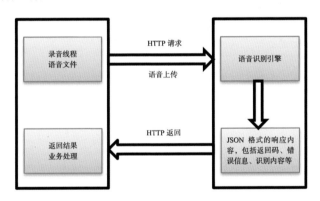

图 16-6　语音云平台 HTTP 接口协议

　　HTTP 服务一般使用高级语言（如 Go、Python 或 Java 等）实现。该服务接受 HTTP 多路并发请求，使用多线程技术调用引擎进行识别，并以 JSON 格式返回识别结果。
　　HTTP 接口协议包括如下内容：

传送字节流
必选字段：
userid: 用户名称，可使用用户手机号码
token: 系统分配
file: 文件标识
语音缓冲区（可以合并传，也可以分段传，但不能有间隔符）：

```
buffer1(录音缓冲区)+
buffer2(录音缓冲区)+
buffer3(录音缓冲区)+
...
bufferN(录音缓冲区)

识别成功服务器返回：
{"result":"语音识别内容文本","errCode":"0","wavurl":"xxx.wav"}
wavurl 是识别结果文本对应的语音文件 URL 地址。默认为空""
识别结果为 UTF-8 编码

识别失败服务器返回：
类似于{"result":"","errCode":"-1","AsrRetCode":"5"}
识别失败，会返回 errCode!=0
说明：file 内容字节流长度不能小于 4000B
```

以下是客户端使用 C 代码实现 CURL 调用的例子。上传一句话的 buffer，然后返回识别结果。

```c
#include <windows.h>
#include <stdio.h>
#include <time.h>
#include <stdio.h>
#include <fcntl.h>
#include <io.h>
#include <sys/timeb.h>
#include <string>
#include <process.h>
#include "curl/curl.h"
#include "curl/easy.h"

static size_t asrwritefunc(void *ptr, size_t size, size_t nmemb, int*index)
{
    int count=0;
    char result[2048];
    size_t result_len = size * nmemb;
    result[0]=0;
    if(result_len>=2000) result_len=2000;
    if(result_len>0)
    {
        memcpy(result, ptr, result_len);
        result[result_len] = '\0';
        printf("result=%s", result);
    }
    else
        printf("result_len=%d", result_len);
    return result_len;
}

int test_asr(int index,char *audiodata,int content_len)
{
    static int boot;
    static char  userid[64], token[28];
```

```
    static char ycasr_url[128];
    char tmp[1024];

    if((use_asr&16)==0) return -1;
    if(boot==0)
    {
        boot=1;
        GetPrivateProfileString("SET","URL","http://127.0.0.1:3998/dotcasr",
ycasr_url,28,config);
        GetPrivateProfileString("SET","USERID","13600000001",userid,32,config);
        GetPrivateProfileString("SET","TOKEN","xxxx13600000001",token,64, config);
    }

    time_t now=time(NULL);
    char host[MAX_BUFFER_SIZE];
    memset(host, 0, sizeof(host));
    _snprintf(host, sizeof(host), "%s", ycasr_url);
    printf("host:%s",host);
    CURL *curl;
    CURLcode res;
    struct curl_httppost *post=NULL;
    struct curl_httppost *last=NULL;
    curl_formadd(&post, &last, CURLFORM_COPYNAME, "userid",
                CURLFORM_COPYCONTENTS, userid, CURLFORM_END);
    curl_formadd(&post, &last, CURLFORM_COPYNAME, "token",
                CURLFORM_COPYCONTENTS, token, CURLFORM_END);
    curl_formadd(&post, &last, CURLFORM_COPYNAME, "file",
                CURLFORM_BUFFER,   "upload.wav",
                CURLFORM_BUFFERPTR, audiodata,
                CURLFORM_BUFFERLENGTH, content_len,
                CURLFORM_END);

    curl = curl_easy_init();
    curl_easy_setopt(curl, CURLOPT_URL, host);
    curl_easy_setopt(curl, CURLOPT_TIMEOUT, 30);
    curl_easy_setopt(curl, CURLOPT_HTTPPOST, post);
    curl_easy_setopt(curl, CURLOPT_WRITEFUNCTION, asrwritefunc);
    curl_easy_setopt(curl, CURLOPT_WRITEDATA, &index);
    res = curl_easy_perform(curl);
    if (res != CURLE_OK)
    {
        printf("perform curl error:%d.\n", res);
        //return -1;
    }
    curl_easy_cleanup(curl);
    return 0;
}

int main()
{
    char buffer[256000];
    int c=0;
```

```
    int res=-1,size=0,index=1;

    FILE* fp1=fopen("test.wav","r+b");
    if(fp1==NULL)
    {
        printf("open test.wav fail!");
        return -1;
    }
    else
    {
        fseek(fp1,100,SEEK_SET);// 跳过 wav 头
        while(!feof(fp1))
        {
            size=fread(buffer+c,1,8000,fp1);
            if(size<0) break;
            c=c+size;
            if(c>=240000) break;// 最大 240KB
        }
        fclose(fp1);
    }

    if(c>8000) res=test_asr(index,buffer,c);
}
```

语音云平台在服务器上运行，一般有强大的计算能力，因此可在其上使用复杂的声学模型和较大的语言模型，以支持各种场景的"任意说"识别，并通过 HTTP 接口支持各种客户端调用。除了公有云，语音云平台还应该支持私有云部署，以避免数据泄密。

语音识别过程还可通过流的方式实现，如图 16-7 所示。语音云平台的客户端一次可发送 200ms 左右的片段（可结合 VAD 判断是否是静音，若完全是静音就不发送了），服务器接收后进行拼接，累计 1s 时长即可开始识别。这个识别过程也是部分解码过程，只是令牌传播过程可以显示中间结果。等句子传送结束后，再进行 Lattice 回溯解码，得到最后的识别结果。流识别结果与整句识别结果略有差别，但影响不大，能够保证实用性能。流识别方式可以边说边识别，这能大大缩短时延，有效提升响应速度。工业界部署的云平台，普遍采用流识别方式。

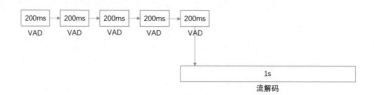

图 16-7　语音流识别过程

为了更好地支持流识别，另一种方案是采用 WebSocket 接口协议，其框架如图 16-8 所示。WebSocket 使用长链接，实现客户端和服务器双向数据传输，请求和返回的效率更高。

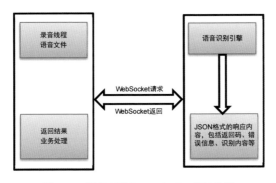

图 16-8　语音云平台 WebSocket 接口协议

在客户端和服务器之间也可采用 gRPC（谷歌提出的 RPC 框架）服务，此时就不需要基于 JSON 数据格式进行交互了，其接口类似于本地函数的调用，使用更方便、简洁。WebSocket 和 gRPC 的调用方式在 WeNet 的 Runtime 部分均有实现。

16.3.3　Kaldi 嵌入式移植

随着物联网的发展和用户对录音隐私的担忧，现在越来越多的需求，如智能家居的语音控制，需要采用嵌入式平台，在本地端侧运行语音识别。下面我们将针对 ARM Linux 环境介绍嵌入式移植过程。

大部分 ARM 平台都带有 Linux 系统，但用的是裁剪过的版本，里面的很多库与 CentOS 或 Ubuntu 不兼容或者缺少，因此移植起来较为烦琐。

以 Kaldi 的移植为例，其依赖的 ATLAS 加速库包含 libatlas.so 和 liblapack.so 两个动态库，它们需要在 ARM Linux 环境下重新编译。但单独编译这两个库有很多烦琐的配置，一种简便办法是通过 Kaldi 集成编译生成，因为其工具包 tools 自带的安装脚本 extras/install_atlas.sh 会生成这两个 so 动态库。基于这两个 so 动态库，我们按照 16.3.1 节介绍的过程，重新编译引擎动态库。

由于内存空间受限，很多裁剪过的 ARM Linux 系统不带编译环境，即只能运行，不能编译程序。为了编译引擎动态库，我们需要通过交叉编译的方式，在服务器中另外搭建一套编译环境，所采用的 gcc/g++ 编译器要与 ARM Linux 的一致，编译成功后再移植到 ARM Linux 环境下。

有的 Linux 环境的 ATLAS 加速库无法编译，只能采用 OpenBLAS 加速库，其编译出来的 libopenblas.so 还依赖其他静态库，要另外编译。这些库都准备到位后，再集成到引擎动态库 Makefile 编译文件中，如以下例子：

```
CC = arm-buildroot-linux-gnueabihf-gcc
CXX = arm-buildroot-linux-gnueabihf-g++
AR = arm-buildroot-linux-gnueabihf-ar
LD = arm-buildroot-linux-gnueabihf-g++

WINDRES = windres
```

```
INC = -Isrc -Iopenfst/include -IOpenBLAS/include
CFLAGS = -std=c++11 -DHAVE_OPENBLAS -DHAVE_POSIX_MEMALIGN
RESINC =
LIBDIR =
LIB = lib/libopenblas.so
LDFLAGS = -ldl lib/libclapack.a lib/libblas.a lib/libf2c.a
```

其中，CC 和 CXX 指明编译器的名称，对应 gcc 和 g++的嵌入式版本，AR 和 LD 配套更新；LDFLAGS 用来链接以.a 为扩展名的静态库。

嵌入式语音识别一般只支持命令词识别或小范围的"随便说"，如机器人的动作命令和简单的对话。对话内容可能只有几百句，语言模型就可以做得很小，而声学模型本身不会太大，因此编译出来的 HCLG 也就很小，文件只有几百 KB 甚至更小。这样更容易部署到嵌入式平台，识别速度也更快。

对于更低端的 DSP 平台，嵌入式移植可能还涉及定点化问题，需要改写解码器特别是特征提取和 DNN 的前向传播算法，即把浮点运算改为定点运算，而且不再包含加速库。这部分工作量比较大。

16.3.4 WeNet 端侧部署

如图 16-9 所示，随着语音交互设备的普及，部署的目标是支持全终端，实现全离线识别。终端设备包括 x86 和 ARM 架构，操作系统包括 Linux、Windows、Android、HarmonyOS 等，因此端侧部署的难点是设备多、选型难，而且模型要足够小，跑得快，精度损失不大。

图 16-9　端侧部署

随着以 Conformer 模型为代表的端到端语音识别框架的不断优化，包括支持流识别和 ONNX 转化，采用模型量化压缩等手段，已经可以做到小模型、小算力，也可以达到比较好的识别性能，并能兼容各种平台，因此具备端侧部署的条件。接下来，我们将基于瑞芯微的 RK3588 板，介绍 WeNet 训练的 ONNX 模型在端侧的部署过程，如图 16-10 所示。

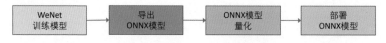

图 16-10　ONNX 模型端侧部署过程

RK3588 板包括 4 个 A76 大核和 4 个 A55 小核,对比之前的 RK3399 板的 2 个
A72 大核,总体上,算力大约提高 4 倍,已经可以用于端侧 ASR 服务。需要注意的
是,它们都是 AArch64 架构,建议 RK3588 板配置采用 8GB 内存+64GB 存储,系统
安装 Debian 11 环境。

当安装好 RK3588 板的运行环境后,从 GitHub 下载 WeNet 源码,解压缩之后进
行编译。

```
cd /work/wenet-main_20220527/runtime/server/x86
mkdir build
cd build
cmake -DONNX=ON ..
cmake --build .
```

在编译过程中会默认从网上下载 onnxruntime-linux-x64-1.9.0.tgz。它是 x64 的版
本,需要替换成 AArch64(从 ONNX 1.11.0 开始才有 AArch64 编译的 so 动态库)的
版本,因此需要手动从网上下载。

下载后放在指定的目录下,例如:

```
/work/wenet-main_20220527/runtime/server/x86/fc_base
```

将其解压缩,并改名为 onnxruntime-src。

另外,也要把 libtorch 替换成 AArch64 架构的 libtorch。

然后重新编译:

```
cmake --build .
```

在安装部署完成后,首先通过 export_onnx_cpu.py 导出 ONNX 模型,然后量化,
调用脚本如下:

```
# PyTorch 模型导出 ONNX
python wenet/bin/export_onnx_cpu.py \
  --config export_onnx_test/train.yaml \
  --checkpoint export_onnx_test/20.pt \
  --chunk_size -1 \
  --num_decoding_left_chunk -1 \
  --output_dir export_onnx_test/onnx

# ONNX 模型量化
output_path=export_onnx_test/quant_onnx
mkdir -p $output_path
python wenet/bin/onnx_quantize.py \
  --encoder_onnx_file export_onnx_test/onnx/encoder.onnx \
  --decoder_onnx_file export_onnx_test/onnx/decoder.onnx \
  --ctc_onnx_file export_onnx_test/onnx/ctc.onnx \
  --output_quant_dir $output_path \
  --quantize_dynamic
```

有了 ONNX 量化模型,我们就可以测试语音识别的 RTF 了:

```
export GLOG_logtostderr=1
export GLOG_v=2
```

```
./decoder_main --onnx_dir ./onnx --dict_path ./words.txt --wav_scp ./wav.scp
--num_threads 4
```

测试用的模型参数量为 48.2（单位：百万个），量化前模型大小为 193.7MB，量化后模型大小为 56.7MB。使用 4 个线程（占用 4 核），可以做到测试一句话识别的 RTF 在 0.1 以下，但 CPU 4 核全部占用。经过对比，ONNX 量化版本相对于未量化版本约提速 10%。通过模型蒸馏优化，可以做到更低的 RTF。

16.3.5 Paraformer 与 FunASR 部署

FunASR 是阿里巴巴达摩院开源的端到端语音识别工具包，其核心模型是 Paraformer，采用非自回归的框架，输出 Token 之间不存在依赖，可以并行推理计算，因此识别速度特别快，相对于自回归模型有 10 倍以上的加速。Paraformer 包含 Encoder、Predictor、Sampler、Decoder 等模块，其中 Predictor 用来预测目标文字个数并抽取对应的声学向量，Sampler 用来弥补上下文建模的不足。Paraformer 基于工业级数万小时的标注数据训练，中文转写效果非常优秀，还支持热词增强，很适合用于一句话识别，如智能会议纪要等场景。

FunASR 有完整的训练和微调脚本，配套专门针对工业部署的 Runtime 版本，支持 Linux 和 Windows 系统，可通过 GitHub 下载官方代码，根据实际环境编译运行。假如要编译 ONNX 版本，需要先下载 onnxruntime 和 ffmpeg，并安装 OpenBLAS 和 OpenSSL，具体步骤可参照官方 Readme 说明。下载并解压缩 FunASR 后，在 Linux 环境下运行以下编译脚本，注意 CMake 版本要在 3.16 以上，/path/to/要根据实际路径修改。

```
cd FunASR/runtime/onnxruntime
mkdir build && cd build
cmake -DCMAKE_BUILD_TYPE=release ..
-DONNXRUNTIME_DIR=/path/to/onnxruntime-linux-x64-1.14.0
-DFFMPEG_DIR=/path/to/ffmpeg-master-latest-linux64-gpl-shared
make -j 4
```

编译成功后，会在 src 目录下生成动态库 libfunasr.so，接下来就可部署测试了。测试可到 build 的 bin 目录下，运行命令如下：

```
cd FunASR/runtime/onnxruntime/build/bin
```

在测试前，先从阿里巴巴魔搭社区下载最新的 ASR 模型（如 Paraformer-large-热词版模型），放到 model 目录下，然后运行以下脚本，就可得到识别结果。

```
./funasr-onnx-offline --wav-path test.wav --model-dir ./model
```

该模型还支持热词增强功能，效果较好。运行命令如下：

```
./funasr-onnx-offline --hotword "阿里巴巴 达摩院" --wav-path test.wav
--model-dir ./modelhot
```

显示结果如下：

```
I20241016 12:02:36.177481 16932 funasr-onnx-offline.cpp:36] model-dir: ./modelhot
I20241016 12:02:36.177592 16932 funasr-onnx-offline.cpp:36] wav-path: test.wav
I20241016 12:02:36.216945 16932 paraformer.cpp:231] Successfully load model
from ./modelhot/model_eb.onnx
```

```
   I20241016 12:02:39.137943 16932 paraformer.cpp:47] Successfully load model
from ./modelhot/model.onnx
   I20241016 12:02:39.157430 16932 funasr-onnx-offline.cpp:89] Model initialization
takes 2.97982 s
   阿里巴巴
   达摩院
   I20241016 12:02:39.157538 16932 paraformer.cpp:792] clas shape 3 10
   I20241016 12:02:39.603523 16932 funasr-onnx-offline.cpp:153] wav_default_id: 今
天晚上我们出去吃饭小孩子要吃花甲粉我要吃牛肉饺子
   I20241016 12:02:39.603575 16932 funasr-onnx-offline.cpp:167] Audio length: 7.69806 s
   I20241016 12:02:39.603588 16932 funasr-onnx-offline.cpp:168] Model inference takes:
0.443912 s
   I20241016 12:02:39.603601 16932 funasr-onnx-offline.cpp:169] Model inference RTF:
0.0576654
```

16.3.6　sherpa-onnx 部署

小米新一代 Kaldi 语音团队除了发布 k2 和 icefall 训练工具包，还针对 ONNX 模型部署，专门推出了开源工具 sherpa-onnx，其支持语音识别、语音合成、说话人识别、说话人日志和 VAD 等任务，可被部署到嵌入式系统、Android、iOS、x86_64 服务器等平台，支持 12 种语言的 API，包括 C/C++、Python、JavaScript、Java、C#、Kotlin、Swift、Go、Dart、Rust 和 Pascal。

从 GitHub 下载 sherpa-onnx 后，在 Linux 环境下编译过程如下：

```
cd /work/sherpa-onnx-master
mkdir build
cd build
cmake -DCMAKE_BUILD_TYPE=Release -DBUILD_SHARED_LIBS=ON
-DSHERPA_ONNX_ENABLE_TTS=OFF -DSHERPA_ONNX_ENABLE_PORTAUDIO=OFF
-DSHERPA_ONNX_ENABLE_WEBSOCKET=OFF -DSHERPA_ONNX_LINK_LIBSTDCPP_STATICALLY=OFF ..
make
```

编译成功后，可以在/work/sherpa-onnx-master/build/bin 目录下看到可执行程序，包括：

```
sherpa-onnx
sherpa-onnx-keyword-spotter
sherpa-onnx-offline
sherpa-onnx-offline-audio-tagging
sherpa-onnx-offline-language-identification
sherpa-onnx-offline-parallel
sherpa-onnx-offline-punctuation
speaker-identification-c-api
spoken-language-identification-c-api
streaming-hlg-decode-file-c-api
```

sherpa-onnx 支持 Whisper 模型的部署，如微调后的 Base 版本，采用量化版本，可运行在 CPU 服务器上。把模型放在./model 目录下，运行以下命令：

```
./sherpa-onnx-offline --tokens=./model/whisper-tokens.txt
--whisper-decoder=./model/whisper-decoder.onnx
--whisper-encoder=./model/whisper-encoder.onnx --num-threads=2  test.wav
```

可得到如下结果：

```
    OfflineRecognizerConfig(feat_config=FeatureExtractorConfig(sampling_rate=16000,
feature_dim=80, low_freq=20, high_freq=-400, dither=0),
model_config=OfflineModelConfig(transducer=OfflineTransducerModelConfig(
encoder_filename="", decoder_filename="", joiner_filename=""),
paraformer=OfflineParaformerModelConfig(model=""),
nemo_ctc=OfflineNemoEncDecCtcModelConfig(model=""),
whisper=OfflineWhisperModelConfig(encoder="./model/whisper-encoder.onnx",
decoder="./model/whisper-decoder.onnx", language="", task="transcribe",
tail_paddings=-1), tdnn=OfflineTdnnModelConfig(model=""),
zipformer_ctc=OfflineZipformerCtcModelConfig(model=""),
wenet_ctc=OfflineWenetCtcModelConfig(model=""),
sense_voice=OfflineSenseVoiceModelConfig(model="", language="auto", use_itn=False),
moonshine=OfflineMoonshineModelConfig(preprocessor="", encoder="",
uncached_decoder="", cached_decoder=""), telespeech_ctc="",
tokens="./model/whisper-tokens.txt", num_threads=2, debug=False, provider="cpu",
model_type="", modeling_unit="cjkchar", bpe_vocab=""),
lm_config=OfflineLMConfig(model="", scale=0.5),
ctc_fst_decoder_config=OfflineCtcFstDecoderConfig(graph="", max_active=3000),
decoding_method="greedy_search", max_active_paths=4, hotwords_file="",
hotwords_score=1.5, blank_penalty=0, rule_fsts="", rule_fars="")
    Creating recognizer ...
    Started
    Done!
    test.wav
    {"lang": "zh", "emotion": "", "event": "", "text": "今天晚上我们出去吃饭小孩子要吃花
甲粉我要吃牛肉饺子", "timestamps": [], "tokens":["今天", "晚上", "我们", "出去", "吃", "?,
"<0xAD>", "小", "孩子", "要", "吃", "花", "?, "<0xB2>", "粉", "我要", "吃", "牛", "肉
", "?, "<0xBA>", "子"], "words": []}
    ----
    num threads: 2
    decoding method: greedy_search
    Elapsed seconds: 2.199 s
    Real time factor (RTF): 2.199 / 7.698 = 0.286
```

16.4 Zipformer 实践

新一代 Kaldi 的代表性模型是 Zipformer-Transducer，即 Encoder 为 Zipformer 的 Pruned Transducer 版本，k2 底层算法库中封装了 Pruned-Transducer 训练使用的损失函数，大大提升了 Transducer 模型的训练效率。

16.4.1 Zipformer

相比于 Conformer 等模型，Zipformer 计算更快、更省内存，在 LibriSpeech、aishell-1 和工业级数据上均获得了更好的识别结果。Zipformer 由一个卷积降采样模块（Conv-Embed）和多个 Encoder Stack 组成，采用类似于时域 U-Net 的模型结构，如图 16-11 所示（参考原始论文 *Zipformer: A Faster and Better Encoder for Automatic*

Speech Recognition），通过 Downsample 模块进行不同帧率的降采样，使得 Zipformer Block 可以在不同帧率上学习不同时间分辨率的时域表征。图中输入帧率是 100Hz（每秒 100 帧），中间 Bypass 都是 50Hz，最终输出是 25Hz（每秒 25 帧），相当于 4 倍降采样。Upsample 模块用于实现 Encoder Stack 之间帧率的统一，并通过 Bypass 模块以可学习的方式结合 Encoder Stack 的输入和输出。不同于 Conformer 中每一个 Block 都具有相同的配置，Zipformer 为不同的 Stack 设计了不同的模型超参数，如 Block 层数、隐藏层节点数、注意力头数等。

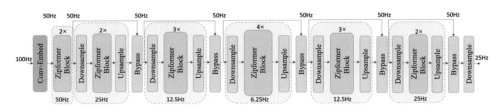

图 16-11　Zipformer

　　Zipformer Block 如图 16-12 所示，其结构类似于 Conformer Block 的两倍扩展，包含两次自注意力的计算和两个卷积模块。为了节省自注意力的计算成本和内存，Zipformer Block 通过复用注意力权重（Attention Weight），以高效的方式实现两次自注意力建模。此外，还提出了非线性注意力模块，通过复用注意力权重进行全局时域信息学习。除了普通的加法残差连接，Zipformer Block 还在中间和尾部设计了两个 Bypass 模块，分别用于结合 Block 的输入和中间模块的输出。

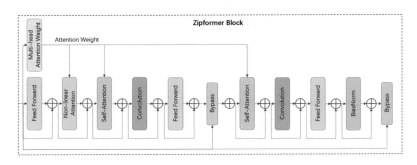

图 16-12　Zipformer Block

　　除了上面提到的主要创新，Zipformer 中还做了许多其他改进，例如，提出 Balancer 和 Whitener 用于约束模型的激活值，以稳定模型训练；提出比 Swish 效果更好的 Swoosh、用 BiasNorm 替换 Layernorm，保留一定的长度信息；提出比 Adam 优化器收敛更快、效果更好的 ScaledAdam，可根据参数大小放缩更新量，保持不同的参数相对变化一致，并显式学习参数大小。

16.4.2 Transducer 流识别

针对端侧流识别，特别建议使用 sherpa-onnx 部署 Zipformer-Transducer 模型，其识别准确率高、延迟低、用户体验更好。图 16-13 给出了 Zipformer-Transducer 流识别过程，其中 Zipformer 是 Encoder，Decoder 是无状态预测网络，Joiner 是联合预测网络。Zipformer 流式推理与 Conformer 类似，逐 chunk 进行推理，前向传播根据当前 chunk_size 大小和左依赖帧数得到 encoder_out（如输出张量[16,512]，表示 16 个 512 维向量），再按照 Transducer 的解码方式进行解码。流式推理过程本质上与 Conformer-Transducer 结构一致，Zipformer-Transducer 只是提出了更好的 Encoder，并且 Transducer 推理时 Decoder 只使用 context_size 个上下文，context_size 为 2 时 Decoder 就相当于一个隐式的 3-gram 语言模型。

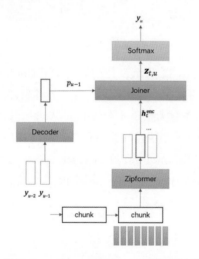

图 16-13 Zipformer-Transducer 流识别过程

对于 Zipformer-Transducer 的性能可先离线验证，把模型放在./model 目录下，离线测试命令如下：

```
./sherpa-onnx-offline --encoder=./model/encoder.onnx
--decoder=./model/decoder.onnx --joiner=./model/joiner.onnx
--tokens=./model/tokens.txt test.wav
```

显示结果如下：

```
OfflineRecognizerConfig(feat_config=FeatureExtractorConfig(sampling_rate=16000,
feature_dim=80, low_freq=20, high_freq=-400, dither=0),
model_config=OfflineModelConfig(transducer=OfflineTransducerModelConfig(
encoder_filename="./model/encoder.onnx", decoder_filename="./model/decoder.onnx",
joiner_filename="./model/joiner.onnx"),
paraformer=OfflineParaformerModelConfig(model=""),
nemo_ctc=OfflineNemoEncDecCtcModelConfig(model=""),
whisper=OfflineWhisperModelConfig(encoder="", decoder="", language="",
```

```
task="transcribe", tail_paddings=-1), tdnn=OfflineTdnnModelConfig(model=""),
zipformer_ctc=OfflineZipformerCtcModelConfig(model=""),
wenet_ctc=OfflineWenetCtcModelConfig(model=""),
sense_voice=OfflineSenseVoiceModelConfig(model="", language="auto", use_itn=False),
moonshine=OfflineMoonshineModelConfig(preprocessor="", encoder="",
uncached_decoder="", cached_decoder=""), telespeech_ctc="",
tokens="./model/tokens.txt", num_threads=2, debug=False, provider="cpu",
model_type="", modeling_unit="cjkchar", bpe_vocab=""),
lm_config=OfflineLMConfig(model="", scale=0.5),
ctc_fst_decoder_config=OfflineCtcFstDecoderConfig(graph="", max_active=3000),
decoding_method="greedy_search", max_active_paths=4, hotwords_file="",
hotwords_score=1.5, blank_penalty=0, rule_fsts="", rule_fars="")
    Creating recognizer ...
    Started
    Done!
    test.wav
    {"lang": "", "emotion": "", "event": "", "text": "今天晚上我们出去吃饭小孩子要吃花甲
粉我要吃牛肉饺子", "timestamps": [0.00, 0.08, 0.80, 0.92, 1.20, 1.28, 1.52, 1.68, 1.92,
2.12, 2.44, 2.60, 2.76, 2.96, 3.12, 3.36, 3.56, 3.80, 4.04, 4.24, 4.56, 5.08, 5.32,
5.68, 6.00], "tokens":["今", "天", "晚", "上", "我", "们", "出", "去", "吃", "饭", "小
", "孩", "子", "要", "吃", "花", "甲", "粉", "我", "要", "吃", "牛", "肉", "饺", "子"],
"words": []}
    ----
    num threads: 2
    decoding method: greedy_search
    Elapsed seconds: 0.372 s
    Real time factor (RTF): 0.372 / 7.698 = 0.048
```

注意 sherpa-onnx-offline 里面的 offline，表示这个代码只能用于非流式模型。测试
流式模型要用./sherpa-onnx 代替./shepra-onnx-offline。

如果自己实现流识别，可参照 sherpa-onnx 提供的在线测试文件，如 c-api-examples/
asr-microphone-example 目录下的 c-api-alsa.cc，其运行命令如下：

```
./c-api-alsa \
    --tokens=./model/tokens.txt \
    --encoder=./model/encoder.onnx \
    --decoder=./model/decoder.onnx \
    --joiner=./model/joiner.onnx \
    device_name
```

将核心代码修改为

```
const SherpaOnnxOnlineStream *stream = onlinestream[index]; // 第几路流识别
SherpaOnnxOnlineStreamAcceptWaveform(stream, samples, voice.data(), voicelen);
// 提取特征

if(end > 0) // 流结束
    SherpaOnnxOnlineStreamInputFinished(stream);

while (SherpaOnnxIsOnlineStreamReady(onlinedecoder[0], stream)) {
    SherpaOnnxDecodeOnlineStream(onlinedecoder[0], stream);
}
```

```
const SherpaOnnxOnlineRecognizerResult *result = SherpaOnnxGetOnlineStreamResult
(onlinedecoder[0], stream);
```

改写完测试 Zipformer-Transducer 流识别，模型大小为 258MB（浮点型），每次传送 100ms 语音，最后结束时，在 i7-11700K @ 3.60GHz CPU 上延时 25~50ms，在 RK3588 上延时 100~200ms。

Transducer 流识别也可支持热词增强，但要调用 modified_beam_search 解码方法，并提供热词列表。它的原理是采用 Aho-Corasick（AC）自动机，对候选路径中的热词进行分数增强，提高其输出的概率。在测试热词增强时，sherpa-onnx 要另外传入 modeling_unit 和 bpe_vocab 两个参数，运行命令参考如下：

```
./sherpa-onnx \
    --encoder=/work/k2/onnx/encoder-epoch-223-avg-5-chunk-32-left-256.onnx \
    --decoder=/work/k2/onnx/decoder-epoch-223-avg-5-chunk-32-left-256.onnx \
    --joiner=/work/k2/onnx/joiner-epoch-223-avg-5-chunk-32-left-256.onnx \
    --tokens=/work/k2/onnx/tokens.txt   \
    --provider=cpu \
    --bpe_vocab=/work/k2/bbpe.vocab   \
    --decoding_method=modified_beam_search \
    --hotwords-file=./hot.txt \
    --modeling_unit=bpe \
    --hotwords-score=2.0 \
    ./001.wav
```

其中，--modeling_unit 代表编码方式，可以是 cjkchar、bpe 或 cjkchar+bbpe，这里采用 bpe。假如模型用的是 cjkchar 编码，那么 token.txt 字典文件中直接就是汉字：

```
<blk> 0
<sos/eos> 1
<unk> 2
怎 3
么 4
样 5
......
```

--hotwords-file=./hot.txt 热词文件中也直接就是汉字：

```
黄胡恺
李宜爽
翔安校区
笃行
陈培杰
吴炜杰
卢胜辉
姚江龙
任鹏宇
王恺迪
洪青阳
李琳
丰庭
研二
陈怡 :4.0
```

```
陈益森 :8.0
```

每行一个热词，后面可加上增强的分数，如"陈怡"后面是 4.0，不加则采用默认的分数。

基于瑞芯微提供的 rknn 开发包，对 sherpa-onnx 代码可进一步改造，支持 RK3588、RK3566/3568 等开发板的 NPU，运行命令如下：

```
./sherpa-onnx \
    --encoder=/work/k2/rknn/icefall2rknn/encoder.rknn \
    --decoder=/work/k2/rknn/icefall2rknn/decoder.rknn \
    --joiner=/work/k2/rknn/icefall2rknn/joiner.rknn \
    --tokens=/work/k2/rknn/icefall2rknn/tokens.txt   \
    --provider=rknn \
    --bpe_vocab=/work/k2/bbpe.vocab   \
    --decoding_method=modified_beam_search \
    --hotwords-file=./hot.txt \
    --modeling_unit=bpe \
    --hotwords-score=2.0 \
    ./001.wav
```

其中，--provider 参数值为 rknn，输入的模型也要专门转换成 rknn 格式。注意 RK3588 的 rknn 模型和 RK356x 的 rknn 模型不能通用，要分别转化。

16.4.3　icefall 训练

Zipformer-Transducer 可用 icefall 工具训练。注意 icefall 依赖 k2 底层库，安装比较麻烦，建议采用官方提供的 wheel 安装。

icefall 训练和测试过程如下。

1. 训练数据准备

在安装好 icefall、k2、lhotse 后，首先进行数据准备工作。icefall 的 egs 目录中提供了许多开源数据集的例程，按照其中提供的 prepare.sh 脚本即可完成映射文件准备、特征提取、词典准备、语言模型构建等准备工作。为了方便兼容 Kaldi 风格映射文件，lhotse 中提供了相关的命令实现 icefall 映射文件与 Kaldi 风格映射文件的相互转换，具体如下：

```
# 将 Kaldi 风格映射文件转换为 icefall 映射文件
lhotse kaldi import \
    data/kaldi \ # 输入目录，存放 Kaldi 风格的 wav.scp、text、segments 等文件
    16000 \
    manifests # 输出目录，存放 icefall 风格的 recordings.jsonl、supervisions.jsonl 文件

# 将 icefall 映射文件转换为 Kaldi 风格映射文件
lhotse kaldi export \
    manifests/recordings.jsonl \
    manifests/supervisions.jsonl \
    data/kaldi # Kaldi 风格映射文件输出目录
```

其中，recordings.jsonl 对应 wav.scp，supervisions.jsonl 对应 text。准备好 icefall 所需要的映射文件后，便可按照官方例程中的脚本提取 FBank 特征。以中英混合的多数据

集例程 egs/multi_zh_en 为例，可仿照其中 local 目录中的 compute_fbank.py 提取自有数据集的 FBank 特征，会得到 cuts.jsonl 文件，其作用类似于 WeNet 中的 data.list，它整合了 recordings.jsonl 和 supervisions.jsonl，并且记录了所提取的 FBank 特征的存放路径。将 cuts.jsonl 路径添加到 zipformer/multi_dataset 的代码中，便可对自有的多个数据集进行混合训练。

2. 模型训练

以下是 icefall 训练脚本，设定了对应的参数，采用流式模型。

```
python3 $ICEFALL/zipformer/train.py \
  --world-size 8 \
  --num-epochs 50 \
  --use-fp16 1 \ # 是否使用半精度，icefall 提供了稳定的半精度训练
  --exp-dir $exp_dir \ # 输出目录
  --bpe-model $dict/bbpe.model \
  --max-duration 300 \ # 300s 的 batch_size，若出现 OOM，则需要调小该值
  --num-workers 4 \
  --causal True \ # 采用流式模型进行训练
  --start-epoch 35  # 从第 34 个 checkpoint 开始训练
```

3. 模型测试

以下是测试脚本，采用了流式解码方式。

```
for method in greedy_search; do
  python3 $ICEFALL/zipformer/streaming_decode.py \
  --epoch 50 \
  --avg 5 \  # 模型平均数量
  --decoding-method $method \  # 解码方式
  --exp-dir $exp_dir \
  --causal True \ # 流式解码
  --bpe-model $dict/bbpe.model \
  --chunk-size 64 \ 流式解码的 chunk 大小
  --left-context-frames 256 \ # 流式解码的左依赖帧数
  --num-decode-streams 500 # 500 条音频并行解码，若出现 OOM，则需要调小该值
done
```

16.5 本章小结

本章面向工业应用实践，针对引擎优化，特别是声学模型和语言模型的改进，做了较为详细的介绍。针对工程部署，本章详细讲解了引擎动态库的封装编译过程，并给出了外部程序调用引擎的例子。针对工业界最主流的产品形态——语音云平台，本章介绍了客户端和服务器之间的交互流程，并给出了具体的 CURL 调用例子。本章最后还介绍了 Kaldi、WeNet、FunASR、sherpa-onnx 等开源工具的部署过程，以及基于 Zipformer-Transducer 的 icefall 训练和测试过程。通过本章的学习，希望读者能够对语音识别的部署和调用，以及识别引擎的优化，有更全面具体的了解和掌握，为开展相关工作打下基础。